Mudanças Climáticas e as Cidades

Novos e antigos debates na busca da sustentabilidade urbana e social

Blucher

Ricardo Ojima
Eduardo Marandola Jr.

Organizadores

Mudanças Climáticas e as Cidades

Novos e antigos debates na busca da sustentabilidade urbana e social

COLEÇÃO POPULAÇÃO E SUSTENTABILIDADE

Mudanças climáticas e as cidades: novos e antigos debates na busca da sustentabilidade urbana e social

© 2013 Ricardo Ojima
          Eduardo Marandola Jr.

1ª reimpressão – 2015

Editora Edgard Blücher Ltda.

Imagem da capa: Eduardo Marandola Jr.

Blucher

Rua Pedroso Alvarenga, 1245, 4º andar
04531-934 – São Paulo – SP – Brasil
Tel.: 55 11 3078-5366
contato@blucher.com.br
www.blucher.com.br

Segundo o Novo Acordo Ortográfico, conforme 5. ed. do *Vocabulário Ortográfico da Língua Portuguesa*, Academia Brasileira de Letras, março de 2009.

É proibida a reprodução total ou parcial por quaisquer meios, sem autorização escrita da Editora.

Todos os direitos reservados pela Editora Edgard Blücher Ltda.

FICHA CATALOGRÁFICA

Ojima, Ricardo
   Mudanças climáticas e as cidades: novos e antigos debates na busca da sustentabilidade urbana e social / Ricardo Ojima, Eduardo Marandola Junior (orgs). – São Paulo: Blucher, 2013.

Bibliografia
Vários autores
ISBN 978-85-212-0805-1

   1. Mudanças climáticas 2. Climatologia urbana 3. Política urbana 4. Impacto ambiental 5. Sustentabilidade I. Ojima, Ricardo II. Marandola Junior, Eduardo

13-0957   CDD 304.25

Índice para catálogo sistemático:
1. Mudanças climáticas.

O mundo sustentável, resiliente e adaptado à mudança climática, não será um mundo menos alegre, menos democrático ou com menos oportunidades de autorrealização.
Mas será diferente.
É preciso abrir mão do individualismo absoluto, cultivando o planejamento, aceitando os limites à ação humana e buscando satisfação em valores menos materialistas, para que o desafio da mudança climática tenha resposta.

Daniel Hogan (2009)

AGRADECIMENTOS

Este livro é uma contribuição da Rede Clima – Rede Brasileira de Pesquisas sobre Mudanças Climáticas Globais, Sub-rede Cidades e do Instituto Nacional de Ciência e Tecnologia para Mudanças Climáticas – INCT-MC, Subprojeto Urbanização e Megacidades, financiado pelo projeto CNPq, Processo 573797/2008-0, e FAPESP, Processo 2008/57719-9.

CONTEÚDO

PREFÁCIO.. 13

INTRODUÇÃO 17
Ricardo Ojima e Eduardo Marandola Jr.

I   POLÍTICA URBANA 21

1   A adaptação da cidade às mudanças climáticas: uma agenda de pesquisa
    e uma agenda política 23
    Laura Machado de Mello Bueno

    1.1   Um quadro dos problemas ambientais e sua articulação com
           o meio urbano 24
           1.1.1   O efeito estufa 24
           1.1.2   Chuva ácida 27
           1.1.3   Extinção de ambientes naturais 28
           1.1.4   Destruição do ozônio atmosférico 28
           1.1.5   Erosão 28
           1.1.6   Perda de fontes de água doce 28

    1.2   Problemas globais no planeta urbanizado, mas com grandes
           diferenças 30

    1.3   Aspectos das cidades brasileiras determinantes para as políticas
           de adaptação com enfoque socioambiental 36

    1.4   A importância das pesquisas sobre as estruturas do Estado, para
           a adaptação das cidades à mudança climática............................. 44

1.5   O que fazer: acelerar a solução das demandas urbanas ou acirrar os conflitos já existentes? 48

1.6   O risco da urgência 50

1.7   Referências 54

2   **Respostas urbanas às mudanças climáticas: construção de políticas públicas e capacidades de planejamento** 57
Alisson Flavio Barbieri e Raquel de Mattos Viana

2.1   Breve histórico sobre as mudanças climáticas 58

2.2   Medidas adaptativas × medidas mitigadoras 60

2.3   Mudanças climáticas e cidades 61

2.4   O Plano Diretor de Desenvolvimento Integrado da Região Metropolitana de Belo Horizonte (PDDI-RMBH) 63
    2.4.1 Aspectos metodológicos do PDDI 65
    2.4.2 Propostas do PDDI 68

2.5 Respostas urbanas e respostas regionais às mudanças climáticas 71

2.6 Referências 72

3   **Águas revoltas: riscos, vulnerabilidade e adaptação à mudança climática global na gestão dos recursos hídricos e do saneamento. Por uma política climática metropolitana na Baixada Santista** 75
Marcelo Coutinho Vargas

3.1   Mudanças climáticas e ciclo da água: interações biofísicas na escala global 76

3.2   Impactos socioambientais da mudança climática relacionados à água: aspectos gerais e alguns problemas de conceituação e escala 79

    3.2.1   Riscos, vulnerabilidade e adaptação: aspectos gerais 81

    3.2.2   Vulnerabilidade e adaptação na gestão dos recursos hídricos e do saneamento 81

3.3   O desafio das águas urbanas: construindo políticas de adaptação e mitigação na escala apropriada? O caso da Baixada Santista 84

3.4   Referências 87

II VULNERABILIDADE E RESILIÊNCIA 91

4   As escalas da vulnerabilidade e as cidades: interações trans e
    multiescalares entre variabilidade e mudança climática 93
    Eduardo Marandola Jr.

    4.1   Escala enquanto recorte epistemológico 95
    4.2   O clima e suas escalas 98
          4.2.1   Como articular tais escalas? 101
          4.2.2   Escalas de produção e gestão de riscos 102
    4.3   Interações trans e multiescalares na mudança ambiental: cidades,
          regiões e vulnerabilidade 104
    4.4   Referências 110

5   Integrar espaço aos estudos de população: oportunidades e desafios 115
    Sébastien Oliveau e *Christophe Guilmoto*

    5.1   A explosão geográfica 116
    5.2   Espaço e dados 118
    5.3   Em direção às pesquisas espacializadas... 119
    5.4   Sobre modelos explicitamente espaciais 120
    5.5   Simular o papel do espaço 121
    5.6   Conclusão 124
    5.7   Referências 125

6   A cidade e as mudanças globais: (intensificação?) Riscos e
    vulnerabilidades socioambientais na RMC – Região Metropolitana
    de Curitiba/PR 129
    Francisco Mendonça, Marley Deschamps e
    Myrian Del Vecchio de Lima

    6.1   Introdução 129
    6.2   Riscos e desastres socioambientais na "aldeia global":
          uma abordagem a partir das mudanças climáticas globais 132
    6.3   Urbanização no contexto de mudanças climáticas:
          riscos e vulnerabilidades socioambientais na cidade 142

6.4	Urbanização e inundações em Curitiba/PR: uma perspectiva na escala local	149
6.5	Mudanças climáticas e inundações urbanas: que mudanças são, efetivamente, mais evidentes nas cidades?	154
6.6	Referências	159

7 Impactos das mudanças climáticas em países africanos e repercussões nos fluxos populacionais ... 163
Lucí Hidalgo Nunes, Norma Felicidade Lopes da Silva Valêncio e Cláudia Silvana da Costa

7.1	O processo de urbanização como contribuinte para os desastres hidrometeorológicos na África	164
7.2	Pobreza, desastres e mudanças climáticas: rumo à intensificação do racismo	169
	7.2.1 Refugiado/deslocado ambiental: os sujeitos supérfluos do século XXI	175
7.3	Mudanças climáticas como desafio para a civilidade	177
7.4	Referências	179

8 Indicadores territoriais de vulnerabilidade socioecológica: uma proposta conceitual e metodológica e sua aplicação para São Sebastião, Litoral Norte Paulista ... 183
Tathiane Mayumi Anazawa, Flávia da Fonseca Feitosa e Antônio Miguel Vieira Monteiro

8.1	Construindo representações da vulnerabilidade socioecológica: arcabouço teórico-conceitual	185
8.2	Vulnerabilidade socioecológica de zonas costeiras: o caso de São Sebastião, litoral norte paulista	190
8.3	O índice de vulnerabilidade socioecológica (IVSE)	192
	8.3.1 Seleção das variáveis	192
	8.3.2 Quadro metodológico geral dos processamentos	193
	8.3.3 Cômputo do IVSE	196
	8.3.4 Análise dos resultados	198
8.4	De conceito a objeto mediador: avanços e desafios na representação da vulnerabilidade	205
8.5	Referências	208

III ADAPTAÇÃO E MITIGAÇÃO 213

9 A proteção civil e as mudanças climáticas: a necessidade da incorporação do risco de desastres ao planejamento das cidades 215
Carlos Mello Garcias e Eduardo Gomes Pinheiro

    9.1 Introdução 215

    9.2 Como o país se relaciona com os desastres 217

    9.3 As cidades sob o prisma da segurança 221
        9.3.1 O planejamento urbano 228

    9.4 Os desastres, as mudanças climáticas e a gestão urbana 232
        9.4.1 Os desastres e a gestão urbana 236
        9.4.2 A gestão de riscos de desastres e as cidades 238

    9.6 Referências 249

10 Entre vulnerabilidades e adaptações: notas metodológicas sobre o estudo das cidades e as mudanças climáticas 253
Ricardo Ojima

    10.1 Mudanças climáticas: a pegada ecológica das cidades 254

    10.2 Medindo as vulnerabilidades 257

    10.3 Adaptação: o outro lado da vulnerabilidade? 258

    10.4 Referências 260

Sobre os autores 265

PREFÁCIO

A urbanização brasileira é decorrente de uma série de processos históricos complexos e concomitantes.

Por um lado, os processos de modernização da agricultura e concentração fundiária que paulatinamente diminuíram a demanda por mão de obra na atividade agropecuária.

Em contrapartida, o processo de industrialização, concentrado nas grandes cidades, principalmente na cidade de São Paulo, em um primeiro momento, expandindo-se depois para outras áreas urbanas do país. A industrialização foi altamente demandante de mão de obra, e também gerou recursos econômicos que dinamizaram a economia urbana, principalmente o setor de serviços. Essa dinâmica econômica e social potencializou intensos deslocamentos populacionais em direção às áreas urbanas, evidenciado principalmente pela transferência populacional da Região Nordeste para a Região Sudeste do país.

A conjunção desses processos possibilitou um crescimento expressivo e sustentado da população residente em áreas definidas como urbanas ao longo do século XX. E ganhou velocidade a partir da década de 1950, fazendo com que as áreas urbanas passassem a concentrar 84% da população brasileira no ano de 2010. Entre 1950 e 2010 a população urbana aumentou em 142 milhões de habitantes, resultado de processos migratórios campo-cidade principalmente, mas também do crescimento vegetativo da população.

Como resultado dessas grandes transformações sociais, econômicas e demográficas, observa-se, atualmente, no país a predominância de padrões urbanos de produção e de consumo de bens materiais. Nesse sentido, pode-se afirmar que o Brasil é um país eminentemente urbano.

Entretanto, essa dinâmica de urbanização intensa não foi acompanhada de investimentos em infraestrutura urbana. Em muitos municípios brasileiros os centros urbanos, relativamente estruturados até as décadas de 1960/1970, foram acrescidos de extensas ocupações periféricas. O preço da terra e as restrições de uso (maiores ou menores, dependendo de cada localidade) foram os fatores que delinearam as formas de ocupação do espaço nas cidades brasileiras.

Nesse contexto, as áreas menos aptas à ocupação humana, por serem de declividade acentuada ou por estarem sujeitas a inundação, ou por serem distantes dos centros urbanos, foram preteridas pelo mercado imobiliário, e também pelo poder público. Para a população pobre, deslocada das áreas rurais e sem condições de inserção efetiva na economia urbana, essas áreas foram as que restaram para ocupação. A segregação e o acesso restrito aos serviços básicos da urbanidade são reflexos da própria desigualdade social brasileira. A espoliação urbana é retrato da "acumulação primitiva" realizada pelo mercado imobiliário brasileiro.

Assim, as áreas expostas aos perigos e a riscos ambientais foram ocupadas pela população de baixa renda, exposta também a perigos e riscos de ordem social. De maneira muito sintética, esses são os liames que permitem situar as características básicas das cidades brasileiras, e sua forma de ocupação. Muito já foi escrito e discutido sobre esse processo. E parte dessa discussão é retomada nesta coletânea.

O que há de novo neste conjunto de trabalhos, que hora se apresenta, é o diálogo prospectivo que se estabelece entre esse processo histórico e suas decorrências, considerando o contexto do século XXI, especificamente na relação desses processos com as mudanças ambientais globais. Essas mudanças, apresentadas de maneira exaustiva nos relatórios do IPCC (International Panel on Climate Change), vão significar o aumento do número e da intensidade dos eventos climáticos extremos. As populações urbanas de baixa renda e as áreas que ocupam são exatamente as mais vulneráveis a esse "novo" conjunto de perigos e riscos. Não foi sem razão que essas áreas mais sujeitas aos riscos foram desvalorizadas pelo mercado imobiliário.

Todo esse contexto é muito complexo, e para o futuro próximo projeta muitas incertezas para as populações urbanas. Mesmo os grupos mais favorecidos economicamente serão afetados por esse conjunto de riscos, decorrentes das mudanças climáticas, tendo em vista as características do tecido urbano de grande parte das cidades brasileiras. A abordagem dessa complexidade é o que caracteriza o conjunto de capítulos que compõem esta coletânea.

No plano interno, o impacto das mudanças ambientais globais na sociedade, na economia e no ambiente brasileiro tem sido tratado de forma interdisciplinar por dois grandes projetos de pesquisa: a Rede Brasileira de Pesquisas sobre Mudanças Climáticas (http://redeclima.ccst.inpe.br) e o Instituto Nacional de Ciência e Tecnologia para Mudanças Climáticas (http://inct.ccst.inpe.br/). Ambas as redes de pesquisa tratam do tema dos impactos das mudanças ambientais globais nas cidades, especialmente sua dimensão de desastres naturais.

Portanto, esta coletânea deve ser vista como importante contribuição do INCT para Mudanças Climáticas, por meio do subprojeto Urbanização e Megacidades, e também da Rede Clima, dentro da Sub-rede Cidades, para discussão do processo de urbanização brasileiro e suas relações com as dinâmicas ambientais, constituindo-se como elementos fundamentais para a busca de trajetórias de sustentabilidade para as cidades brasileiras.

Espera-se que este livro seja um retrato do momento em que se encontra a discussão sobre essa temática, e que esta possa avançar nos próximos anos, construindo conhecimento que seja capaz de melhorar as condições de vida dos cidadãos brasileiros.

Roberto Luiz do Carmo
Coordenador da Sub-Rede Cidades da Rede Clima
e do Subprojeto Urbanização e Megacidades
do INCT para Mudanças Climáticas,
Universidade Estadual de Campinas

INTRODUÇÃO

Ricardo Ojima
Eduardo Marandola Jr.

Segundo as estimativas das Nações Unidas, já vivemos em um planeta predominantemente urbano desde o ano 2008 (UNFPA, 2007). A transição urbana é tão intrinsecamente relacionada ao processo de modernização da sociedade durante o século XX que poucas vezes conseguimos perceber as oportunidades geradas e as consequências que ela trouxe. Apesar da redução no ritmo de crescimento populacional encontrado em todas as regiões do mundo, praticamente todo esse crescimento ocorrerá nas cidades.

As consequências desse fato se tornam mais evidentes quando pensamos que esse processo de transição urbana será concentrado em países em desenvolvimento, especialmente na Ásia e África. Assim, grande parte do futuro da humanidade dependerá das transformações que ocorrerem nas cidades. Todas as vantagens e também todos os seus dilemas.

No Brasil, a transição urbana se deu precocemente. Embora tenha ocorrido posteriormente aos países desenvolvidos, ela se deu muito tempo antes dos demais países em desenvolvimento. Enquanto, aqui, esse processo se inicia em meados de 1950 com mais evidência, nos demais países, a transição urbana só ocorre agora, mais de 50 anos depois e com muitas diferenças marcantes. Em princípio, no momento em que o Brasil passava pela transição urbana, também passávamos pelo início do processo de transição demográfica.

Nesse momento, as taxas de mortalidade no Brasil declinaram rapidamente enquanto as taxas de natalidade permaneceram elevadas ainda por alguns anos. Esse período, simultâneo aos grandes fluxos migratórios rural-urbano, marcou fortemente o "inchaço das cidades", "o caos urbano", enfim, a percepção de que a própria urbanização seria o fator causador de pobreza, desigualdades sociais, conflitos e problemas ambientais.

É verdade que os problemas ambientais se tornam mais evidentes nos contextos urbanos, mas isso se deve ao fato de que é nele que as tensões da relação população-ambiente são mais radicalizadas e intensas. Assim, como apontado por Giddens

(2010), é preciso pensar que mudanças ambientais não são uma questão de salvar a natureza, mas sim de enfrentar os desafios ambientais que se colocam no modo de vida das pessoas. Em suma, o planeta continuará existindo, independentemente de qualquer coisa, o que muda mesmo é a forma com que nos adaptaremos (ou não) às mudanças no ambiente.

É nesse sentido que este livro busca avançar nas dimensões humanas das mudanças ambientais globais, entre elas as mudanças no clima. Desde 2007, vivemos com muita intensidade as consequências do 4º Relatório do IPCC, que deslocou a questão das mudanças climáticas da periferia para o centro da ciência e da política mundial (IPCC, 2007). De tema de especialistas, a mudança climática global se tornou a principal bandeira/problemática de todo o esforço de discussão sobre ambiente em todas as ciências.

Embora as grandes cidades sejam objeto de grande preocupação, em virtude do contingente populacional que nelas vivem, entende-se que as escalas e as articulações necessárias para adaptação e mitigação frente às mudanças climáticas serão tão ou mais importantes nas cidades médias e pequenas. Portanto, a análise crítica de diversas realidades e contextos permitirá pensar em políticas públicas focalizadas nos problemas específicos de cada uma das situações, buscando uma maior resiliência da população em contextos urbanos.

Os capítulos procuram avançar nessas discussões pensando nessa relação dinâmica entre população-urbanização-ambiente. A primeira parte, **Política urbana**, aborda as políticas públicas como um elemento essencial para dar o aporte inicial dos desafios urbanos no Brasil. Afinal, o marco legal se constitui como a arena na qual essas transformações serão desenvolvidas. Os três capítulos, de autoria de *Laura Machado de Mello Bueno*; *Alisson F. Barbieri e Raquel de Mattos Viana*; e *Marcelo Coutinho Vargas*, colocam esses marcos legais estruturantes das ações nas medidas de mitigação e adaptação em evidência. Os textos avançam sobre uma leitura do arcabouço legal e institucional no qual a dimensão das mudanças climáticas deverá se deparar. Política habitacional, saneamento básico, recursos hídricos ou os planos diretores metropolitanos atuam, muitas vezes, como esferas separadas e até divergentes em torno de ações frente às mudanças climática, e o desenvolvimento dessas transformações deve ser o primeiro desafio a ser superado nessa seara.

Na segunda parte, **Vulnerabilidade e Resiliência**, os capítulos avançam nas abordagens sobre o entendimento das vulnerabilidades e a capacidade de resposta e enfrentamento das cidades no sentido de atingir metas de políticas de adaptação. Colocam-se em evidência, portanto, aspectos da resiliência e as possibilidades de sua construção e promoção. A necessidade de entender a vulnerabilidade enquanto um fenômeno multidimensional somado aos desafios das mudanças ambientais em escala global e seus rebatimentos nas cidades é discutido por *Eduardo Marandola Jr.*, buscando elucidar algumas das interfaces dessa multidimensionalidade. Os textos de *Sébastien Oliveau, Christophe Z. Guilmoto, Francisco Mendonça, Marley*

Deschamps e *Myrian Del Vecchio de Lima*; e *Lucí Hidalgo Nunes*, *Norma Felicidade Lopes da Silva Valêncio* e *Cláudia Silvana da Costa*, tornam evidente que a intensificação e agravamento de conflitos na relação população e ambiente não se constituem como fatores exclusivamente ambientais e, portanto, colocam um olhar nos processos sociais que ora já foram entendidos pela literatura como problemas ambientais, mas que agora demandam uma preocupação particular, especialmente no que tange sua manifestação espacial. Assim, talvez, a experiência brasileira tenha alguns elementos importantes para ajudar a refletir sobre a situação dos países que ainda passarão pela transição urbana, como os países da África, mas já em um contexto de mudanças climáticas anunciadas. Encerrando esta sessão, *Tathiane M. Anazawa*, *Flávia F. Feitosa* e *Antônio Miguel V. Monteiro* elaboram uma proposta de construção de um indicador de vulnerabilidade socioecológica, a partir, de uma aplicação de abordagem multidimensional para um município do litoral norte do Estado de São Paulo, apontando para a importância de modelos que levem em consideração as dimensões humano-sociais dos processos de mudanças ambientais.

Por fim, a última parte do livro, **Adaptação e Mitigação**, discute como as medidas de adaptação são necessárias, podem ser calculadas e devem ser enfrentadas. *Carlos Mello Garcia* e *Eduardo Gomes Pinheiro* avaliam, no caso brasileiro, como o sistema de defesa civil está mobilizado para enfrentar situações de agravamento de desastres ambientais nas cidades, apontando os seus gargalos e desafios urgentes face ao quadro atual. Encerrando essa sessão e o livro, *Ricardo Ojima* discute a incorporação do debate sobre vulnerabilidade e mudanças climáticas nas cidades na literatura urbana recente, buscando desenhar o quadro atual para pensar possíveis necessidades e desafios para as medidas de adaptação, sobretudo, quando se pensa na capacidade institucional dos municípios de gerir sistemas de monitoramento e alerta, mesmo quando se conhecem detalhadamente as vulnerabilidades sociais e ambientais.

Este livro é resultado das discussões realizadas entre 2010 e 2011 pela Sub-rede Cidades da Rede Brasileira de Pesquisa sobre Mudanças Climáticas Globais (RedeCLIMA), sediada no Núcleo de Estudos de População da Universidade Estadual de Campinas (Nepo/Unicamp). Esta reúne pesquisadores de diversas áreas do conhecimento (demografia, geografia, urbanismo, ciências sociais, ciências ambientais, entre outros) e de instituições de todas as regiões do país em torno das preocupações sobre as cidades no contexto das mudanças climáticas. Alguns dos capítulos ora apresentados foram inicialmente apresentados em eventos e sessões organizadas pela RedeCLIMA, apresentando um quadro bem delineado do estado das discussões sobre o tema no país.

O que vemos, no conjunto, é que o tamanho das necessidades ainda não supera aquilo que já tenhamos feito. No entanto, a agenda de pesquisa pontuada pelos capítulos mostra que temos condições de avançar na discussão de uma agenda urbana que inclua as grandes questões relacionadas às mudanças climáticas globais, sem abrir mão da agenda não cumprida e das dívidas sociais e políticas que as cidades brasileiras ainda devem à sua população.

REFERÊNCIAS

GIDDENS, A. *A política da mudança climática*. Rio de Janeiro: Zahar, 2010.

IPCC – INTERGOVERNMENTAL PANEL ON CLIMATE CHANGE. Summary for Policymakers. In: *Climate Change 2007*: The Physical Science Basis. Contribution of Working Group I to the Fourth Assessment Report of the IPCC, edited by Susan Solomon et al., p. 1-18. Cambridge/New York: Cambridge University Press, 2007.

UNFPA – UNITED NATIONS POPULATION FUND. *State of World Population 2007*: Unleashing the potential of urban growth. New York: UNFPA, 2007.

I
POLÍTICA URBANA

1
A ADAPTAÇÃO DA CIDADE ÀS MUDANÇAS CLIMÁTICAS: UMA AGENDA DE PESQUISA E UMA AGENDA POLÍTICA

Laura Machado de Mello Bueno

A pesquisa sobre cidades, problemas socioambientais e mudanças globais se enriquece com a discussão interdisciplinar e a colocação de novos desafios científicos. O planejamento urbano e regional, o projeto e a construção de edificações e espaços urbanos e intraurbanos[1], campos de pesquisa e atuação de arquitetos urbanistas, engenheiros, geógrafos e de profissionais de outras áreas direta ou indiretamente relacionadas, tem, à sua frente, grandes desafios. É necessário rever seus fundamentos e preceitos para enfrentar os problemas e adequar o *habitat* humano, dentro do quadro socioambiental colocado pelas mudanças globais.

Essas reflexões levam à proposição de uma agenda de pesquisa e atuação científica, de forma a criar resultados para a explicação dos fenômenos relacionados às mudanças climáticas (MC) e, sobretudo, para a superação dos problemas por meio de novos conhecimentos ou inovações e subsidiar as políticas públicas relacionadas. A academia tem impacto na formação de profissionais que atuarão nas cidades futuramente, tanto no campo privado, como na gestão de políticas públicas, ambos com responsabilidade[2] sobre a alocação de recursos no espaço territorial brasileiro.

---

1 VILLAÇA (1998) diferencia o espaço regional do intraurbano, trazendo luz a aspectos pouco estudados. Segundo ele "A distinção mais importante entre espaço intraurbano e espaço regional deriva dos transportes e das comunicações. Quer no espaço intraurbano, quer no regional, o deslocamento da matéria e do ser humano tem poder estruturador bem maior do que o deslocamento da energia ou das informações. A estruturação do espaço regional é dominada pelos deslocamentos das informações, da energia, do capital constante e das mercadorias em geral – eventualmente até da mercadoria força de trabalho. O espaço intraurbano, ao contrário, é estruturado fundamentalmente pelas condições de deslocamento do ser humano, seja enquanto portador da mercadoria força de trabalho – como no deslocamento casa/trabalho –, seja enquanto consumidor – reprodução da força de trabalho, deslocamento casa-compras, casa-lazer, escola etc.", p. 20

2 SOUZA (2004), ao apresentar a atividade de planejamento e gestão urbanos, alerta para o fato de que, apesar da grande quantidade de estudos sobre a atividade de planejamento no âmbito governamental – geralmente no executivo municipal – essa não é inerente ao Estado. No espaço intraurbano as ações privadas são planejadas e interferem em muito nas ações públicas.

E é sempre importante lembrar que os impactos das MC têm sido diferentes em gravidade e abrangência no espaço territorial, afetando diferentemente a sociedade humana. O espaço intraurbano, sendo o local da moradia, o *habitat* humano, quantitativamente cada vez mais importante, se apresenta como de enorme interesse para um grande gama de políticas públicas[3]. Assim, é necessária e viável uma agenda de pesquisa das diferentes áreas, para esclarecer problemas transdisciplinares e avançar na construção de um futuro possível.

1.1 UM QUADRO DOS PROBLEMAS AMBIENTAIS E SUA ARTICULAÇÃO COM O MEIO URBANO

Para uma reflexão crítica sobre a agenda ambiental urbana brasileira e sua pertinência em relação aos desafios colocados pelas mudanças ambientais globais, é necessário apresentar o quadro ambiental mundial, relacionando-o, quanto a causas e consequências, às cidades[4]. Muitas das informações abordadas a seguir parecerão já repetitivas, mas precisam ser reexpostas, como pano de fundo para se refletir sobre a agenda de pesquisa para as cidades. É óbvio que há incertezas sobre diversos aspectos dos problemas ambientais, sobretudo por sua capacidade de efeitos sinérgicos não previstos nos estudos científicos que não considerem certo grau de imponderabilidade nos fenômenos complexos. Essas incertezas se ampliam ainda mais quando se procuram estudar fenômenos socioambientais, como é o caso das cidades. Mas não podem servir de argumento para abrir mão da capacidade de previsão e planejamento.

Em 2004 o PNUMA – Programa das Nações Unidas para o Meio Ambiente (Unep Annual Report 2004[5]) descreveu a crise ambiental, destacando seis principais problemas de escala mundial que causam risco à vida: o efeito estufa, a chuva ácida, a extinção de ambientes naturais, a destruição do ozônio atmosférico, a erosão e a perda de fontes de água doce. A seguir é feita uma descrição do problema, destacando-se suas causas e impactos nas cidades:

1.1.1 O efeito estufa

É decorrente do aumento do gás carbônico por queima de combustíveis fósseis: indústria, produção de energia elétrica (no caso de uso de carvão e petróleo) e trans-

---

[3] Apenas para reforçar a afirmação, podem-se listar entre as funções de governo presentes nos orçamentos municipais, os seguintes grandes itens diretamente relacionados ao espaço intraurbano: Administração e Planejamento, Habitação e Urbanismo, Saúde e Saneamento, além de Transportes.

[4] A descrição desses problemas – itens 1.1.1 a 1.1.6 e a descrição das MC – foi extraída de artigo publicado em 2008 no periódico Cadernos Metrópole, n. 19, com algumas revisões, em especial, o detalhamento do efeito estufa. Ver Bueno, 2008.

[5] Disponível em: </www.unep.org/Documents.Multilingual>. Acesso em: 27.04.2011.

porte, causando degelos, inversão térmica de inverno e as ilhas de calor. A inversão térmica de inverno é a principal causa do aumento de problemas respiratórios em crianças e idosos. As ilhas de calor no espaço intraurbano aumentam a temperatura urbana e sua amplitude térmica, causam desconforto na estadia em espaços urbanos ao ar livre, e induzem o uso de ar-condicionado nos ambientes fechados e nos meios de transporte (causando também aumento dos custos de manutenção, problemas respiratórios, além do efeito estufa). Há também a ocorrência de inundações e nevascas nas cidades do Hemisfério Norte. No Hemisfério Sul ocorre chuvas intensas em áreas urbanas restritas – com grandes inundações na área urbana – e reduzem as chuvas no cinturão verde das cidades.

Sendo as MC o foco deste livro, nos deteremos mais na descrição dos seus possíveis impactos, especialmente nas cidades. Assim, nos reportamos a Ribeiro (2008) para reforçar a necessidade de enfrentar o futuro, mesmo com base em incertezas:

> O resultado das alterações climáticas nas cidades brasileiras pode ser expresso em termos de incerteza e de indeterminação.... Incerteza diante da falta de maior precisão do aumento da temperatura nos próximos cem anos. Outro aspecto que apresenta indefinição é a alteração do regime de chuvas. Não se pode dimensionar ao certo o volume das chuvas torrenciais e concentradas em determinados períodos, embora os modelos indiquem estes fatos como prováveis. Ou seja, ainda não se pode aferir a probabilidade da ocorrência das consequências das mudanças climáticas nas cidades brasileiras dado que vetores importantes, como o aumento da temperatura e a variação das chuvas, ainda não são conhecidos com precisão. Por isso, existe uma indeterminação quanto aos impactos socioambientais, ou seja, as mudanças vão gerar acontecimentos em intensidade desconhecida, ainda que possam ser, de certo modo, estimados. Apesar disso, não resta dúvida que as cidades brasileiras podem ser afetadas...

> "são locais onde ocorrerão acontecimentos relacionados às mudanças climáticas. Trata-se de identificar os perigos e os alvos que eles afetam, para se evitar crises e uma catástrofe. Por isso, as medidas devem ser tomadas com base no princípio da precaução, que ganha ainda maior relevância quando envolve o risco de vidas humanas. Ou seja, na dúvida quanto aos impactos socioambientais nas cidades brasileiras, é preciso agir para enfrentar problemas antigos que resultaram do processo rápido e particular de urbanização no Brasil e atacar, com determinação, principalmente, a má condição de moradia da maioria da população que vive em grandes cidades e metrópoles brasileiras" (RIBEIRO, 2008, p. 307, 308).

Segundo Tavares (2004), como a concentração dos gases promotores do efeito estufa é espacialmente variável, seus efeitos serão mais sentidos entre latitudes subtropicais e médias do hemisfério norte, no qual os continentes são mais extensos e estão concentrados os maiores núcleos urbanos, os centros industriais do mundo desenvolvido, a pecuária intensiva nos Estados Unidos e na Europa e os arrozais na China, no Sudeste Asiático e na Índia. Segundo esse autor, na América do Sul haveria o efeito da depleção das florestas, pelo desmatamento e redução da oferta hídrica.

Como as mudanças climáticas em curso promovem maior número de eventos extremos – furacões e tempestades – e também o aumento do nível dos mares, haverá grande impacto no litoral densamente ocupado. Tavares (2004, p. 65) explica que "Pressões atmosféricas muito baixas, ventos extremamente fortes, aguaceiros contínuos, ondas altas invadindo os continentes e represando as águas continentais provocam efeitos devastadores, ceifando vidas[6], destruindo edificações e arruinando a economia." O autor reitera que "Grandes enchentes são previsíveis, porque nas porções planas a jusante, em vários lugares, a pluviosidade também crescerá e a subida do nível do mar afogará, progressivamente, as desembocaduras dos rios, constituindo um obstáculo para o escoamento das águas pluviais". (TAVARES, 2004, p. 73). Lembramos que grandes metrópoles brasileiras encontram-se no litoral, sujeitas, portanto, a esses impactos.

Segundo Nobre *et al.* (2010), no caso da Região Metropolitana de São Paulo, há uma previsão de duplicação do número de dias com chuvas intensas entre 2070 e 2100, e, em curto e médio prazos, o aumento do número de dias quentes, diminuição do número de dias frios, aumento de noites quentes e diminuição do número de noites frias. Prevê-se também uma intensificação da ilha de calor, com prejuízo da dispersão de poluentes atmosféricos.

Estudos sobre necessidades habitacionais demonstram que as áreas com maior número de habitações precárias, insalubres ou em risco encontram-se na beira de córregos, áreas alagadiças, mangues e encostas urbanas. Segundo Bueno e Freitas, 2007, em decorrência do adensamento habitacional e populacional nas favelas, em função da escassez de moradia acessível, os projetos de urbanização de favelas precisam de recursos prévios à sua implantação para remover, em média, 30% das famílias moradoras. Assim, é previsível um aumento nas necessidades de investimentos públicos e privados para demolir, readequar e construir moradias.

Ao mesmo tempo, há diversos empreendimentos imobiliários e de infraestrutura comercial, como dutos, portos e aeroportos, implantados e em execução na orla sem consideração aos efeitos previstos em um horizonte de 20 a 50 anos, período de tempo bastante sensível em áreas urbanas.

Os estudos que indicam as possibilidades de mudanças climáticas devem ser interpretados, de forma a entender que se trata de processos, e não de mudanças

---

6 Lembramos que o ciclone de Bangladesh, de 1991, causou a morte de 125 mil pessoas. O tsunami de 2003 causou mais de 230 mil mortes.

abruptas. Assim, entende-se que, paulatinamente, ocorrem os efeitos descritos. Dessa forma, pode-se supor que alguns dos eventos extremos ocorridos recentemente no Brasil, podem ser relacionados às MC globais. Por outro lado, o fato de que nossa população é urbana e que as áreas mais densamente povoadas são as metrópoles e suas áreas próximas, priorizando a questão de que eventos climáticos de mesma intensidade podem gerar maior número de atingidos.

O crescimento da vegetação poderá ser incentivado pelo aumento da oferta de CO_2 na atmosfera, um efeito de fertilização. As plantas aumentam a eficiência do uso da água. Tavares (2004, p. 69) afirma que

> Em todas as circunstâncias em que houver um aumento do estoque de carbono pela vegetação haverá uma amenização no efeito estufa, com a redução da elevação da temperatura. Todavia, o acúmulo de carbono pelas plantas também, poderá declinar caso haja fortes aquecimentos.

Sobre aspectos da saúde pública, Martens (apud TAVARES, 2004, p. 73), afirma que

> O aquecimento do globo poderá provocar um aumento da área de abrangência e maior incidência de doenças provocadas por vetores, como febre amarela, malária, dengue e esquistossomose, que são endêmicas em países da zona intertropical e se estenderão para regiões extratropicais. Doenças das vias respiratórias devem diminuir com o aumento das temperaturas e declínio no número de dias frios, mas o calor agravará os casos de enfermidades do aparelho circulatório.

Diversas condições adversas ao conforto e à segurança humana nos assentamentos urbanos em grande parte das cidades brasileiras, em especial, nas metrópoles, devem se agravar em decorrência de mudanças climáticas globais e locais. São previstas repercussões como o aumento da vulnerabilidade do espaço construído e de seus usuários, do custo de manutenção e adaptação da infraestrutura, dos espaços urbanos e das edificações, com efeitos socioeconômicos de diversas ordens, desde a perda de vidas humanas ao aumento do custo dos seguros dos bens localizados em determinadas parcelas das áreas urbanas (ROAF, 2009).

1.1.2 Chuva ácida

Causada pela presença de plumas de poluentes industriais e de automóveis na atmosfera, que se precipitam com as chuvas. Causa a perda de áreas com áreas com vegetação natural e áreas agrícolas. Nas cidades, causa a poluição das águas pluviais e a corrosão de elementos do ambiente construído, com impactos especialmente no patrimônio de interesse histórico, arquitetônico e artístico.

1.1.3 Extinção de ambientes naturais

Ocorre principalmente por meio do desmatamento para a expansão agropecuária, mineração e complexos industriais. A retirada da cobertura vegetal nos diferentes biomas destrói os locais de nidificação e restringe o número de espécies, em função das suas necessidades de espaço vital. Geralmente, a expansão urbana ocorre em áreas anteriormente utilizadas pela atividade agropecuária.

1.1.4 Destruição do ozônio atmosférico

Efeito sinérgico do uso de CFCs – clorofluorcarbonos – em refrigeração e aerossóis e compostos de flúor. O buraco da camada de ozônio nos deixa vulneráveis à radiação ultravioleta, com riscos cancerígenos e mutacionais.

1.1.5 Erosão

É decorrente da retirada da cobertura vegetal e exposição de solos às intempéries (chuvas e ventos), seja para a expansão urbana (obras de terraplenagem, terrenos urbanos ou periurbanos deixados sem vegetação, loteamentos, empreendimentos e edificações implantados parcialmente, sem infraestrutura de drenagem, sem pavimentação, em terrenos íngremes ou suscetíveis à erosão), seja pela atividade agrícola em solos frágeis ou com técnicas inadequadas. Há perda de solos agriculturáveis e, ao mesmo tempo, assoreamento de cursos d'água, que destrói nichos ecológicos e reduz o leito dos rios. Nas áreas urbanas, o assoreamento, associado ao lixo, é uma das principais causas das enchentes, por obstrução da rede de drenagem artificial e dos cursos d'água.

1.1.6 Perda de fontes de água doce

É causada pela poluição das águas por esgotos domésticos e industriais, em quantidade superior à capacidade de autodepuração dos rios, e a retirada excessiva de águas dos rios para irrigação e produção industrial, comprometendo o abastecimento humano. A crise da água foi reconhecida pela ONU no final do século XX, somando aos problemas já percebidos, de dificuldades sociais para o acesso à água, o problema da fragilidade nas políticas de preservação e conservação dos mananciais. Pesquisas mais recentes comprovam a presença de disruptores endócrinos, fármacos e organoclorados na água de diversos rios utilizados para abastecimento público, em diversos países, inclusive o Brasil. Sodré et al. (2007) analisaram amostras de águas de cursos d'água nas regiões de São Paulo e Campinas, detectando diversos elementos compostos orgânicos, provenientes de plásticos, de fármacos e produtos de higiene e limpeza[7].

Mas, o que todos esses outros problemas têm a ver com as MC? Têm tudo a ver, já que as causas de cada um dos problemas estão relacionadas ao modo de produção e consumo baseado em grande intensidade de uso de matérias-primas e energia, com grande emissão de diversos poluentes no ar, nas águas e no solo, bem como agregados aos próprios produtos consumidos e, posteriormente, descartados. A interconexão entre as causas e os efeitos dos problemas, e sua dimensão socioambiental, coloca a necessidade de revisão do modo de viver da humanidade, no qual a sustentabilidade seja a bússola do produzir, consumir, se relacionar socialmente e com a natureza.

A concentração de riquezas, alicerçada na privatização da produção casada com a socialização dos custos[8] da produção e nas diferenças de acesso aos bens produzidos, gerou na sociedade humana a ruptura entre o instinto de sobrevivência e prática da precaução, e obscurece a elaboração de uma visão de futuro.

Assim, ao refletir sobre uma agenda para a pesquisa relacionada às MC e às cidades, é fundamental ter em mente a necessidade de assumir um papel da ciência, de expor à sociedade as contradições entre os fenômenos estudados, os processos políticos e as políticas públicas em andamento ou proposição. É fundamental também, mesmo para os estudiosos do espaço intraurbano, reconhecer a necessidade de compreensão dos processos mundiais em curso. Juntamente com as peculiaridades do ambiente urbano de cada região, há uma homogeneização do modo de vida urbano e dos padrões de consumo, relacionada à globalização de diversas esferas da vida urbana, com repercussões na concepção e uso do ambiente construído, assim como nas práticas sociais.

---

7 Sodré et al. (2007) afirmam que foram detectados compostos orgânicos exógenos em 83% das amostras. Dentre os compostos investigados por eles, mais de um foi determinado em 66% das amostras, revelando abrangência espacial e temporal da contaminação. Mais ainda, 17β-estradiol, o 17α-etinilestradiol, o paracetamol (acetaminofeno), o ácido acetilsalicílico, a cafeína, o di-*n*-butilftalato e o bisfenol A foram detectados, ao menos uma vez, nas amostras. No ponto amostral à jusante da cidade de Campinas foram determinados os níveis mais elevados de cafeína, bisfenol A, 17β-estradiol e 17α-etinilestradiol, evidenciando a contaminação das águas após o rio ter recebido esgotos domésticos e drenagem urbana. Foi observado também o aumento na concentração desses compostos durante o período de menor pluviosidade, ou seja, quando há menor volume de água pluvial ou de nascentes nos cursos d'água.

8 Está se referindo aqui às chamadas deseconomias ou externalidades dos processos produtivos, bem como às políticas de subsídios praticados pelo Estado para alguns setores econômicos, conforme a linguagem da Economia, Administração e Engenharia de Produção.

1.2 PROBLEMAS GLOBAIS NO PLANETA URBANIZADO, MAS COM GRANDES DIFERENÇAS

A escala da problemática é global, já que os efeitos são sentidos em todo o planeta. Mas há enormes diferenças nas intensidades ou papéis que cada país tem ou teve no passado e no capitalismo contemporâneo, seja produzindo emissões ou comercializando seus recursos naturais. No âmbito das políticas públicas relacionadas ao meio ambiente, consolidou-se o uso das expressões "agenda verde" para denominar as ações voltadas à preservação da biodiversidade, e "agenda marrom" para as ações voltadas à poluição industrial, à contaminação e às cidades, a partir da Eco 92. A força retórica do conceito de desenvolvimento sustentável – socialmente justo, economicamente viável e ecologicamente prudente – propiciaria a percepção de que a crise ambiental e a crise social eram uma só. Assim, a pobreza e a poluição deveriam ser igualmente enfrentadas mundialmente. Segundo a Agenda 21, a agenda verde seria o foco principal dos países desenvolvidos, enquanto a agenda marrom o principal tema dos países não desenvolvidos, pois, nestes, as condições de saneamento ambiental e contaminação ainda estavam asseguradas, o que já teria acontecido, entretanto, com os países ricos.

A dimensão política fundamental dos efeitos das mudanças climáticas é que as privações e impactos serão inversamente proporcionais às emissões históricas. Por essa razão, a questão ambiental apresenta-se como um conflito intergeneracional, histórico, econômico e cultural. É importante perceber que a responsabilidade direta sobre as mudanças climáticas decorrentes do aquecimento global vem dos complexos industriais e energéticos dos países industrializados. A maioria das emissões de carbono foi lançada no Hemisfério Norte, entre o fim do século XVIII e o início do século XX, nas nações industrializadas. As nações em transição vêm aumentando suas emissões desde os anos 1970, com a expansão das indústrias de bens de consumo durável pelas multinacionais e as indústrias de base, geralmente estatais. A desejável inclusão de grandes populações aos confortos do bem-estar social – vida saudável por meio de alimentação, energia, água, esgotos, transportes, cultura – aumentará a emissão de carbono. No Brasil[9], a principal causa de emissão é o desmatamento para a produção e criação de gado (grande parte para exportação). As nações menos desenvolvidas emitem pouco carbono. Suas populações são as que mais sofrem e sofrerão os efeitos diretos das secas, das enchentes e dos eventos extremos.

Entretanto, as transformações ocorridas no setor industrial e financeiro, com os saltos tecnológicos da informática e das telecomunicações, influenciaram e fortaleceram o contexto geopolítico neoliberal. As estruturas mundiais de negociação no

---

9 Lembrando que a China e a Índia utilizam matrizes energéticas mais sujas em termos de emissões de carbono. As emissões brasileiras *per capita* estão mais próximas dos países mais pobres da África, América Latina, Caribe e Ásia, do que dos dois gigantes.

âmbito da ONU foram enfraquecidas, com o claro enfrentamento da OMC quanto ao fluxo de investimentos públicos e privados, quanto aos setores industriais e quanto à localização dos investimentos na escala mundial.

Nesse contexto mundial, o Brasil fez-se refém da reestruturação produtiva e passou por uma fase de redução dos investimentos e da estrutura pública, com grandes repercussões no território, sobretudo nas cidades. Mas contraditoriamente, outros fatores interferem no quadro mundial, dentro do qual cabe analisar as condições geopolíticas para, então, atentar às condições e diferenças na ocupação regional e urbana.

Segundo Eduardo Viola[10], os países com peso político na questão climática são, em primeiro lugar, os Estados Unidos, aos países da União Europeia e a China, que juntos emitem 60% dos gases efeito estufa (GEE) do total mundial. Em segundo lugar, ele relaciona as potências médias em termos de emissões – Índia, Rússia, Brasil, Japão, Indonésia, África do Sul, México, Coreia do Sul, Canadá e Arábia Saudita. Conforme Viola, somente acordos dos quais participem as três primeiras potências e parte das outras nações, terão possibilidade de ser respeitados.

Assim, transformações profundas para processos em direção à sustentabilidade dependerão de ações baseadas em preceitos legais com reorganização política e institucional voltada à reorganização da produção e do modo de vida nos principais países – que mais emitem carbono e que concentram as maiores populações, entre eles o Brasil.

No bloco de potências medianas, no Hemisfério Sul, em especial na América do Sul, o Brasil terá, cada vez mais, um papel importante na política internacional relacionada às MC. A Convenção sobre Diversidade Biológica – COP 10, realizada em Nagoya, ao reconhecer que os países têm propriedade sobre a sua biodiversidade e produtos dela produzidos, mesmo que anteriormente, traz um grande poder de barganha ao Brasil e outros gigantes da biodiversidade, como Colômbia, Indonésia, China, México e África do Sul. A Convenção sobre as MC, em Copenhagen, apesar dos parcos resultados em escala global, fortaleceu e colocou o Brasil como importante ator, já que o país lançou seu Plano Nacional para as MC, contendo metas nacionais[11] para redução de emissões de GEE, tornando-se o primeiro país do planeta, fora da lista dos países com obrigatoriedade pelo Protocolo de Quioto, a assumir metas claras.

A posição geográfica do Brasil traz outros importantes aspectos geopolíticos e ambientais, relacionados aos graus de incerteza sobre as MC e seus impactos em nosso território a partir dos estudos sistematizados no IPCC (Painel Intergovernamental

---

10 Palestra sobre "Dinâmica das Potências Climáticas, negociações internacionais e transição para o baixo carbono" na IV Conferência Regional sobre Mudanças Globais, realizada em São Paulo entre os dias 4 e 7 de abril de 2011. A Conferência, que teve como um dos organizadores a RedeClima, tinha como objetivo elaborar propostas para o "Plano Brasileiro para um Futuro Sustentável".

11 Resta, agora, a pressão interna para a consecução dessas metas em passos concretos nos investimentos públicos e nas normativas legais para o setor produtivo.

de Mudanças Climáticas). Na IV Conferência Regional sobre Mudanças Globais[12], de 2011 foi realizada uma mesa redonda sobre "Confiabilidade dos cenários climáticos", que indicou a necessidade de investimentos constantes de, pelo menos, dez anos para o desenvolvimento de pesquisa chegar a resultados efetivos e serem formados cientistas que possam continuar o trabalho. Destaque-se, ainda, que os problemas apontados estão restritos aos estudos climáticos, e não à falta de inserção de aspectos sociais nos modelos. Segundo diversos palestrantes, os 14 modelos climáticos utilizados atualmente pelo IPCC, quando rodados para simular o clima ocorrido nas últimas décadas neste subcontinente, dão como resultados situações climáticas diversas do que efetivamente ocorreu. Assim, supõe-se que as previsões também podem estar equivocadas.

Fica claro que o Brasil, sendo o maior país (territorial, populacional e economicamente) da América do Sul, precisa liderar o desenvolvimento científico para o subcontinente, sob pena de o Hemisfério Sul ser direcionado por previsões equivocadas e sofrer cada vez mais ocorrências de eventos extremos, com impactos socioeconômicos graves, sem conseguir melhorar seus sistemas de previsão e sem promover adaptação. Essa ciência tem características próprias – uma ciência dos trópicos (expressão usada por Carlos Nobre na abertura do evento).

Assim, a aquisição pelo Brasil de supercomputadores instalados no Inpe, para desenvolver um modelo climático próprio, é uma imposição científica colocada pelas restrições dos resultados dos modelos climáticos utilizados pelo IPCC para seus estudos de variabilidade e mudanças climáticas no caso da América do Sul.

Um terceiro aspecto colocado para nossa reflexão sobre as MC enquanto questão global e as cidades, surge quando se comparam as características socioterritoriais entre o Hemisfério Norte e o Hemisfério Sul, e mesmo entre países do mesmo hemisfério. Foram selecionados alguns países, de forma que se possa perceber o lugar do Brasil no contexto internacional e as diferenças entre países (Tabela 1.1).

Em primeiro lugar, percebe-se o peso territorial dos gigantes – Estados Unidos, China e Brasil. Os grandes em população, entretanto, mudam – Índia e China, seguidos bem de longe por Estados Unidos e Brasil. Mas quando se analisa a densidade demográfica no território total de cada país, o quadro novamente se modifica. A Índia é a mais densa, mas é seguida por Reino Unido e Alemanha. A China e a França têm

---

[12] Na IV Conferência Regional sobre Mudanças Globais, realizada em São Paulo entre os dias 4 e 7 de abril de 2011 foi realizada a mesa redonda sobre "Confiabilidade dos cenários climáticos", com a participação de José Antonio Marengo (CCST/INPE), Marcelo Barreiro Parrilo, (Universidade de La Republica, Uruguai) Marcos Heil Costa (UFV) e Maria Assunção Faus da Silva Dias (IAG/USP). Assim, todas as ciências que contribuem para estudos e modelos climáticos, e cujos fenômenos que estudam têm grande relação com o clima – desde agricultura, até área costeira – estão se debruçando sobre esse problema. A maioria das pesquisas apresentadas tem se baseado em estudos de dinâmica climática elaborados pelo Inpe, que roda simulações com os programas do IPCC e os força segundo as necessidades das áreas temáticas nas Universidades e Institutos de Pesquisa. O Inpe está desenvolvendo estudos para seu modelo, já que o hardware já está instalado.

Tabela 1.1 – Área, população, densidade demográfica e maiores cidades de países selecionados

Países selecionados	Cidades com mais de 750 mil habitantes	Área em km²	População em mil	Densidade em habitantes por km²
Brasil	24	8.511.964	193.919	24
China	143	9.596.960	1.310.584	139
Índia	65	3.287.590	1.124.135	341
EUA	54	9.826.630	310.233	32
Alemanha	4	357.021	82.236	230
França	7	547.030	63.682	116
Reino Unido	7	244.820	61.249	254
África do Sul	7	1.219.912	49.109	40

Fonte: UN–HABITAT State of The World's Cities – 2010/2011, 2010. Census. Disponível em: <http://www.census.gov/ipc/www/>. Acesso em: 6.06.2011.

valores aproximados de densidade demográfica total. E bem abaixo, temos o Brasil, os Estados Unidos e a África do Sul. Mas os países europeus apresentam pequeno número de aglomerações com mais de 750 mil habitantes, enquanto que China, Índia e, mesmo, Estados Unidos (com maior número que o Brasil) se destacam pelas megacidades.

Ora, essas diferenças apontam para aspectos relacionados à escassez territorial para utilização econômica da biodiversidade dos recursos naturais não renováveis, à exaustão da natureza enquanto recurso econômico de fonte de matérias-primas, da escassez de terras agriculturáveis.

Já se afirmava em Bueno (2010, p. 4)

> As populações urbanas dependem de diversos insumos externos ao espaço urbano – água, energia, afastamento e disposição de dejetos, alimentos e toda gama de bens para o setor industrial e comercial ali localizados – transferindo impactos para espaços territoriais muito mais amplos. Conforme Andrade, 2005, os assentamentos urbanos sobrevivem de recursos e serviços apropriados dos fluxos naturais do entorno, ou adquiridos por meio de comércio com todas as partes do planeta, produzindo um déficit ecológico.

Mas os dados de densidade territorial nacional bruta não servem para compreender o espaço urbano[13]. Apenas para exemplificar essa questão, destacando já um aspecto da pesquisa sobre cidades que precisa ser aprofundado, selecionou-se (Tabela 1.2) as cidades mais densas dos países selecionados na Tabela 1.1.

Tabela 1.2 – Densidade de cidades selecionadas

Cidades	Posição no ranking de maiores densidades	Densidade (habitantes por km²)	País	Densidade (habitantes por km²)
Mumbai	1º.	29.650	Índia	341
Shenzhen	5º.	17.150	China	139
São Paulo	25º.	9.000	Brasil	24
Londres	43º.	5.100	Reino Unido	254
Cidade do Cabo	59º.	3.950	África do Sul	40
Berlim	65º.	3.750	Alemanha	230
Paris	69º.	3.550	França	116
Los Angeles	90º.	2.750	EUA	32

Fonte: Dados sobre as cidades: WORLD MAYOR. Disponível em: <http://www.worldmayor.com>. Acesso em: 22.06.2011.

Essas densidades foram calculadas a partir da totalidade da área dos municípios ou áreas administrativas semelhantes, alguns totalmente urbanos, em metrópoles formadas por mais de uma cidade, extensas áreas verticalizadas, seja de uso residencial ou de escritórios e cidades conurbadas. Assim, apresentam densidades brutas mais altas. Mas o que nos interessa destacar aqui é o quanto a densidade populacional das metrópoles (e das cidades em geral) é superior à dos países, mesmo os com maiores densidades. Esses adensamentos é que vão pressionar o ambiente do entorno, recolocando em um espaço regional a problemática dos *inputs* e *outputs* dos fluxos de energia, bens, resíduos, dos sistemas urbanos.

Os processos de constituição da rede urbana e das cidades dos países, as políticas migratórias, as políticas trabalhistas e sociais, as formas de acesso à terra

---

13 Em Urbanismo costuma-se utilizar outra unidade para quantificação de densidade – habitantes ou unidades habitacionais por hectare (e não km², que equivalem a 100 hectares). O hectare equivale a 10 mil m², área aproximada de uma quadra urbana. Acioly e Ferguson (1998) apresentam uma excelente análise das implicações das densidades no meio urbano, como, por exemplo: altas (baixo custo de infraestrutura urbana), muito altas (riscos de aumento de violência) ou muito baixas (altos custos de infraestrutura, impossibilidade de transportes coletivos eficazes, falta de vida social e comunitária).

urbanizada e à moradia, a localização da indústria, e os setores industriais, as estruturas de mobilidade, o fluxo de mercadorias, as estruturas e força política do planejamento territorial e urbano, geram a forma urbana com densidades urbanas e ambientes urbanos muito diferentes. Mais uma vez, deve-se perceber que mesmo esses dados não servem para estudar toda a diversidade dos tipos de cidades, bem como o seu espaço intraurbano. Diferentes formas urbanas e tipologias construtivas estão relacionadas a processos políticos históricos que marcam e diferenciam o espaço intraurbano. Mas nos servem aqui para indicar a pertinência de alguns temas para aprofundamento da pesquisa[14], que é a relação entre forma urbana, densidade populacional, habitacional, construtiva e a pegada ecológica e hídrica dessas tipologias urbanas, que podem desvendar, não só características, mas, sobretudo, proporcionar condições para formular novas formas urbanas mais sustentáveis em um enfoque socioambiental.

Tome-se como exemplo os casos dos Estados Unidos e da França. Segundo pesquisa de Lucia Sousa e Silva (2010) a produção de residências novas nos Estados Unidos transferiu o centro de gravidade do núcleo urbano central às periferias (FISHMAN, 2004). Entre 1950 e 1970 o estoque habitacional da nação aumentou em 21 milhões de unidades, ou, em mais de 50%. Se a população nas áreas centrais cresceu em 10 milhões de habitantes, nos subúrbios, esse crescimento correspondeu a 85 milhões de habitantes. Já na França, entre 1950 e 1975, a população duplicou, enquanto a superfície ocupada aumentou somente 25%. Mas entre 1975 e 1990 a população aumentou apenas 25%, enquanto que a superfície ocupada duplicou.

---

14 Sob o ponto de vista da produção da cidade, a densidade demográfica é um valor calculado *a posteriori*, e que pode mudar, com a mudança, por exemplo, do tamanho das famílias, de sua evolução com crescimento dos filhos e sua saída de casa, de maior ou menor coabitação ou congestionamento habitacional. Encontramos densidades populacionais altíssimas em favelas precárias, de 600 habitantes por hectare, o que equivaleria a 60 mil habitantes por km². No caso de bairros com tipologia de subúrbio, ou bairro-jardim, como Jardim América em São Paulo, ou Nova Campinas, em Campinas, as densidades atualmente chegam a menos de 50 habitantes por hectare, semelhantes aos subúrbios norte-americanos. No caso de populações afluentes, ocorre a queda da densidade demográfica, com menor número de pessoas morando em unidades habitacionais maiores. Já a densidade habitacional é calculada em número de unidades habitacionais por hectare. A análise da densidade habitacional, aliada à da chamada densidade construtiva, que relaciona a área construída total de um empreendimento ou bairro, com a área de terreno, dá uma referência de padrão: quanto menor a primeira e maior a segunda, mais rica a população analisada. Ambas são um elemento de projeto, podem ser predefinidas, diferentemente da densidade populacional. Conforme Satterwhaite (2009), as emissões de GEE *per capita* da população depende mais de sua renda e de sua capacidade de consumo do que do país em que mora. Pode-se, então, aferir que, quanto mais baixas as densidades, maiores as emissões de GEE.

1.3 ASPECTOS DAS CIDADES BRASILEIRAS DETERMINANTES PARA AS POLÍTICAS DE ADAPTAÇÃO COM ENFOQUE SOCIOAMBIENTAL

Entre os anos 1950 e 1980 são encontradas as maiores taxas de crescimento populacional no Brasil, e os mais intensos processos migratórios do campo para as cidades. Entre 1960 e 1980 a população brasileira total saltou de aproximadamente 71 milhões para 121 milhões de habitantes. E a população urbana saltou de 32 milhões para 82 milhões no mesmo período. Em 2010, a população chegou a mais de 90 milhões, sendo quase 161 milhões no meio urbano, ou seja, em 30 anos nossas cidades duplicaram de população.

Mas, como o Brasil apresenta um extenso território, as cidades ocupam apenas pequena área. A análise dos resultados dos estudos da Embrapa[15] sobre as parcelas de território brasileiro comprometidas com uso urbano leva a constatações surpreendentes. Segundo Miranda et al. (2006) as áreas urbanas brasileiras somam apenas 21.300 km², de um território de mais de 8,5 milhões de km².

A análise espacial do processo de urbanização e das condições atuais das cidades brasileiras mostra a sobreposição de três situações. Têm-se ainda as marcas do processo de urbanização intenso das migrações do campo para a cidade e do nordeste para o sudeste, e, em alguns locais, até a manutenção do crescimento desses espaços territoriais habitados, mas com urbanização incompleta, precária. Pode-se ver o crescimento da precariedade, justamente nas cidades de regiões onde há uma nova dinâmica econômica – indústria e agroindústria no norte, nordeste e centro-oeste, por exemplo. Há áreas que, por impacto da reestruturação produtiva ocorrida no setor industrial, tornaram-se desatualizadas em termos de infraestrutura, edificações, uso do solo, especialmente nas áreas metropolitanas, que tiveram os primeiros surtos de industrialização – Rio de Janeiro, São Paulo e, mesmo, Belo Horizonte –, e cidades industrializadas em meados do século passado. E há pontos do território – geralmente dentro das áreas metropolitanas ou próximos a elas – que recentemente recebem as ondas de investimento público e privado, com novos bairros, renovação da infraestrutura, centros de atividade econômica, ligados ao circuito contemporâneo da informática e do consumo de alto valor agregado. É óbvio que há peculiaridades espaciais que dependem do tamanho das cidades, dos biomas, dos domínios morfoclimáticos, das unidades climáticas nas quais estão localizadas, bem como das condições socioeconômicas pelas quais passa a população, com maior ou menor acesso a bens e serviços. Mas pode-se tentar alguma generalização apenas

---

15 A equipe da Embrapa – Geoprocessamento Campinas, SP – analisou os dados do Censo de 2000 e imagens de satélite (Landsat) de uma amostra de municípios brasileiros representativa, segundo estratos populacionais e regiões brasileiras. As áreas urbanizadas, medidas diretamente na pesquisa, representaram 62,3% do total, 62,7% da população urbana e 11% dos municípios. Uma análise mais detalhada desses dados é apresentada em Bueno (2010). A urbanização, portanto, não apresenta peso nas mudanças de uso da terra que tanto ampliam nossas emissões.

para introduzir os desafios para integrar as agendas marrom e verde com um enfoque socioambiental.

As metrópoles e grandes cidades, foco de maior número de pesquisas e estudos, que contam com estruturas públicas de gestão, geralmente, mais bem aparelhadas, e que possuem economia mais dinâmica, apresentam grandes áreas de uma urbanização incompleta nos bairros periféricos, com favelas, áreas contaminadas e degradadas, encortiçamento de áreas centrais, fechamento dos grupos de classe média e alta, por grades e muros nos edifícios e, agora, também em condomínios horizontais. Nas cidades médias e pequenas, que geralmente apresentam esses problemas em menor intensidade, não há política de mobilidade urbana por transporte coletivo e público. As pequenas cidades e vilas apresentam um quadro de recessão, decrescendo em população, com edificações fechadas, sem uso.

Em todos esses tipos de cidade não há saneamento ambiental universalizado, com grande parte dos esgotos e resíduos simplesmente lançados a céu aberto, havendo ocorrência de enchentes e deslizamentos. Não há arborização e bons equipamentos públicos (bem projetados e bem construídos, bem equipados, bem mantidos). Em todas as cidades há a necessidade de melhorar o padrão das construções, sejam elas públicas ou privadas.

Em diversas dimensões são necessárias ações para enfrentar as iniquidades, as carências, e preparar um futuro que seja mais sustentável. Mas, como, com quais prioridades e critérios? Acselrad (2009) faz uma importante reflexão sobre esse tema: a verificação da sustentabilidade somente pode ser feita comparando uma dada situação atual (tida como insustentável) ao futuro, prevendo-se o desejo de alcançar patamares mais adequados de sustentabilidade.

Estudos sobre a dinâmica demográfica, associada à análise espacial em perímetros menores que os municípios, ainda mais representativos da diversidade nacional, ainda estão por ser feitos. Mas tem-se atualmente um quadro positivo, com a evolução dos instrumentos de geoprocessamento e a recente execução do censo demográfico, que traz um quadro de 2010. Foram também realizados estudos sobre a dinâmica demográfica recente e futura para planos habitacionais municipais para definição de necessidades habitacionais atuais e futuras[16].

O território brasileiro sofre, com distintas intensidades, os impactos promovidos por esses problemas, por isso denominados de socioambientais ou socioespaciais, pois apresentam uma grande dimensão explicativa, em decorrência de processos

---

16 Ver CEM/Ministério das Cidades, 2007 e Cedeplar/Ministério das Cidades, 2010. Há também muitos planos municipais já elaborados com dados cadastrais, trazendo, portanto, retratos bem fidedignos em relação às necessidades habitacionais, situações de risco e vulnerabilidade etc. Infelizmente, não há um procedimento geral para verificação de aspectos metodológicos que permitam uma análise global, bem como sistematização para acesso, mas trata-se de um passo muito importante para um país que até pouco tempo não tinha política habitacional e engatinha no planejamento territorial municipal.

socioeconômicos e políticos. Assim, os impactos sobre as condições de vida da população serão muito intensos, já que os problemas sociais e as carências existentes no meio urbano persistem.

Mas esse impacto sobre o espaço territorial externo à aglomeração tem forte dependência em relação a sua dimensão. A Tabela 1.3 apresenta o número de municípios conforme os estratos da população total. Mais uma vez lembremos que a taxa de urbanização brasileira é altíssima – 84% em 2010. Assim, podemos inferir que a população é, sobretudo nos municípios mais populosos, urbana.

Tabela 1.3 – Número de municípios e população total segundo estratos da população total do Brasil – 2000-2010

Municípios por estratos de população total	Nº de municípios em 2000	Nº de municípios em 2010	População total em 2000	População total em 2010
Mais de 10.000.000	1	1	10.434.252	11.244.369
5.000.001/10.000.000	1	1	5.857.904	6.323.037
2.000.001 a 5.000.000	4	4	8.874.181	10.062.422
1.000.001 a 2.000.000	7	9	9.222.983	12.505.516
500.001 a 1.000.000	18	23	12.583.713	15.703.132
100.001 a 500.000	193	245	39.628.005	48.567.489
50.001 a 100.000	301	324	20.928.128	22.263.598
10.001 a 50.000	2.345	2.443	48.436.112	51.123.648
Até 10.000	2.637	2.515	13.833.892	12.939.483
Total	5.507	5.565	169.799.170	190.732.694

Fonte: IBGE. Censo Demográfico 2000 e 2010.

No que concerne às aglomerações urbanas, a distribuição territorial das cidades e suas dimensões, em termos de área física e população, tem relação direta com as necessidades de recursos externos ao seu entorno.

Assim supõe-se que sob o aspecto do déficit ecológico, da quantidade de recursos como água, terra agriculturável, áreas para tratar e dispor resíduos sólidos e esgotos, os pequenos municípios produzem um déficit ecológico bem inferior às grandes aglomerações. É muito importante que as políticas de minimização de impactos e de adaptação considerem que as técnicas, tecnologias e formas de organização política e gerencial para esses serviços urbanos serão de natureza muito diferente ao tratar metrópoles (temos no Brasil, atualmente, 13 municípios com mais de 1 milhão de habitantes) ou municípios com menos de 50 mil habitantes (hoje totalizando mais de 2000).

Outro aspecto instigante a explorar quando se observa a estrutura de rede urbana brasileira, além das diferenças decorrentes da escala[17], é que, certamente, o modo de vida, valores, aspirações, as práticas cotidianas mais ou menos sustentáveis, as possibilidades de organização e gestão comunitária, devem ser muito diferentes nos pequenos municípios (mais de 2.500 com menos de 10 mil habitantes, muitos deles ainda em áreas ou bairros rurais, somando mais de 12 milhões de pessoas), em comparação às maiores cidades.

Mas estudos localizados sobre processos de urbanização e gestão urbana recentes também mostram resultados esclarecedores[18]. A Região Metropolitana de Campinas (RMC) é composta por 19 municípios, está localizada a 100 km a norte da metrópole de São Paulo, e possui 2.794.647 habitantes, sendo mais de um milhão no município central, Campinas.

A estruturação socioespacial da RMC, conforme se pode observar por meio da análise da Figura 1.1, se apresenta articulada por eixos viários. As ferrovias – tracejadas – ligaram os centros das cidades no passado (em preto no mapa), quando o sistema levava mercadorias e pessoas. As rodovias recortam as antigas áreas rurais e apresentam, em suas proximidades, nós que amarram[19] áreas urbanizadas, com pouca conexão entre si. Ali estão as indústrias, os galpões, os loteamentos. O município sede apresenta uma área periférica característica da urbanização brasileira – loteamentos irregulares e favelas com urbanização incompleta com moradores de baixa renda a sudeste. Essa é a característica semelhante de alguns municípios – Hortolândia e Sumaré, por exemplo – que no passado pertenciam ao município de Campinas. E a norte e sudeste estão os grupos sociais mais abastados, os shoppings centers, os loteamentos fechados, também amarrados às rodovias e entremeados de terrenos vazios (em branco na figura).

Esse exemplo é trazido para a reflexão sobre MC e cidades para esclarecer a especificidade da urbanização da periferia, conforme Costa (2009, p. 280, grifos no original), propõe:

> O desafio que se coloca, portanto, parece ser a construção de uma abordagem que seja referenciada no importante debate internacional já estabelecido e que necessita ser resgatado criticamente, porém que seja centrada na **urbanização da periferia**, incorporando, no caso brasileiro, os avanços, conflitos e impasses da trajetória dos estudos e da práxis urbana e regional.

---

17 A população humana brasileira, por meio de processos migratórios e miscigenação ao longo de mais de 500 anos, constituiu uma rede urbana, com especificidades e peculiaridades regionais.

18 A Região Metropolitana de Campinas vem sendo estudada pelo curso de Mestrado em Urbanismo da PUC, Campinas, desde sua constituição, e por meio de projeto de pesquisa com o Lincoln Institute of Land Policy e o Instituto Pólis (ROLNIK, 1998). Os dados apresentados neste texto são de recente pesquisa em finalização sobre os planos diretores municipais. Ver Silva (2011).

19 Robert Venturi, em seu livro *Learning from Las Vegas*, de 1973, assim descreve a urbanização norte-americana – pontos como subúrbios, fábricas, *malls*, postos de gasolina – amarradas às vias expressas.

Para esclarecer e reforçar a necessidade de relacionar a morfologia urbana, resultante dos processos de produção do espaço no qual interagem o planejamento municipal – por meio de suas leis, planos e investimentos – e o planejamento privado – que, neste segmento econômico tem grande interação com a estrutura fundiária urbana e periurbana –, com a dinâmica socioeconômica da moradia das diferentes classes sociais, observemos as Figuras 1.1 e 1.2, comparando as áreas em cinza, percebe-se a ampliação da área urbanizável, prevista nos planos diretores recentes (Figura 1.2) segundo a pesquisa de Silva (2011).

A RMC apresenta uma urbanização com centros consolidados de algumas cidades, uma periferia pobre e mal urbanizada (infraestrutura, equipamentos, serviços) e grandes empreendimentos habitacionais, comerciais e industriais espalhados em seu território – uma urbanização fragmentada e precária.

Sua urbanização, como na maioria das cidades brasileiras, deu-se sem a aplicação de instrumentos voltados à otimização do uso dos investimentos públicos e privados em infraestrutura urbana. A importância política dos proprietários de terra, desde a colônia, tornou-se uma característica arcaica da política urbana. Poucos são os empecilhos à manipulação e expansão do perímetro urbano e à manutenção de terrenos ociosos, à espera da valorização imobiliária.

Quando se analisam os dados da Tabela 1.4, comparando-os com as densidades daquelas metrópoles listadas na Tabela 1.2, verifica-se que nenhum município da metrópole campineira apresenta valores próximos, mas muito mais baixos. Mesmo Campinas, apesar de ser o *core* metropolitano, apresenta baixa densidade, menor que outros municípios, como Americana, Hortolândia e Sumaré. Destes, apenas Hortolândia apresenta densidade superior a Los Angeles, metrópole norte-americana famosa pelo fenômeno do *urban sprawl*.

Além disso, para focalizar aspectos inerentes à forma urbana das metrópoles e maiores cidades brasileiras, interessa destacar o estudo da dinâmica do crescimento demográfico no exemplo da RMC, por meio da TGCA do período 2010-2000, e o planejamento territorial do crescimento, demonstrado pelas áreas urbanizáveis segundo a legislação (Figura 1.2).

O crescimento anual da RMC foi de menos de 2% ao ano. Caso, hipoteticamente, a população continuasse a crescer nesse ritmo, em dez anos, tomando-se a população total da RMC em 2010 como 2,8 milhões habitantes, teríamos um crescimento de cerca de 600 mil habitantes no período. Ou seja, o equivalente a pouco mais de 20% da população atual. Mas os estudos demográficos indicam que no próximo período ocorrerá a manutenção da queda da TGCA em todo o Brasil, especialmente nas áreas metropolitanas.

Portanto, ao observar a Figura 1.2, é patente que o crescimento da área urbana proposta nos planos municipais está superdimensionada, o que causa uma grande pressão sobre a cobertura vegetal – seja natural ou agrícola – nas áreas periurbanas ainda rurais, bem como alimenta a elevação dos preços dos terrenos urbanizáveis, dada a expectativa de alta lucratividade com parcelamento do solo.

A adaptação da cidade às mudanças climáticas 41

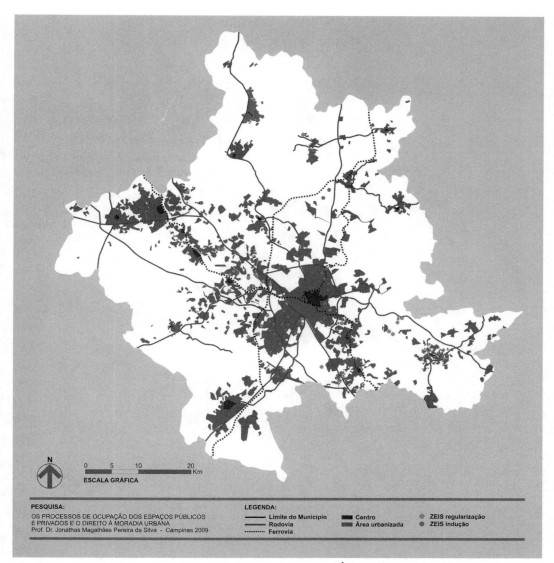

Figura 1.1 – Região metropolitana de Campinas, SP – Área urbanizada em 2010.
Fonte: Silva, 2011.

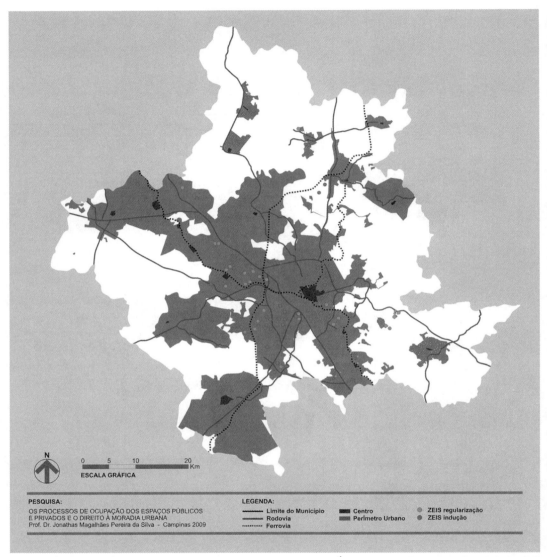

Figura 1.2 – Região metropolitana de Campinas, SP – Área com urbanização permitida segundo a legislação municipal.
Fonte: Silva, 2011.

Tabela 1.4 – Municípios da região metropolitana de Campinas – Taxa geométrica de crescimento anual e densidade populacional

	Taxa geométrica de crescimento populacional anual 2000-2010 – %	Densidade (habitantes por km^2) 2010
RMC	1,82	767
Americana	1,45	1.545
Artur Nogueira	2,97	248
Campinas	1,10	1.357
Cosmópolis	2,87	379
Engenheiro Coelho	4,60	143
Holambra	4,58	175
Hortolândia	2,37	3.082
Indaiatuba	3,23	649
Jaguariúna	4,12	310
Monte Mor	2,77	203
Nova Odessa	2,01	699
Paulínia	4,81	587
Pedreira	1,68	378
Santa Bárbara d'Oeste	0,58	663
Santo Antonio de Posse	1,32	134
Sumaré	2,09	1.575
Valinhos	2,57	719
Vinhedo	3,05	777
Itatiba	2,26	314

Fonte: Fundação Seade. Dados Básicos: IBGE.

1.4 A IMPORTÂNCIA DAS PESQUISAS SOBRE AS ESTRUTURAS DO ESTADO, PARA A ADAPTAÇÃO DAS CIDADES À MUDANÇA CLIMÁTICA

A partir dos anos 1980 o Estado Brasileiro viveu modificações, para uma estrutura menor e uma privatização de parcelas do Estado ou transferência ou concessão de suas atribuições para o setor privado ou para novas estruturas (como as organizações sociais de interesse público – OSIPs e concessionárias). Alguns setores foram desmontados. Operou-se a redução dos concursos públicos para reposição de quadros. A política salarial restritiva e a falta de investimentos em estrutura técnica e operacional da máquina pública foram também mecanismos para seu enxugamento, desqualificando a carreira pública como sucesso profissional.

A redemocratização trouxe à tona as forças políticas locais. A descentralização das políticas públicas transferiu as responsabilidades para os governos municipais, e parcialmente os recursos. No entanto, as estruturas municipais apresentam, geralmente, corpo técnico desqualificado e desatualizado.

Na gestão urbana, que é o foco deste estudo, tornou-se comum a contratação de empresas gerenciadoras para execução de projetos, obras e até fiscalização das ações públicas, já que as estruturas dos órgãos setoriais (saneamento, transportes) e dos municípios estavam congeladas. A crise financeira dos estados e municípios promoveu a redução das horas de trabalho, com a liberação da dedicação exclusiva. Durante um longo período, desde o fim do Banco Nacional de Habitação em 1986, os próprios investimentos em saneamento, habitação e transportes ficaram congelados (MARICATO, 2001). Assim, a estrutura de planejamento e gestão urbana ficou fragilizada por longo período, seja pela falta de instrumentos legais seja pela falta de pessoal e base técnica.

A primeira regulação federal sobre o espaço urbano ocorreu em 1979, com a aprovação da lei nº 6.766, de parcelamento do solo urbano, que tornou crime a venda de terras griladas e de loteamentos não aprovados ou construídos em desacordo com a legislação federal e local. Infelizmente, essa legislação surgiu após a mais impactante fase de urbanização da população brasileira.

Na Constituição Brasileira de 1988 o capítulo sobre Política Urbana tem dois artigos – 182 e 183. O primeiro reza que a política de desenvolvimento urbano é executada pelo poder público municipal para o pleno desenvolvimento das funções sociais da cidade e bem-estar dos habitantes. Define o plano diretor municipal (PD) obrigatório para cidades com mais de 20 mil habitantes[20], como instrumento básico. Define que a função social da propriedade deve estar nas ordenações expressas no PD, incluindo alguns instrumentos legais. O artigo 183 viabiliza a regularização da

---

20 Segundo o Censo IBGE de 2000 são 4.579 (83,2%) os municípios brasileiros com menos de 20 mil habitantes, totalizando apenas 15.611.959 habitantes (18,8% da população urbana total).

posse por concessão (áreas públicas) e por usucapião (áreas privadas) a terrenos inferiores a 250 m², utilizados para moradia.

Entretanto, somente em 2001 (13 anos depois) foi aprovada sua regulamentação, com a federal nº 10.257 – Estatuto das Cidades[21]. Essa legislação deveria ter tornado operacional a implantação dos princípios, diretrizes e instrumentos da Constituição. Mas o texto acaba por vincular ao PD e outras leis municipais específicas a implantação da maioria dos instrumentos de reforma urbana, como a definição (conceito e delimitação) de propriedade ociosa. Somente assim se torna operacional o controle da função social da propriedade.

A partir daí, os municípios tinham até 2006 para revisar ou elaborar seus PD. Assim, a política urbana torna-se uma questão local, a ser tratada pelos poderes Executivo e Legislativo de cada um dos municípios.

A Constituição deixa a cargo dos estados da federação a definição e regulamentação de políticas para regiões metropolitanas[22].

Em 2003 foi criado o Ministério das Cidades (MCidades), que concentrou as ações federais relacionadas ao meio urbano, por intermédio das Secretarias Nacionais de Habitação, Saneamento Ambiental, Transporte e Mobilidade, além de Programas Urbanos. Iniciou-se a organização de programas e projetos visando, como manda a Constituição, o fortalecimento de uma cultura de planejamento nos municípios. Estimulou-se a elaboração de conferências, conselhos, elaboração de planos e programas ou a revisão, ou implantação, de existentes.

A par do financiamento dos planos diretores municipais, criação de bancos de dados para acompanhamento dos problemas urbanos (SNIU e SNIS) etc., o governo federal promoveu a aprovação de legislações federais de saneamento (2005), resíduos sólidos (2010) e regulamentações sobre mobilidade urbana. Ampliou-se também, sobretudo a partir de 2007 com o PAC (Programa de Aceleração do Crescimento) os recursos para obras de saneamento, habitação, urbanização de favelas e, mesmo, transportes urbanos. E criou-se o Programa Minha Casa Minha Vida.

Uma importante característica dessa retomada de investimentos federais em obras de habitação, saneamento e infraestrutura social (PAC social) é que o processo de acesso aos recursos decorre da iniciativa dos entes federativos – estados e municípios – para o início do processo administrativo nos órgãos federais.

Intervenções em favelas, com apoio do PAC, foram analisadas em pesquisa realizada entre 2007 e 2009 em Campinas e Santo André, no Estado de São Paulo e no Rio de Janeiro (BUENO et al., 2009).

---

21 Como alguns artigos foram vetados, posteriormente foi elaborada a Medida Provisória 2.220 de 2001, tratando da concessão especial de moradia em terras públicas e criando o Conselho Nacional das Cidades.

22 Veja-se que o Estatuto não cita o fenômeno metropolitano. Prevê que os municípios com mais de 500 mil habitantes devem elaborar um plano de transportes, sem ao menos reportar-se às situações de conurbação, que ocorre com diversos municípios em metrópoles.

A análise dos contratos, formalizados por meio da Caixa Econômica Federal mostra que o maior número de contratos e a maior somatória de recursos couberam aos municípios, conforme prioridades definidas pela autoridade municipal, por meio da apresentação de projetos. Muitos dos assentamentos incluídos no programa já tinham projetos e, até mesmo, obras em andamento, o que revela que o PAC foi um novo estímulo para reforçar as prioridades locais e integrar os programas e políticas governamentais de diferentes níveis, beneficiando inúmeros assentamentos e famílias em todo país. Assim, pode-se afirmar que a ampliação dos recursos veio reforçar o papel dos municípios na definição das políticas de uso e ocupação do solo, possibilitando que suas prioridades de realização, de atualização ou complementação da infraestrutura urbana e social, de redução das precariedades habitacionais, fossem aceleradas (BUENO et al., 2009).

Foi possível perceber a fragilidade da articulação entre os projetos e as obras preconizadas e os planos e obras das estruturas setoriais de saneamento ambiental e resíduos sólidos. Não há compromisso entre o destino final adequado e, em muitos casos, os técnicos da habitação, e as associações não têm conhecimento a existência de planos para o saneamento ambiental. A desarticulação entre a política habitacional nos planos diretores, instrumentos de reforma urbana e zoneamento (que mesmo nos planos recentes fizeram aumentar o preço da terra e dos imóveis) promoveu a remoção forçada de parte das famílias para longe dos locais de origem, em virtude da carência de recursos para aquisição em locais próximos. Os procedimentos de execução de obra são muito mais rápidos dos que os de regularização fundiária e urbanística, deixados nas mãos da burocracia da Administração e da Justiça.

Inovações nos projetos, com aplicação de novos paradigmas de urbanismo, considerando o clima urbano, a recuperação do espaço e da qualidade das águas urbanas, a integração com sistemas de mobilidade, voltados para a adaptação do espaço urbano, não foram preponderantes. E, em alguns casos, foram previstos no projeto, mas não incluídas nas obras.

A Política Nacional para as Mudanças Climáticas foi aprovada em 2009, criando instrumentos de implantação do Plano Nacional para Mudanças Climáticas e programas decorrentes em diversos ministérios. O art. 11 prevê a elaboração de

> Planos setoriais de mitigação e de adaptação às mudanças climáticas visando à consolidação de uma economia de baixo consumo de carbono, na geração e distribuição de energia elétrica, no transporte público urbano e nos sistemas modais de transporte interestadual de cargas e passageiros, na indústria de transformação e na de bens de consumo duráveis, nas indústrias químicas fina e de base, na indústria de papel e celulose, na mineração, na indústria da construção civil, nos serviços de saúde e na agropecuária, com vistas em atender metas gradativas de redução de emissões antrópicas quantificáveis e verificáveis, considerando as espe-

cificidades de cada setor, inclusive por meio do Mecanismo de Desenvolvimento Limpo – MDL e das Ações de Mitigação Nacionalmente Apropriadas – NAMAs.

No art. 12 define-se o compromisso voluntário brasileiro de redução entre 36,1% e 38,9% das emissões até 2020. Mas as ações relacionadas ao ambiente urbano, às cidades, não estão sendo priorizadas, já que a cobrança internacional está relacionada ao desmatamento e à limpeza do processo produtivo dos bens minerais e agrícolas. É o caso do carvão utilizado pela indústria do ferro gusa, ou da carne para exportação, que não deve ser produzida em locais recentemente desmatados.

Os instrumentos criados para as MC ainda não se articulam com outros instrumentos planejamento, investimento, controle do uso e ocupação território e do solo urbano, presentes na legislação brasileira, aplicáveis aos diferentes níveis de governo. Na escala regional e municipal as MC não têm sido reconhecidas e tratadas nos planos diretores, de bacias hidrográficas, de saneamento ambiental ou de mobilidade.

A recuperação econômica do Brasil tem proporcionado a retomada de execução de obras de infraestrutura em geral. O grande desafio dos pesquisadores, projetistas, construtores, gestores e moradores das cidades é conseguir pensar no futuro e, ao mesmo tempo, enfrentar as heranças do passado, resolver o passivo – as carências presentes no meio urbano, que se confundem com os novos problemas.

Uma questão que deve ser verificada em todas as análises de investimentos públicos é a atualização e a capacidade de previsão dos gestores. Ojima (2009, p. 196-197) afirma que

> Os sistemas urbanos estão entre os espaços mais evidentes da necessidade de adaptação, pois possuem um passivo de investimentos em longo prazo que, nos países em desenvolvimento, se torna muito mais oneroso socialmente, de certa forma, somado às carências, desigualdades e desafios seculares já amplamente debatidos pela literatura, os cenários de mudança do clima podem colocar em xeque todos os investimentos e avanços que estão sendo realizados para minimizar essas questões, sobretudo na América Latina, onde o processo de transição urbana se deu de maneira precoce se comparado com as regiões em desenvolvimento. Neste tocante, comparando as duas transições (demográfica e urbana), a situação latino-americana possui características especiais, pois, tendo a transição urbana, ocorrido antes da transição demográfica, colocou desafios significativos ao planejamento urbano que até hoje marcam o desenho e a infraestrutura das grandes cidades.

Entretanto, é importante lembrar que o Brasil atravessa, nas próximas décadas, um período no qual a população economicamente ativa ainda é numericamente superior à população idosa e às crianças. Assim, trata-se de um período no qual poderá haver elevada produtividade para o sistema produtivo, com um aumento paliativo e programável dos gastos públicos em políticas sociais.

1.5 O QUE FAZER: ACELERAR A SOLUÇÃO DAS DEMANDAS URBANAS OU ACIRRAR OS CONFLITOS JÁ EXISTENTES?

Frente aos problemas urbanos já existentes em nossas cidades, como as políticas relacionadas às MC poderão acelerar a solução das demandas? A agenda da reforma urbana, ainda a ser concretizada no Brasil, passa pelo direito à cidade, com seus confortos, pelo direito à moradia adequada, bem localizada, e articulada à cidade, acessível economicamente, com universalização do saneamento ambiental – acesso à água potável para todos, coleta e destinação adequada de esgotos e resíduos, gestão e manejo das águas urbanas, controle dos vetores de doenças e de risco de contaminação. A saúde humana nas cidades passa pelo controle da poluição atmosférica[23], portanto pela revisão das formas de mobilidade urbana.

O crescimento futuro da população e das atividades urbanas deve ser articulado com a readequação dos bairros e edificações existentes para, então, definir novos processos de expansão de áreas urbanas que sejam, de fato, necessários. Novas concepções de espaço, suas formas e materialidades, precisam ser implantadas, para que, em primeiro lugar os espaços públicos e de uso coletivo tenham inseridos em sua funcionalidade a previsão de abrigos para fortes ventos e chuvas, para dias e noites muito frios e quentes. A priorização nos espaços públicos e de uso coletivo procura utilizar a visão incrementalista das políticas públicas, nas quais as ações iniciadas em locais com menor resistência inercial e onde o Estado tem mais poder hegemônico, irão, com o tempo e a ampliação de abrangência e somatória de regras, repercutir em todo o espectro de influência daquela política pública (SOUZA, 2007). Assim, a agenda urbana deve concretizar o caminho para a justiça social e ambiental.

Conforme Hunt e Watkiss (2010, p. 7) a *Environmental European Agency*, em estudo de 2007, indica alguns componentes metodológicos chave para a quantificação e avaliação dos impactos de mudanças climáticas nas escalas regionais e globais

---

23 Lembremos que a atividade industrial, as estruturas de refrigeração e condicionamento de ambientes e dos sistemas de processamento, estocagem, conservação e venda de alimentação, concentrados nas cidades, consomem enormes quantidades de energia elétrica, gás e mesmo óleo diesel, quando se utilizam geradores, em situações emergenciais, como picos de consumo, apagões, acidentes com desligamento de redes de distribuição.

Elas incluem: tratamento de cenários (com projetos climáticos e socioeconômicos), avaliação de efeitos monetarizáveis ou não monetarizáveis, e efeitos indiretos na economia; aspectos percebidos pela variação espacial e temporal; incerteza e irreversibilidade (especialmente em relação a eventos irreversíveis e em larga escala); cobertura dos levantamentos, incluindo-se parâmetros climáticos e diferentes categorias de impactos.

A adaptação envolve o pensamento voltado ao futuro da organização socioespacial humana e passos – políticas, programas, projetos, gestão, legislação, investimentos – para concretização dessa nova espacialidade.

É necessário que haja pesquisa aplicada[24] – para inovar as políticas públicas – sobre:

- Avaliar os investimentos recentes no espaço intraurbano, verificando seus resultados em relação ao comportamento do clima urbano, a justiça social e ambiental, bem como a adaptação e sustentabilidade.

- Estudar as densidades populacionais e construtivas e as variações climáticas do espaço interurbano para os diferentes tipos de morfologia urbana, de forma a relacionar parâmetros urbanísticos com comportamento do clima urbano.

- Em relação à forma urbana e seu desempenho ambiental e climático, as pesquisas sobre modelagem do espaço urbano e o futuro, conforme previsto na legislação urbana atual e com as tendências atuais, precisam ser feitas, para avaliar, questionar e rever profundamente as regras de produção do espaço urbano.

- Adaptar do espaço urbano – revisão da concepção de infraestruturas, edificações e espaços públicos, planos (de detalhe) e projetos urbanos por microbacia, redesenho de fundos de vale, de sistemas de mobilidade urbana.

O estudo dos fundos de vale e encostas torna-se de grande importância, pois, além de seu papel na dinâmica das águas urbanas, influencia as condições dos fluxos hídricos, cobertura vegetal e estabilidade do solo (dado que o aumento da energia de escoamento altera o poder destrutivo da água pelo aumento do arraste) e oferece oportunidades de circulação do ar, resfriamento e dissipação de poluentes.

---

24 As propostas contidas nesta seção são baseadas no projeto de pesquisa "Mudanças climáticas e as formas de ocupação urbana: estudos comparativos de tipos de ocupação e indicadores socioambientais para adaptação de situações de vulnerabilidade e risco das regiões metropolitanas de Rio de Janeiro e Campinas" elaborado por Vera Tangari (FAU – UFRJ), Rita Montezuma (PUC – RIO), Cláudia Pezzoto, Jonathas Magalhaes Pereira da Silva e Laura Machado de Mello Bueno (PUC – Campinas), em andamento com o apoio da Fapesp e da Faperj.

O planejamento privado da produção do espaço urbano gerou modelos espaciais formais caracterizados por verticalização, alta impermeabilização do solo, preponderância de áreas com alta amplitude térmica, tendência ao uso de iluminação e climatização artificial. Geraram-se também modelos informais que geram solos expostos e instáveis, em decorrência de infiltração de água residuais, infraestrutura e edificações frágeis. As cidades são palco de altos impactos socioeconômicos e ambientais negativos e baixa condição de justiça ambiental. Os investimentos públicos em estrutura viária, transportes e saneamento estão a reboque dos processos que vêm reproduzindo esses modelos espaciais. O planejamento territorial urbano e periurbano – público e privado – não se baseia em condicionantes topográficos, geomorfológicos e geoecossistêmicos na definição do uso e ocupação do solo futuro.

Esses modelos espaciais, espelhados na legislação urbanística e seus diversos instrumentos de gestão, aumentam o risco de impactos negativos relacionados às consequências de eventos climáticos extremos nas cidades. Além disso, aumentam a sua dependência de insumos externos e distantes (energia, água, materiais de construção e abastecimento de forma geral).

As estruturas de gestão urbana e de políticas públicas relacionadas ainda estão longe de assimilar as necessidades de atendimento social a novas necessidades, incluindo eventos extremos, melhorias dos sistemas de defesa civil, até a reestruturação da cadeia produtiva (extensa, complexa e multidependente) da cidade, com incentivo a novos produtos e tecnologias e banimento de outros, de forma a se alcançar a adaptação. É preciso adaptar o sistema produtivo da construção civil para produção limpa, para haver a adaptação das edificações em geral.

É necessário haver uma profunda mudança nas exigências de desempenho das edificações, conjuntos edificados e bairros, e sua capacidade de autonomia em relação à energia, água e alimentos. O planejamento e a gestão urbana são instrumentos fundamentais para a transformação da cidade, como as normas para parcelamento, o uso e a ocupação do solo, os códigos de obras, as normas para manejo de resíduos, para o chamado metabolismo circular das cidades (uma visão mais ecossistêmica do que econômica da vida humana no *habitat* cidade), na qual a redução de insumos externos e de resíduos seja uma meta constante.

1.6 O RISCO DA URGÊNCIA

Hunt e Watkiss (2007) fazem uma revisão abrangente da literatura mundial sobre grandes cidades e mudanças climáticas. Mostram que a maior parte dos estudos avalia a dinâmica da vulnerabilidade e das situações e populações em risco. Há pouquíssimos estudos prospectivos com vistas à adaptação dos espaços urbanos. Segundo eles

> Os estudos realizados por um pequeno número de cidades, a maioria dos países OECD, foram estudos quantitativos dos custos dos riscos das mudanças climáticas, a partir de cenários, e pode-se dizer que estão na infância. Os riscos mais frequentemente apontados são associados ao aumento do nível dos mares, saúde e recursos hídricos. Outros setores como energia, transporte a infraestrutura construída permanecem menos estudados. Enquanto aplicações em menores escalas poderiam ser úteis nas pesquisas futuras, a maior prioridade é desenvolver respostas que possam funcionar dentro de um contexto de alta incerteza das futuras MC, para construir resiliência e manter flexibilidade (p. 2).

Mas, estar em risco, sofrer desastres, ser vulnerável às complicações advindas e ter pouca capacidade de se proteger ou se recuperar são situações associadas. As situações de risco relacionadas à fragilidade da edificação ou do local ocupado, as geradas pela ocorrência de eventos climáticos extremos, bem como a vulnerabilidade de habitantes de determinadas áreas intraurbanas, em razão de sua condição socioeconômica e das peculiaridades dos locais nos quais vivem se sobrepõem.

Tem-se visto gravíssimas situações de vulnerabilidades socioambientais, risco iminente, principalmente de deslizamentos, desbarrancamento de margens de cursos d'água e inundações, tragédias sazonais, que se agravam em número de locais e número de populações atingidas. Há alguns anos, as maiores cidades têm realizado programas de detecção e redução de risco por meio de obras que geralmente precisam de demolição de casas e remoção de famílias. Somente recentemente foram viabilizados alguns sistemas de detecção da dinâmica climática e alerta, que dependem, entretanto, não só da complexa ciência da meteorologia e da climatologia, mas, sobretudo, da capacidade de estruturas capilares que cheguem às pessoas em risco. Essa escala do local, do bairro, da comunidade, dependerá muito da qualidade das estruturas locais, municipais, já sobrecarregadas e ineficientes.

Com a divulgação dos problemas relacionados às MC e do risco do aumento de eventos extremos, as necessidades de planejamento e gestão de desastres começam a ser consideradas, elaborando-se os planos das diversas escalas, e procurando-se construir estruturas de defesa civil mais estáveis e fortalecidas operacional e institucionalmente. Passa-se também a retomar os investimentos em estudos climáticos e previsão meteorológica. Mas as situações de risco e os desastres não são vistos como tendo relação com a fragilidade do espaço intraurbano brasileiro dentro dessa estrutura institucional que trata da defesa civil e das mudanças climáticas, pouco integradas à gestão urbana, e anunciadas como grandes inovações nas políticas públicas.

Entretanto, há ampla literatura comprovando que a urbanização brasileira tem sido calcada em processos de produção do espaço nos quais os proprietários de terras, loteadores e construtores, historicamente, atuam com pouca regulação, seja pela ausência de regras ou de fiscalização e controle, seja pela ampla parte do estoque habitacional e das instalações de comércio e serviços locais construídos e operados fora do mercado formal e alijados do reconhecimento institucional. As situações de risco não foram criadas pelas MC globais. Os desastres têm se ampliado em virtude da grande urbanização de nossa população e do padrão de nossa urbanização, pautado por impressionante desigualdade nos recursos e tipos de infraestrutura urbana, serviços, equipamentos e espaços públicos, além de uma legislação que não reconhece a cidade real e não é reconhecida por grande número de agentes envolvidos na produção do espaço (MARICATO, 2000).

Assim, não se trata somente de atender as situações de desabrigo ou de reconstruir a infraestrutura destruída por enxurradas e enchentes.

As famílias de moradias em risco não podem simplesmente ser transferidas para novos conjuntos nas periferias, reproduzindo-se os espaços sem urbanidade do passado. Os novos projetos habitacionais precisam incorporar as soluções para uso racional da água, eficiência energética e, sobretudo, terem sua localização revista para a requalificação de áreas já urbanizadas que estejam deterioradas e ociosas.

É importante verificar o espaço territorial necessário para a acomodação da expansão futura da população, assim como para adequar as condições urbanas e habitacionais da população que mora impropriamente, com congestionamento domiciliar, em risco, em locais insalubres, como se estima que vivam de quatro a seis milhões de pessoas no Brasil.

É necessário que novos parâmetros de desenho urbano sejam aplicados. Nesse sentido, é muito grave a falta de espaço, na discussão sobre o Código Florestal em andamento no Congresso Nacional, para se revisar o tratamento das faixas ao longo dos cursos d'água em meio urbano e periurbano e outras áreas ambientalmente sensíveis no contexto urbano, tão diferente do espaço agrícola e das unidades de conservação. As propostas até agora aprovadas, com base no relator do Projeto de Lei, reduzem a capacidade ambiental das áreas rurais, em relação à retenção das águas pluviais nos períodos de chuvas intensas e reposição dos aquíferos. No caso das fontes de água utilizadas para as cidades, a redução das faixas de preservação permanente terá efeito negativo, tanto nas chuvas intensas, quanto do período de seca, com aumento das inundações nas áreas urbanas de jusante e redução das vazões para abastecimento público no período seco. A remoção de favelados da beira de córregos continua sendo feita sem responsabilidade política, social e jurídica sobre o novo local de moradia dessas pessoas, muitas vezes mudando-as para outros locais precários e sob risco de acidentes. Mas as normas vigentes não reduziram a canalização de córregos e utilização de margens para avenidas, especialmente dentro do espaço intraurbano, já ocupado. Assim, corre-se o risco de a adaptação às mudanças climáticas, tornar-se apenas uma nova forma de promover mais injustiça ambiental, ampliando as distâncias sociais e os conflitos no meio urbano.

A definição de normativas federais que influenciem o planejamento, a gestão e, sobretudo, a produção do espaço urbano devem ser perseguidas, para que o Brasil saia de um círculo vicioso no qual o sucesso econômico, frente às crises internacionais, se reproduza internamente como seu avesso: o aumento das desigualdades, a deterioração do ambiente e do *habitat* humano (as cidades). Deve-se ter como pano de fundo o quadro internacional frente ao nacional brasileiro, pesando-se como considerar as prioridades de ação.

Colocadas as propostas para discussão, resta relembrar aspectos estruturais da problemática socioambiental humana.

Como se sabe, produzir um boi para exportação da carne equivale (em termos de emissão de gases efeito estufa) ao uso de dois automóveis por um ano, e também se sabe que a poluição do ar na metrópole de São Paulo reduziu a expectativa de vida de seus moradores em um ano em relação ao restante dos paulistas – será possível insistir em não interligar a política ambiental ao modo de vida e de produção baseado na indústria do carbono?

Assim, deve-se relembrar: em Bueno (2008; 2009) foram sistematizadas propostas voltadas para o planejamento e gestão urbana e orientação das políticas públicas relacionadas, notadamente habitação e saneamento, de forma a promover a adaptação do espaço intraurbano aos efeitos negativos das diversas condições de poluição e contaminação, bem como melhorar as condições de conforto ambiental, com um enfoque socioambiental. Propõe-se:

- a elaboração de planos de ação nas microbacias urbanas, com a promoção de retenção, reúso e infiltração das águas pluviais, requalificação dos fundos de vale urbanos, preservação dos fundos de vales periurbanos e rurais;
- a urbanização e adequação de assentamentos precários e saneamento das cidades;
- produção de habitação social para promover as necessárias remoções;
- a disseminação do uso da energia solar, sobretudo para aquecimento de água, direcionando-se a energia elétrica para outras demandas que utilizam energia suja;
- políticas de controle da expansão urbana;
- enriquecimento da arborização urbana – vias, paisagismo, equipamentos públicos, quintais e jardins;
- a requalificação das áreas centrais e ociosas;
- a reciclagem de entulho para a construção civil, como forma de diminuir o uso de novos minérios e energia;
- a reciclagem e correta destinação dos resíduos sólidos;

- a melhoria do transporte urbano por meio do aumento das opções de mobilidade com qualidade;
- a reestruturação das estruturas e das carreiras, para que o planejamento e a gestão urbana se voltem, sobretudo, para o interesse público.

1.7 REFERÊNCIAS

ACIOLY JR. C.; DAVIDSON F. *Densidade urbana* – um instrumento de planejamento e gestão urbana. MAUAD. IHS. Rio de Janeiro, 1998.

ACSELRAD, Henri. *O que é justiça ambiental?* Rio de Janeiro: Garamond, 2009.

ANDRADE, L.M.S. de. *Agenda Verde × Agenda Marrom*: Inexistência de princípios ecológicos para o desenho de assentamentos urbanos, dissertação de mestrado apresentada à FAUUNB, Brasília, 2005.

BUENO, L. M. M. Reflexões sobre o futuro da sustentabilidade urbana a partir de um enfoque socioambiental. *Cadernos Metrópole* (PUCSP), v. 19, p. 99-121, 2008.

BUENO L. M. M. O tratamento dos assentamentos urbanos na política para as mudanças climáticas. *Anais do V Encontro da Associação Nacional de Pós-Graduação e Pesquisa em Ambiente e Sociedade*. Florianópolis: Anppas, 2010.

BUENO, L. M. M e FREITAS, E. (2007). Plano integrado como método para intervenção em favela. *Seminário Nacional sobre o Tratamento de Áreas de Preservação Permanente em Meio Urbano e Restrições Ambientais ao Parcelamento do Solo*. APPURBANA 2007, CD ROM, São Paulo.

BUENO, L. M. M. et al. Intervenção em favelas na perspectiva de uma regularização fundiária sustentável: limites e avanços. *Anais do ELECS 2009*. Recife, 2009.

COSTA H. S. M. Mudanças climáticas e cidades: contribuições para uma agenda de pesquisa a partir da periferia. In: HOGAN D. J.; MARANDOLA JR., E. (Orgs.). *População e mudança climática*: dimensões humanas das mudanças ambientais globais. Campinas: Nepo/Unicamp; Brasília: UNFPA, 2009, p. 279-283.

FISHMAN, Robert. Más allá del suburbio: el nacimiento del tecnoburbio. In: RAMOS, Angel. *Lo urbano*. Barcelona: ETAB/Universitat Politécnica de Catalunya, 2004.

HOORNEG, L. S.; GOMEZ C. L. T. *Cities and greenhouse emissions*: moving forward. In: Environment & Urbanization 10 january 2011. Disponível em: <http://eau.sagepub.com/content/early/2011/01/08/0956247810392270>. Acesso em: 28.04.2011.

HUNT A.; WATKISS P. Climate change impacts and adaptation in cities: a review of the literature. *Climate Change*, DOI 10.1007/s10584-010-9975-6, dez. 2010.

HUNT, A. & WATKISS, P. *Literature review on climate change impacts on urban city centres: Initial Finding*. Organisation for Economic Co-operation and Development (OECD), ENV/EPOC/GSP(2007)10/FINAL, OECD Publishing, 2007.

MARICATO, E. T. M. *Brasil, cidades*: alternativas para a crise urbana. Petrópolis: Editora Vozes, 2001.

MIRANDA, E. E. et al. Estimativa da área efetivamente urbanizada do Brasil como ferramenta de planejamento territorial e ambiental. In: STEINBERGER, M. (Org.). *Território, ambiente e políticas públicas espaciais*. Brasília-DF: LGE, 2006.

NOBRE, C. et. al. *Vulnerabilidade das megacidades brasileiras às mudanças climáticas*: a Região Metropolitana de São Paulo. Junho de 2010. Disponível em: <http://megacidades.ccst.inpe.br>. Acesso em: 09.05.2013.

OJIMA R. Perspectivas para a adaptação frente às mudanças ambientais globais no contexto da urbanização brasileira: cenários para os estudos de população. In: HOGAN D. J.; MARANDOLA JR. E. (Orgs.). *População e mudança climática*: dimensões humanas das mudanças ambientais globais. Campinas: Nepo/Unicamp; Brasília: UNFPA, 2009, p. 191-204.

OLIVEIRA G. O.; BUENO L. M. M. Assentamentos precários em áreas ambientalmente sensíveis. *Arquitextos*, São Paulo, v. 16, n. 114, 2009.

OLIVEIRA, G. O. *Assentamentos precários em áreas ambientalmente sensíveis*: políticas públicas e recuperação urbana e ambiental em Campinas. 2009. Dissertação (Mestrado em Urbanismo) – Programa de Pós-graduação em Urbanismo, PUC, Campinas, 2009.

RIBEIRO W. C. Impactos das mudanças climáticas em cidades no Brasil. *Revista Parcerias Estratégicas*, n. 27, p. 298-322, dez. 2008.

ROAF, S. et al. *A adaptação de edificações e cidades às mudanças climáticas*. Bookman, Porto Alegre, 2009.

ROLNIK, R. *Impacto da Aplicação de novos instrumentos urbanísticos em cidades do Estado de São Paulo*. Cambridge, USA: Lincoln Institute of Land Policy, 1998.

SATTERTHWAITE, D. The implications of population growth and urbanization for climate change. *Environment & Urbanization*, v. 2, n. 21, p. 545-567, 2009.

SILVA, R. B.; OJIMA, R. Notas sobre a urbanização brasileira e as mudanças climáticas: risco e vulnerabilidade. *Dinâmicas demográficas e meio ambiente*, Campinas: Nepo/Unicamp, 2011.

SILVA, J. M. P. Localização das Zeis na Região Metropolitana de Campinas: uma análise das legislações municipais. *Cadernos do Proarq* (UFRJ), v. 1, p. 80-89, 2011.

SILVA, L. S. Impactos da Perda de Vegetação nas Áreas Periurbanas Metropolitanas no Contexto da Dispersão Urbana. In: *Anais do V Encontro da Associação Nacional de Pós Graduação e Pesquisa em Ambiente e Sociedade*. Florianópolis: Anppas, 2010.

SODRÉ, F. F. et al. Ocorrência de interferentes endócrinos e produtos farmacêuticos em águas superficiais da Região de Campinas, SP, Brasil. *JBSE Journal of the Brazilian Society of Ecotoxicology*, v. 2, n. 2, 2007.

SOUZA C. Estado da arte da pesquisa em políticas públicas. HOCHMAN G.; ARRETCHE M.; MARQUES. E. (Orgs.). *Políticas Públicas no Brasil*. Rio de Janeiro: Editora Fiocruz, 2007.

SOUZA M. L. *Mudar a cidade*: uma introdução crítica ao planejamento e à gestão urbanos. Rio de Janeiro: Bertrand Brasil, 2004.

TAVARES, A. C. Mudanças Climáticas. In: VITTE, A. C.; GUERRA, A. J. (Orgs.) *Reflexões sobre a geografia física no Brasil*. Rio de Janeiro: Bertrand Brasil, 2004, p. 49-88.

VILLAÇA, F. *Espaço intra-urbano no Brasil*. São Paulo: Studio Nobel, Lincoln Institute e Fapesp, 1998.

# 2
RESPOSTAS URBANAS ÀS MUDANÇAS CLIMÁTICAS: CONSTRUÇÃO DE POLÍTICAS PÚBLICAS E CAPACIDADES DE PLANEJAMENTO

Alisson Flavio Barbieri
Raquel de Mattos Viana

O ano de 2007 foi marcante para aqueles que se dedicam aos estudos de população e de planejamento urbano. Pela primeira vez, a população urbana mundial ultrapassaria a população rural[1]. No Brasil e em alguns países latino-americanos, esse fenômeno já havia sido constatado desde a década de 1960[2]. Atualmente, na América Latina, em torno de 78% da população vive em cidades, o que em termos absolutos, significa quase 450 milhões de habitantes.

Esses números, por si só impressionantes, já seriam suficientes para justificar a importância dos estudos sobre as questões urbanas e, entre eles, o estudo das relações entre as mudanças climáticas e as cidades. Entretanto, 2007 foi um ano marcante também para estudiosos dos efeitos das mudanças climáticas. Nesse ano, o prêmio Nobel da Paz foi concedido conjuntamente ao Painel Intergovernamental de Mudanças Climáticas (IPCC, sigla em inglês) e a Albert Arnold (Al) Gore Jr., ex-vice-presidente dos Estados Unidos "pelos seus esforços na construção e disseminação de melhor conhecimento sobre as contribuições humanas às mudanças climáticas e por lançarem as bases das medidas necessárias para neutralizar tais mudanças" (The Nobel Peace Prize, 2007) (tradução livre).

Um dos produtos desse trabalho empreendido por esses estudiosos das mudanças climáticas foi o filme *Uma verdade inconveniente*, que mostra os esforços do senador e ex-vice-presidente dos Estados Unidos, Al Gore, em divulgar, por meio de palestras, o problema do aquecimento global e as dimensões humanas desse fenômeno.

---

1   Segundo o Relatório sobre a Situação da População Mundial 2007 e conforme as projeções das Nações Unidas, até 2008, metade da população ou cerca de 3,3 bilhões de pessoas estariam morando em cidades.
2   A América Latina é a região mais urbanizada entre as regiões de países em desenvolvimento.

Apesar de 2007 ter sido um ano importante, as primeiras discussões acadêmicas sobre o aquecimento global e sua dimensão humana datam do início da década de 1970 (PETERSON, T.; CONNOLLEY, W.; FLECK, J., 2008). Embora a discussão dos efeitos da concentração de gases de efeito estufa sobre o aquecimento global tenha sido iniciada por volta de 1858, por John Tyndall, a discussão das dimensões humanas das mudanças climáticas passa a assumir maior centralidade a partir da década de 1980, com a criação do IPCC, e passam a fazer parte da agenda política multilateral a partir do Earth Summit no Rio de Janeiro, em 1992.

Considerando a importância das Mudanças Climáticas no debate atual sobre planejamento urbano e meio ambiente, sobretudo no cenário internacional, o presente capítulo tentará fazer um breve levantamento de algumas questões suscitadas por essa temática, analisando, de maneira mais detida, a recente experiência de planejamento urbano da Região Metropolitana de Belo Horizonte (RMBH), por meio da análise do processo de elaboração do Plano Diretor de Desenvolvimento Integrado da Região Metropolitana de Belo Horizonte, concluído no final de 2010. Na primeira parte, é apresentado um breve histórico da questão ambiental e das mudanças climáticas, enfatizando as diferenças entre medidas adaptativas e mitigadoras e o debate sobre a relação entre mudanças climáticas e cidades. Na segunda parte, é apresentado o processo de elaboração do Plano Diretor de Desenvolvimento Integrado da RMBH, com uma contextualização da gestão da região metropolitana, os aspectos metodológicos do plano e suas propostas. Na terceira e última parte, são levantadas algumas questões relativas às políticas urbanas de mitigação e adaptação às mudanças climáticas.

2.1 BREVE HISTÓRICO SOBRE AS MUDANÇAS CLIMÁTICAS

A história da humanidade sempre teve uma relação íntima com o clima. Segundo Rodriguez e Bonilla (2007, p. 18), o desenvolvimento e o colapso das civilizações estiveram relacionados com variações climáticas regionais ou globais. Ao longo de sua história, o clima sempre foi considerado um elemento importante para a disponibilidade de recursos naturais vitais para as atividades humanas, inclusive no cotidiano da vida urbana.

Embora os estudos sobre o clima e suas alterações ou flutuações sejam mais antigos, a compreensão do papel e da atuação do homem sobre as mudanças climáticas ganhou força com o início do movimento ambientalista e a nova percepção da relação entre homem e natureza, que alguns chamaram novo ambientalismo.

A partir da década de 1970, quando o movimento ambientalista ganha força na agenda internacional, o debate sobre o clima e os impactos da ação do homem sobre o clima começaram a chamar a atenção. O primeiro marco da discussão ambiental foi a 1ª Conferência das Nações Unidas para o Meio Ambiente, também, conhecida como Conferência de Estocolmo, que aconteceu em 1972. Segundo McComirck (1992), essa conferência foi o acontecimento isolado que mais contribuiu para a evolução do movimento ambientalista internacional, e teve quatro desdobramentos importantes:

- Confirmou a tendência em direção a uma nova ênfase sobre o meio ambiente humano.
- Forçou um compromisso entre as diferentes percepções de meio ambiente, defendidas pelos países mais desenvolvidos e menos desenvolvidos.
- Reforçou o papel das ONGs.
- Criou o Programa de Meio Ambiente das Nações Unidas – Unep.

Entretanto, um marco decisivo para a criação de uma agenda de pesquisas e estudos sobre as Mudanças Climáticas foi a criação do IPCC, em dezembro de 1988. Seu objetivo inicial, como apontado na Resolução 43/53 da Assembleia Geral a ONU, era

> [...] to prepare a comprehensive review and recommendations with respect to the state of knowledge of the science of climate change; social and economic impact of climate change, possible response strategies and elements for inclusion in a possible future international convention on climate (IPCC, 2008).

Os resultados do primeiro relatório do IPCC, publicados em 1990, foram fundamentais, no sentido de chamar a atenção para a importância e necessidade de criação de uma plataforma política entre os países. Um aspecto importante do relatório do IPPC foi influenciar a criação da Convenção Quadro das Nações Unidas sobre Mudanças do Clima (UNFCCC, sigla em inglês), resultado da Conferência das Nações Unidas para o Meio Ambiente e o Desenvolvimento, informalmente conhecida como a Cúpula da Terra, realizada no Rio de Janeiro, em 1992.

A partir de 1992, o tema, antes restrito à agenda ambientalista, ganhou importância e tornou-se uma das maiores preocupações ambientais do século XXI, dando ensejo, inclusive, à criação de um mercado de comercialização de créditos de carbono e outros desdobramentos.

Desses desdobramentos podemos destacar os mecanismos de redução de emissão por desmatamento, também conhecidos como REDD, e os mercados de serviços ambientais. A ideia do REDD, de especial relevância no contexto brasileiro, é criar valor para a floresta em pé, por meio de compensações financeiras aos proprietários que preservarem uma área de mata natural por um longo período. Já o pagamento por serviços ambientais, inclusive em áreas urbanas, visa estimular a conservação de bens e serviços ambientais, atribuindo-lhes valor e constituindo mercado para a conservação de recursos hídricos, criação de impostos ecológicos, exploração sustentável de florestas, uso sustentável da biodiversidade, ecoturismo etc. A criação desses mercados gera fontes de financiamento para investimentos em conservação e tratamento de resíduos sólidos, por exemplo.

Desde a criação da UNFCCC foram realizados 16 encontros, denominados Conferência das Partes da Convenção do Clima (também conhecidos como COP-1, COP-2 etc.), que, embora ainda de forma imperfeita, possibilitaram criar mecanismos multilaterais para lidar com a questão climática. Uma das conferências mais importantes foi a COP-3, realizada em Kyoto, no Japão, na qual foi decida a criação do Protocolo de Kyoto. A última Conferência, a COP-16, realizada em Cancun, no México, teve como principais resultados, embora considerados muito limitados, a criação do Fundo Verde e a extensão do Protocolo de Kyoto para além de 2012, prazo de expiração do tratado.

2.2 MEDIDAS ADAPTATIVAS × MEDIDAS MITIGADORAS

Entre as ações de combate ao aquecimento global, discutidas e implantadas por diferentes agentes e esferas de poder, convencionou-se classificá-las em dois grupos: medidas de mitigação e medidas adaptativas[3].

As primeiras, as medidas de mitigação, estão relacionadas à redução das emissões de gases do efeito estufa e têm por objetivo direto atacar o fato gerador (a causa) do aquecimento global. Nesse tipo de medida, e em virtude da dificuldade de sua implantação – seja por questões políticas, seja por questões técnicas e tecnológicas – os efeitos sobre as mudanças são sentidos mais em longo prazo e em uma escala mais global. Um exemplo bem conhecido desse tipo de medida é o Acordo Internacional da Convenção Quadro das Nações Unidas para as Mudanças Climáticas, mais conhecido como Protocolo de Kyoto.

As medidas adaptativas, por sua vez, visam atenuar os impactos das mudanças climáticas e, por isso, alguns autores consideram que, diferentemente das medidas mitigadoras, seus impactos são sentidos de maneira mais imediata e seus benefícios são mais localizados. Essas medidas não estão relacionadas apenas ao aquecimento global, mas também à variabilidade climática (COSTA, 2008). Como será visto adiante, atualmente, no contexto urbano, as medidas de mitigação são mais discutidas e implantadas que as medidas de adaptação.

---

3 Füssel (2007, p. 162) menciona ainda uma terceira alternativa à adaptação e mitigação, que até o momento tem apresentado interesse limitado: *compensação* pelos impactos climáticos, especialmente por meio de assistência técnica ou financeira a países que contribuem proporcionalmente mais às mudanças climáticas.

2.3 MUDANÇAS CLIMÁTICAS E CIDADES

A relação entre os impactos das mudanças climáticas nas cidades e das cidades nas mudanças climáticas tem sido objeto de um debate que começa a ganhar força no Brasil e em alguns países latino-americanos.

Alguns estudos e projetos de pesquisa como o "Urban Growth, Vulnerability and Adaptation: Social and Ecological Dimensions of Climate Change on The Coast of São Paulo" desenvolvido conjuntamente pelos Núcleos de Estudos de População (Nepo) e de Estudos e Pesquisas Ambientais (Nepam) da Universidade Estadual de Campinas e o projeto sobre "Megacidades e vulnerabilidade às mudanças climáticas das cidades de São Paulo e Rio de Janeiro", só para citar alguns, têm buscado identificar as relações entre as mudanças climáticas e as cidades costeiras do litoral norte de São Paulo, da Região Metropolitana do Rio de Janeiro e de outras cidades litorâneas da América Latina.

Tais estudos, porém, não foram consolidados em análises comparativas sobre os custos socioambientais das diferentes formas de uso e ocupação do solo nas cidades das regiões periféricas e dos países em desenvolvimento. Tal análise é particularmente importante ao indagarmos uma questão crucial para compreender processos de adaptação e mitigação que visem à diminuição de desigualdades socioespaciais: "O que é mais impactante para as mudanças climáticas: o modelo de urbanização estendida ou o crescimento superadensado das áreas das grandes metrópoles?". Costa (2009, p. 281) levanta essa pergunta como orientação para pesquisas e investigações sobre as mudanças climáticas e as cidades.

Existem, ainda, algumas lacunas no que diz respeito à reflexão dos planejadores urbanos quanto à necessidade de ocupação de vazios urbanos, tanto no que se refere a espaços construídos, quanto espaços naturais, como forma de democratizar o acesso a terra e recuperar os investimentos públicos em urbanização. Como cita COSTA (2009, p. 281)

> embora justas e fundamentais em termos de democratização do acesso à terra, tais medidas precisam ser melhor avaliadas em termos ambientais. [...] Pode-se pensar em novas modalidades de cumprimento da função social da propriedade que não o de construir, a exemplo de usos de preservação, de lazer, de usos agrícolas.

Programas de agricultura urbana podem ser pensados também em termos de medidas adaptativas às mudanças climáticas, já que podem atuar na redução da vulnerabilidade de determinadas populações e aumentar a resiliência e a capacidade de resposta de algumas cidades.

Em termos de práticas de planejamento, e políticas e medidas de mitigação e adaptação colocadas em prática por cidades latino-americanas, já é possível apontar algumas ações. Um dos primeiros passos adotados por alguns dos grandes centros urbanos da América Latina, no que diz respeito às respostas urbanas às mudanças climáticas, é a elaboração de um Inventário de Emissões de Gases do Efeito Estufa. Cidades como Belo Horizonte, Curitiba, Rio de Janeiro, São Paulo, Cidade do México, Montevidéu, só para citar algumas, já fizeram esse levantamento, fundamental para conhecer o nível de emissões de gases poluentes e suas principais fontes e, a partir dele, formular uma política municipal voltada para as mudanças climáticas e para medidas objetivas de redução das emissões de GEE nas cidades[4].

Algumas regiões (municípios, distritos, áreas metropolitanas) já avançaram ainda mais e propuseram políticas e ações de mitigação como: programas de criação de áreas verdes (arborização e criação de cinturões verdes), programa de substituição para biocombustíveis da frota de ônibus e veículos da administração municipal, criação de ciclovias, programas de eficiência de energia elétrica no setor público, incentivo à adoção de materiais construtivos de baixo impacto ambiental, incentivo à adoção de aquecedores solares, entre outras. O pagamento de serviços ambientais urbanos (PSAU), embora amparado por legislação federal e, em alguns casos, municipal e estadual, ainda não se concretizaram em medidas eficazes de mitigação.

Uma fragilidade comum às políticas de mitigação e adaptação às mudanças climáticas na América Latina está relacionada ao caráter ainda muito tecnicista das propostas e à ausência (ou deficiência) de uma discussão mais ampla com a sociedade sobre a necessidade e o desejo de implantação desse tipo de política. Como boa parte da agenda ambiental, especificamente no que tange às mudanças climáticas, é pautada por organismos internacionais (agências multilaterais de financiamento como Banco Mundial, Organizações Não Governamentais, Organizações Intergovernamentais), as ações propostas por essas instituições, muitas vezes, são frágeis quanto à sua sustentação política e aceitação por parte da população.

Existe ainda uma dificuldade, por parte dos gestores das políticas públicas, de compreensão dos efeitos dessas políticas de maneira mais ampla no cotidiano da população. Um programa de arborização isolado, por exemplo, de outras intervenções na infraestrutura e nos serviços de uma região carente, pode gerar na população um temor quanto ao aumento da insegurança e da violência, já que a criação de áreas verdes, em uma área marcada pela violência e pela ausência de iluminação pública e equipamentos de segurança, pode significar a criação de "espaços de esconderijo para os criminosos". Pode parecer contraditório para o técnico ambientalista, que, bem-intencionado projeta um programa de redução da emissão dos GEE, mas para uma população acostumada a vivenciar a violência, uma proposta

---

4   Os inventários de emissões de gases de GEE encontram-se, em geral, nos sites das prefeituras de Belo Horizonte, São Paulo, Rio de Janeiro, Montevideo etc.

em tese bem-intencionada pode significar e, de fato, provocar o aumento ao invés da redução da vulnerabilidade dessa população e, portanto, de sua capacidade de resposta e resiliência.

Embora os estudos e as práticas de planejamento urbano voltados às mudanças climáticas ainda sejam recentes, um ponto fundamental que já chama a atenção e merece ser considerado é o caráter multissetorial e multidisciplinar dessas medidas e da necessidade de participação e inclusão da população na discussão sobre os impactos das mudanças climáticas.

Outra questão ainda muito incipiente na relação entre as mudanças climáticas e as cidades diz respeito às medidas de adaptação. Entre as ações e medidas adotadas para combater as mudanças climáticas, a maioria pode ser classificada como medida de mitigação. Estudos como o de Rodriguez (2009) e de Vargas e Freitas (2009) mostram que, a despeito das iniciativas locais, ainda são escassas as políticas de adaptação adotadas por grandes centros urbanos.

Vargas e Freitas (2009, p. 220) consideram que as medidas adaptativas são

> [...] justamente aquelas que dependem mais estreitamente de medidas ancoradas no território, cuja adoção e efetiva implantação dependem primordialmente de articulação horizontal e setorial interurbana. Não é possível, por exemplo, enfrentar os problemas da exposição da cidade a eventos hidrometereológicos extremos, como chuvas torrenciais e enchentes, mediante intervenções localizadas no sistema de drenagem urbana da cidade, sem articulação com as cidades vizinhas, frequentemente conurbadas, na escala metropolitana.

Para entender melhor o desenvolvimento do debate sobre as mudanças climáticas nas cidades, o Plano Diretor de Desenvolvimento Integrado (PDDI) da RMBH e suas interfaces com a discussão sobre as mudanças climáticas serão analisados criticamente.

2.4 O PLANO DIRETOR DE DESENVOLVIMENTO INTEGRADO DA REGIÃO METROPOLITANA DE BELO HORIZONTE (PDDI-RMBH)

A RMBH foi criada em 1973 pela Lei Complementar Federal n° 14/73. Atualmente, segundo dados preliminares do censo demográfico de 2010, a RMBH apresenta uma população de 5.413.627, sendo 2.375.444 em seu núcleo, o município de Belo Horizonte. Em 2010, a RMBH era composta por 34 municípios: Baldim, Belo Horizonte, Betim, Brumadinho, Caeté, Capim Branco, Confins, Contagem, Esmeraldas,

64   Mudanças climáticas e as cidades

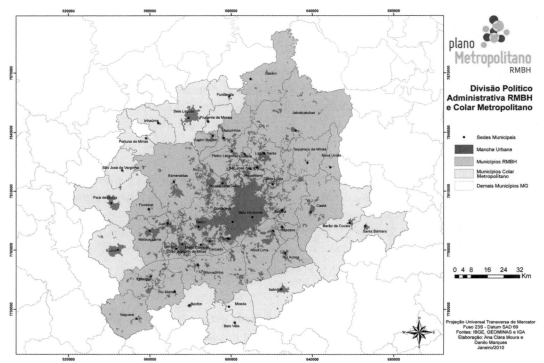

Figura 2.1 – Divisão política e administrativa da RMBH e do Colar Metropolitano.
Fonte: PDDI-RMBH, Sedru, 2010.

Florestal, Ibirité, Igarapé, Itaguara, Itatiaiuçu, Jaboticatubas, Juatuba, Lagoa Santa, Mário Campos, Mateus Leme, Matozinhos, Nova Lima, Nova União, Pedro Leopoldo, Raposos, Ribeirão das Neves, Rio Acima, Rio Manso, Sabará, Santa Luzia, São Joaquim de Bicas, São José da Lapa, Sarzedo, Taquaraçu de Minas e Vespasiano.

Em termos de planejamento e gestão metropolitana, foi criada, em 1974, uma autarquia estadual denominada Superintendência de Desenvolvimento da Região Metropolitana de Belo Horizonte – Plambel, que era composta por um grupo técnico da Fundação João Pinheiro e responsável pela elaboração do Plano Metropolitano de Belo Horizonte. Nesse período, e assim como as principais regiões metropolitanas do país, a RMBH viveu a necessidade de planejamento estatal em função do acelerado crescimento demográfico e da expansão da mancha urbana. Graças ao Plambel, os anos 1970 marcaram um período de intensa produção de estudos e propostas para a região que, à época, era constituída por 14 municípios: Belo Horizonte, Betim, Caeté, Contagem, Ibirité, Lagoa Santa, Nova Lima, Pedro Leopoldo, Raposos, Ribeirão das Neves, Rio Acima, Sabará, Santa Luzia e Vespasiano.

A partir de meados da década de 1980 e início da década de 1990, a falta de investimentos por parte do governo fez com que a estrutura da RMBH ficasse cada vez mais sucateada, culminando com a extinção do Plambel em 1996.

Apesar da enorme contribuição da autarquia na elaboração de diagnósticos e planos detalhados e rigorosos, e sua contribuição para a elaboração de um planejamento integrado da RMBH, "o planejamento metropolitano vigente a essa época caracterizava-se pelo excessivo centralismo e autoritarismo, não abrindo espaço para a participação efetiva dos municípios nem da sociedade civil" (SEDRU, 2010).

A partir de 2004, e "diante do vácuo deixado pela extinção do Plambel, o Governo do Estado decidiu implantar um novo modelo de gestão metropolitana, após um amplo processo de discussão pública" (SEDRU, 2010). Com a aprovação das Leis Complementares nº 88, 89 e 90 de 2006 tem início o processo de estruturação do novo arranjo institucional da RMBH, composto pela Assembleia Metropolitana, o Conselho Deliberativo de Desenvolvimento Metropolitano e a Agência de Desenvolvimento da RMBH. Como instrumentos de gestão, foram criados o Fundo de Desenvolvimento Metropolitano e o Plano Diretor de Desenvolvimento Integrado (PDDI-RMBH).

Dentro dessa nova estrutura de gestão e da retomada da proposta de adoção de políticas metropolitanas surgiu a proposta de elaboração do Plano Diretor da RMBH.

> Em 2009, o aporte de recursos financeiros ao Fundo de Desenvolvimento Metropolitano realizado pelo Governo do Estado e por parte dos municípios possibilitou a contratação do Plano Diretor de Desenvolvimento Integrado da RMBH junto à Universidade Federal de Minas Gerais, sob a coordenação geral do seu Centro de Desenvolvimento e Planejamento Regional – Cedeplar. A elaboração do trabalho se iniciou em setembro de 2009, envolvendo também a PUC Minas e a UEMG, e o Plano será entregue para a apreciação do Governo do Estado em dezembro de 2010.

2.4.1 Aspectos metodológicos do PDDI

Tendo como princípios basilares a democracia, a participação e a inclusão social, o PDDI-RMBH contou com uma metodologia participativa para envolver a sociedade no processo de elaboração do plano. Essa participação foi construída por meio de três ciclos de debates públicos, cada um contendo cinco oficinas e dois seminários, como pode ser visto na Figura 2.2.

> Os dois primeiros ciclos foram organizados de forma regionalizada, com oficinas ocorrendo em diferentes cidades e os municípios organizados em microrregiões, de acordo com a proximidade geográfica, a existência de consórcios ou outras formas de articulação e identidade intermunicipal. Já o terceiro ciclo foi formatado para tratar de temas específicos, com todas as reuniões realizadas em Belo Horizonte (SEDRU, 2010).

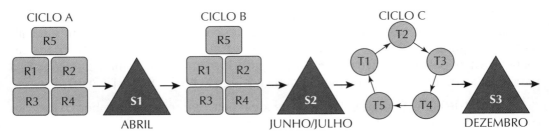

Figura 2.2 – Metodologia de elaboração participativa (*bottom-up*) do Plano Diretor de Desenvolvimento da RMBH.
Fonte: PDDI-RMBH, Sedru, 2010.

Para o desenvolvimento do trabalho, foram definidas dez Áreas Temáticas Transversais, cujo diagnóstico e pesquisa foram desenvolvidos por professores e pesquisadores especialistas em cada área, conforme a Figura 2.3.

Para integrar as análises e propostas de forma verdadeiramente transversal, foram criados três Núcleos Temáticos: Desenvolvimento Econômico, Desenvolvimento Social e Desenvolvimento Ambiental, com um enfoque transdisciplinar, buscando uma integração transversal entre as tradicionais áreas de atuação setorial, relacionando-as entre si e reunindo temas considerados centrais para o PDDI-RMBH. O papel dos coordenadores de cada um dos núcleos temáticos foi garantir que cada uma das dimensões: social, ambiental e econômica fosse considerada nas dez áreas temáticas.

O Núcleo Ambiental foi responsável pela articulação, entre os núcleos temáticos e áreas temáticas transversais, da construção de propostas de políticas e de capacidades de planejamento que abordassem a questão da adaptação às mudanças climáticas e redução de vulnerabilidades populacionais a essas mudanças. Além disso, ao longo do processo de elaboração do plano detectou-se a necessidade de contratação de um estudo específico sobre mitigação das mudanças climáticas, que foi intitulado Mudanças Climáticas: Impactos, Vulnerabilidades e Políticas de Controle de Emissões de Gases de Efeito Estufa (GEE) na RMBH.

Os principais resultados do estudo sobre mitigação apontaram

> [...] para perdas potenciais diferenciadas nos municípios da RMBH, com impactos mais acentuados nas economias com estrutura produtiva baseada na agropecuária e no uso energético. Este resultado sugere um potencial deslocamento de atividade produtiva intraurbana na RMBH decorrente das mudanças climáticas, para municípios menos afetados (Betim, Contagem, Belo Horizonte e Vespasiano), repercutindo sobre a forma de elevada pressão sobre os serviços de infraestrutura urbana dessas cidades (PDDI-RMBH, 2010, p. 1327).

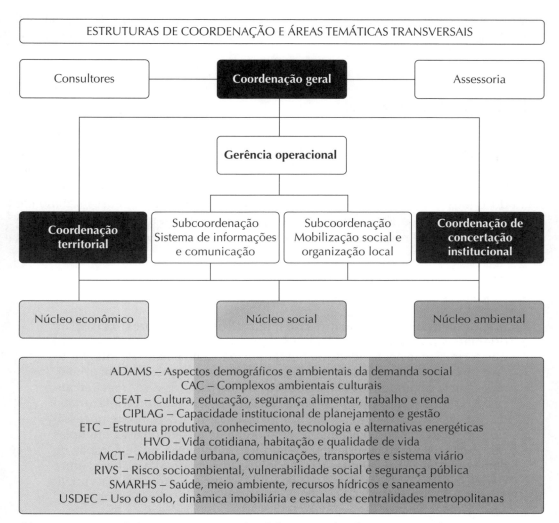

Figura 2.3 – Metodologia e estrutura de elaboração do Plano Diretor de Desenvolvimento da RMBH, conforme áreas temáticas.
Fonte: PDDI-RMBH, Sedru, 2010.

O estudo apontou também para a possibilidade de redução de emissão de gases do efeito estufa (GEE), por meio da elaboração de políticas de mitigação voltadas para os maiores emissores, como os setores de siderurgia e transportes, entre outros.

Outros estudos abordando o aspecto de mitigação procuraram identificar, no contexto metropolitano, possibilidades de investimentos públicos e privados em serviços ambientais. Os estudos das áreas temáticas transversais e dos núcleos temáticos procuraram, ainda, identificar os fatores espaciais, socioeconômicos e demográficos, e de risco ambiental, que permitiram caracterizar o perfil de populações vulneráveis e, dessa forma, direcionar, de forma mais efetiva, a construção de políticas de adaptação.

2.4.2 Propostas do PDDI

Uma vez elaborados os estudos, apresentados e discutidos com a população, nas diversas reuniões dos ciclos participativos e seminários, partiu-se para a elaboração das propostas preliminares, que depois seriam apresentadas e discutidas com a população para a incorporação no produto final[5]. As propostas foram definidas segundo quatro Eixos Integradores: acessibilidade, seguridade, sustentabilidade e urbanidade, tendo a Estruturação Metropolitana como seu elemento central, e em torno da qual se organizam as propostas de políticas e seus desdobramentos programáticos.

Segundo a equipe do PDDI-RMBH (p. 29),

> [...] a definição desses quatro Eixos Temáticos Integradores (ETIs) para orientar as propostas, para além dos aspectos Territoriais e Institucionais, obedeceu a uma necessidade de buscar um grau ainda maior de integração entre os vários temas tratados no Plano, que foram organizados em primeira instância segundo os três Núcleos Temáticos (NTs), as dez Áreas Temáticas (ATs) e os Estudos Complementares (EPs). Apesar do esforço inter(trans) disciplinar de alguma radicalidade, implícita nas ATs e NTs, fez-se necessário superá-lo metodologicamente de modo a se encaminhar as múltiplas propostas para uma abordagem de fato transdisciplinar, ou seja, capaz de eliminar as barreiras e limites das disciplinas obrigando-as a diálogos entre si e a integrações e incorporações de problemáticas e aspectos mais totalizantes da realidade do território e do espaço social metropolitanos.

O Eixo de Acessibilidade considera não apenas as questões ligadas ao deslocamento espacial no território metropolitano, mas de modo geral, reúne políticas que têm em comum a busca pela ampliação das condições e dos meios de acesso a uma variedade de serviços, equipamentos e centralidades da RMBH. A questão das mudanças climáticas foi discutida de forma mais abrangente em termos de políticas de reestruturação da mobilidade metropolitana e do sistema de transporte, mas também está presente em outras políticas como a Política Metropolitana Integrada de Assistência Social, que tem como um de seus objetivos a promoção do desenvolvi-

---

[5] Vale ressaltar que o processo de planejamento não se encerra com a entrega do PDDI. A concepção que norteou o PDDI foi a de um processo de planejamento contínuo e participativo e de um Plano aberto. Assim, a primeira versão do PDDI representa o passo inicial de um planejamento de longo prazo que se pretende fortalecer e enriquecer.

mento humano e social das populações em situação de vulnerabilidade, que pode ser considerada como uma medida de adaptação às mudanças climáticas.

O Eixo de Seguridade vai além do conceito de segurança pública, ligado ao poder de polícia. Ele integra aspectos econômicos, sociais e ambientais que garantam a segurança da população em várias dimensões: da moradia, contra a violência pessoal e as ameaças à vida; segurança alimentar, segurança no emprego e no trabalho etc. A discussão de seguridade incorpora tanto a dimensão de risco ambiental quanto as características que objetivamente definem situações de vulnerabilidade socioeconômica e ambiental às mudanças climáticas. Nesse eixo, várias são as políticas que se relacionam com a proposta de redução dos efeitos das mudanças climáticas. A mais específica é a Política Metropolitana Integrada de Gestão dos Riscos Ambientais e de Mudanças Climáticas, que tem por objetivo:

- identificar as vulnerabilidades a riscos ambientais e às mudanças climáticas por meio de formação de rede de monitoramento de riscos e de condições climáticas e atmosféricas, geração de cenários climáticos futuros e pesquisas sobre formas de adaptação.

- fazer uma avaliação detalhada dos impactos dos riscos ambientais sobre o atendimento à saúde pública.

- promover a adequação/ampliação da infraestrutura urbana (lei de uso do solo, restrições à impermeabilização de áreas urbanas). Outras políticas desse eixo também se relacionam indiretamente com a questão das mudanças climáticas ao promover a redução da vulnerabilidade e o aumento da segurança e seguridade da população mais carente. É o caso da Política Metropolitana Integrada de Segurança Pública e Política Metropolitana Integrada de Apoio à Produção em Pequena Escala, por exemplo.

O eixo de Sustentabilidade parte da ideia de que uma política sustentável deve considerar as aspirações e o bem-estar das gerações presentes e futuras. Assim, políticas que garantam o uso responsável dos recursos disponíveis, a qualidade da gestão ambiental e a redução das desigualdades socioespaciais constituem aspectos primordiais para a promoção da sustentabilidade. Neste eixo, há algumas políticas específicas para tratar da questão das mudanças climáticas no meio urbano que são: a Política Metropolitana Integrada de Compensação e Valoração de Serviços Ambientais e a Política Metropolitana Integrada de Mitigação de Gases de Efeito Estufa para uma economia de baixo carbono. Na segunda política são propostos quatro programas:

- Reduções de Emissões de GEE.
- Energias Alternativas e Tecnologias Limpas.
- Eficiência Energética.
- Estabelecimento de mecanismos de controle de emissões e metas de redução de emissões, todos de natureza mitigatória.

A proposta de política metropolitana integrada de mitigação de gases de efeito estufa para uma economia de baixo carbono discutida aqui, revela, talvez com maior clareza, a articulação com os dois eixos norteadores do PDDI, já discutidos neste texto. A questão da *sustentabilidade* permite aproximar essa política de outras que buscam adequar o *sistema ambiental, com* políticas de controle de fontes difusas e concentradas de poluição, ao *sistema social,* com políticas que busquem diminuir o comprometimento das emissões sobre a saúde e vulnerabilidade populacional, por exemplo, com propostas de melhor adequar o sistema social (atendimento hospitalar, atividades econômicas etc.). Nesse sentido, observa-se uma grande afinidade com as políticas de seguridade, mormente aquelas direcionadas à redução das vulnerabilidades metropolitanas às mudanças climáticas a partir do acesso a habitação, infraestrutura urbana e serviços de saúde e educação. A visão, nesse sentido, é que a redução da desigualdade é condição *sine qua non* para a viabilização de políticas de adaptação às mudanças climáticas.

O Eixo Urbanidade considera a realização plena da vivência urbana e está relacionado à

> [...] percepção e ao sentimento de pertencimento ao espaço em que se vive, à negociação continuada entre os interesses, à vida cotidiana e ao direito à cidade. A urbanidade é expressão de algo que é, ao mesmo tempo, único e comum a todos, sendo essa dimensão coletiva e solidária que faz com que a urbanidade ofereça condições necessárias à criatividade e à pluralidade cultural (PDDI-RMBH, 2010, p. 758).

Nesse sentido, as políticas da urbanidade estão pautadas na construção coletiva e nas diversidades culturais, sociais etc. Um exemplo de política proposta nesse eixo, que tem forte ligação com as mudanças climáticas, é a Política de Apoio à Economia Criativa, que consiste em atividades produtivas que incorporam as novas tecnologias de comunicação ou as chamadas novas mídias e as atividades artística, tais como moda, arquitetura, design, entre outras. Esse setor se relaciona indiretamente com a ideia de desenvolvimento sustentável, uma vez que possibilita a atração de indústrias limpas e dialoga com as Políticas de desenvolvimento produtivo sustentável do entorno metropolitano, a Política metropolitana integrada de apoio aos serviços modernos e indústrias de alta tecnologia e a Política metropolitana integrada de apoio às micro, pequenas e médias empresas e ao desenvolvimento local sustentável do eixo sustentabilidade.

2.5 RESPOSTAS URBANAS E RESPOSTAS REGIONAIS ÀS MUDANÇAS CLIMÁTICAS

A partir de uma breve revisão da literatura sobre medidas urbanas de adaptação e mitigação às mudanças climáticas, um ponto importante a ser ressaltado é a prevalência de medidas de mitigação em relação às medidas de adaptação. Mesmo para aquelas cidades que já implantaram algum tipo de medida de adaptação, a ausência de abordagens multidimensionais e políticas multissetoriais faz com que os efeitos dessas políticas sejam ainda um pouco limitados.

Rodriguez (2009, p. 201), em um artigo intitulado "Learning to adapt to climate change in urban areas: a review of recent contributions", no qual são analisados os planos de adaptação de algumas cidades dos Estados Unidos, do México, da Colômbia e da África do Sul, aponta dois pontos importantes no que diz respeito às políticas de adaptação às mudanças climáticas:

> There are two lessons emerging from this review relevant to the debate of adaptation to climate change in urban areas: there are diverse and useful disciplinary contributions and experiences to build adaptation strategies during the last few years, but few efforts to create multidimensional approaches guiding operational strategies; there is growing attention to integrate adaptation as part of a development process addressing structural condition causing social and urban vulnerability.

Outro aspecto levantado no trabalho de Rodriguez (2009) diz respeito à importância da colaboração dos diferentes agentes e grupos sociais de uma localidade para implantação de políticas de adaptação. Isso mostra que a participação de universidades, do governo local, de movimentos sociais e ONGs, assim como a força e o interesse político dos governos locais para coordenar esse processo é condição fundamental para o sucesso dessas medidas.

Essa perspectiva participativa (*bottom-up*), na forma de compreender a relação entre sociedade e mudanças climáticas, é particularmente desafiadora em grandes aglomerados metropolitanos. Acreditamos que a melhor e mais efetiva estratégia de mitigação e adaptação envolve a "internalização" das preocupações relativas às mudanças climáticas em *todos* os segmentos da sociedade, o que, por sua vez, requer um papel mediador do Estado na democratização do acesso à participação coletiva e à elaboração de políticas que contemplem todos os segmentos sociais. Tal proposta deve estar vinculada a uma metodologia transversal que integre diversas áreas de conhecimento que tradicionalmente têm pautado a construção de estratégias setoriais, não articuladas, de elaboração e implantação de políticas públicas.

A experiência do PDDI-RMBH ilustra essa preocupação e forma de pensar e elaborar políticas metropolitanas. A discussão sobre adaptação e mitigação dos impactos urbanos das mudanças climáticas foi feita de maneira integrada às outras políticas urbanas metropolitanas e considerou o caráter específico da urbanização das metrópoles na América Latina. Essa foi uma questão central e norteadora do PDDI, de procurar, à medida do possível, uma transversalidade nas políticas em diversas áreas e esferas do setor público que incorpore a questão das mudanças climáticas em suas diversas dimensões e implicações. Essa questão assume uma dimensão ainda mais importante ao considerarmos a importância do papel das grandes regiões metropolitanas na elaboração de políticas integradas de mitigação de emissões que levam ao aquecimento global (especialmente no que se refere ao sistema de transporte, disposição de resíduos sólidos e adequação de sistemas produtivos), e políticas de adaptação que definam linhas de ação prioritárias em torno das populações mais vulneráveis e em risco socioeconômico e ambiental.

Obviamente, a elaboração do PDDI-RMBH, na forma descrita aqui, não garante a sua efetiva implantação pelos gestores públicos em suas diversas esferas (municípios, Estado). Os diversos, e eventualmente conflitantes interesses de agentes públicos e privados na elaboração de Políticas Públicas revelam um aspecto primordial para a consecução de *propostas* de políticas de cunho participativo, que é aproximar o interesse do "Estado" (e a forma como usualmente tem sido apropriado por interesses privados) aos interesses populares. Essa é, obviamente, uma discussão além das ambições desse artigo, mas não menos importante para se pensar nos desafios de viabilização de políticas relacionadas às mudanças climáticas de longo prazo no Brasil.

2.6 REFERÊNCIAS

CARMO, R. L. C; SILVA, C. A. M. População em zonas costeiras e mudanças climáticas: redistribuição espacial dos riscos. In: HOGAN, D.; MARANDOLA JR., E. (Orgs.). *População e mudança climática*: dimensões humanas das mudanças ambientais globais. Campinas: Nepo/Unicamp; Brasília: UNFPA, 2009, p. 137-157.

COSTA, H. S. Mudanças climáticas e cidades: contribuições para uma agenda de pesquisa a partir da periferia. In: HOGAN, D.; MARANDOLA JR., E. (Orgs.). *População e mudança climática*: dimensões humanas das mudanças ambientais globais. Campinas: Nepo/Unicamp; Brasília: UNFPA, 2009, p. 279-283.

COSTA, H. *Mudanças climáticas e o papel das cidades nas políticas p*úblicas. 2008. Disponível em: <http://paulorubem.blogspot.com/2008/07/mudanas-climticas--e-o-papel-das-cidades.html>. Acesso em: 10.04.2011.

FÜSSEL, H. M. Vulnerability: a generally applicable conceptual framework for climate change research. *Global Environmental Change*, [S.l.], v. 17, p. 155-167, 2007.

IPCC. *INTERGOVERNMENTAL PANEL ON CLIMATE CHANGE*. Disponível em: <http://www.ipcc.ch/organization/organization_history.shtml>. Acesso em: 30.03.2011.

McCOMIRCK, J. *Rumo ao paraíso*: a história do movimento ambientalista. Rio de Janeiro: Relume-Dumará, 1992.

NÚCLEO DE ESTUDOS EM POPULAÇÃO – UNIVERSIDADE ESTADUAL DE CAMPINAS. *Urban growth, vulnerability and adaptation:* social and ecological dimensions of climate change on the coast of São Paulo. Disponível em: <http://www.nepo.unicamp.br/pesquisa/projetos/linha7/a_projeto1.html≥. Acesso em: 5.02.2012.

PETERSON, T.; CONNOLLEY, W.; FLECK, J. The myth of the 1970s global cooling scientific consensus. *American Meteorological Society*, p. 1325-1337, set. 2008.

PLANO DIRETOR DE DESENVOLVIMENTO INTEGRADO DA REGIÃO METROPOLITANA DE BELO HORIZONTE – *Relatório Final*. Governo do Estado de Minas Gerais: Belo Horizonte, 2011. Disponível em: <http://www.metropolitana.mg.gov.br/eixos-tematicos-integrados/relatorio-final>, Acessado em: out/2013.

RODRIGUEZ, R. S.; BONILLA, A. *Urbanization, global environmental, change, and sustainable development in Latin America*. São José dos Campos: IAI, INE, Unep, 2007, p. 7-31.

RODRIGUEZ, R. S. Learning to adapt to climate change in urban areas: a review of recent contributions. *Current Opinion in Environmental Sustainability*, n. 1, p. 201-206, 2009. Disponível em: <http://www.sciencedirect.com/science/article/pii/S1877343509000359>. Acesso em: 2.05.2011.

SEDRU – SECRETARIA ESTADUAL DE DESENVOLVIMENTO REGIONAL E POLÍTICA URBANA. *Plano Diretor de Desenvolvimento Integrado da Região Metropolitana de Belo Horizonte (PDDI-RMBH)*. Belo Horizonte, 2010. Disponível em: <www.rmbh.org.br>. Acesso em: 25.04.2011.

THE NOBEL PEACE PRIZE 2007. 2007. Disponível em: <http://www.nobelprize.org/nobel_prizes/peace/laureates/2007/>. Acesso em: 30.03.2011.

UNFPA. *Situação da População Mundial 2007*: desencadeando o potencial do crescimento urbano. Disponível em: <http://www.unfpa.org.br/relatorio2007/swp_mensagem.htm>. Acesso em: 20.04.2011.

VARGAS, M. C; FREITAS, D. Regime Internacional de mudanças climáticas e cooperação descentralizada: o papel das grandes cidades nas políticas de adaptação e mitigação. In: HOGAN, D.; MARANDOLA JR., E. (Orgs.) *População e mudança climática*: dimensões humanas das mudanças ambientais globais. Campinas: Nepo/Unicamp; Brasília: UNFPA, 2009, p. 205-222.

WORLDBANK. *Fifth urban research symposium*. 2009. Disponível em: <http://siteresources.worldbank.org/INTURBANDEVELOPMENT/Resources/336387-1256566800920/6505269-1268260567624/Sanchez.pdf>. Acesso em: 20.04.2011.

3
ÁGUAS REVOLTAS: RISCOS, VULNERABILIDADE E ADAPTAÇÃO À MUDANÇA CLIMÁTICA GLOBAL NA GESTÃO DOS RECURSOS HÍDRICOS E DO SANEAMENTO. POR UMA POLÍTICA CLIMÁTICA METROPOLITANA NA BAIXADA SANTISTA

Marcelo Coutinho Vargas

A água está amplamente envolvida, de múltiplas maneiras, na gênese e no enfrentamento dos problemas derivados do chamado aquecimento ou mudança climática global. A maior parte dos riscos e vulnerabilidades socioambientais associadas a esse complexo fenômeno, e as principais medidas de adaptação e mitigação que requerem, está direta ou indiretamente relacionada aos recursos hídricos que, além de essenciais à vida e a inúmeras atividades econômicas, também podem ser veículo de calamidades, destruição e transmissão doenças. O objetivo deste capítulo é fornecer alguns elementos de análise para discussão dos principais problemas que estão na interface entre os processos de mudança climática e a gestão dos recursos hídricos e do saneamento ambiental na escala metropolitana, tendo como referencial empírico algumas análises preliminares desenvolvidas na Baixada Santista[1].

O capítulo se divide em três partes principais. Na primeira, examino sucintamente aspectos essenciais das interações biofísicas que se estabelecem entre as mudanças climáticas e o ciclo da água, focalizando as tendências mais gerais esperadas do aquecimento global e suas características fundamentais. Na segunda, aprofundo

---
1 Tais análises estão sendo desenvolvidas no âmbito do projeto temático *Crescimento urbano, vulnerabilidade e adaptação*: dimensões sociais e ecológicas da mudança climática no litoral de São Paulo, financiado pela Fapesp (proc. nº 2008/58159-7). Algumas informações foram levantadas com a colaboração de Guilherme Luchiari, bolsista de iniciação científica da Fapesp vinculado ao projeto.

a análise dos impactos socioambientais de tais tendências no campo específico dos recursos hídricos e do saneamento, refletindo sobre o enquadramento teórico-conceitual e a escala espacial e temporal apropriada para análise e equacionamento dos problemas em questão, especialmente nas áreas urbanas. Na terceira e última parte, procuro testar a validade das noções e premissas elaboradas, aplicando-as ao contexto geográfico, socioambiental e político-institucional da Baixada Santista, visando compreender os desafios de uma política regional de enfrentamento da mudança climática global numa metrópole costeira.

3.1 MUDANÇAS CLIMÁTICAS E CICLO DA ÁGUA: INTERAÇÕES BIOFÍSICAS NA ESCALA GLOBAL

Inicialmente restrita aos meios científicos, a preocupação com o *aquecimento global*, e suas prováveis consequências para as pessoas, a economia e o meio ambiente, foi paulatinamente ganhando espaço em círculos sociais cada vez mais amplos, tornando-se não apenas um assunto que chama a atenção da grande mídia e inquieta a opinião pública no mundo todo, mas também um dos principais temas na agenda política internacional contemporânea. Nesse processo de politização e midiatização crescente do tema, em que se engajaram os próprios cientistas, juntamente com ambientalistas, lideranças políticas e organizações multilaterais, cujas ações convergiram rumo à constituição do tênue regime internacional de enfrentamento deste fenômeno, esboçado no Protocolo de Kyoto, merece destaque a atuação do *Intergovernmental Panel on Climate Change* (IPCC)[2].

Criado em 1998, por iniciativa conjunta do Programa das Nações Unidas para o Meio Ambiente e a Organização Meteorológica Mundial, com a missão de avaliar a informação científica, técnica e socioeconômica relevante para entender os riscos socioambientais da mudança climática global, o IPCC congrega centenas de pesquisadores de alto nível de diversos países membros da ONU, produzindo relatórios que refletem o conhecimento científico mais avançado sobre o tema, nos quais são indicadas as principais tendências em curso e os cenários mais prováveis para o clima mundial até o final do século. As principais conclusões de seu último relatório (AR4), publicado em 2007 e amplamente divulgado na mídia, sugerem, com confiança acima de 90%, que o aquecimento global dos últimos cinquenta anos tem sido causado pelas atividades humanas.

Antes de entrar na discussão do impacto desse fenômeno sobre os recursos hídricos, a complexidade do assunto exige estabelecer algumas distinções conceituais entre noções elementares, muitas vezes "embaralhadas" no debate público.

---

2 Para uma análise mais aprofundada do processo de constituição e dos limites do Regime Internacional de Mudanças Climáticas, consubstanciado no Protocolo de Kyoto e na Convenção Quadro das Nações Unidas que lhe deu origem (a UNFCC, firmada por diversos países durante a "Eco-92", no Rio de Janeiro), vide Vargas e Freitas (2009). Para uma discussão sobre as negociações internacionais mais recentes ou informações históricas sobre a ciência do clima, ver Abranches (2010).

Em primeiro lugar, cabe observar que o fenômeno designado pelos termos "mudança climática" ou aquecimento *global* refere-se especificamente a uma elevação anômala da temperatura média da superfície terrestre, muito recente na história do planeta, cujas causas teriam origem antropogênica, não podendo ser explicadas por variações geodinâmicas naturais. Trata-se do crescimento exponencial da emissão de gases de efeito estufa (GEE) de longa vida – principalmente gás carbônico (CO_2), metano (CH_4) e óxido nitroso (N_2O) – que decorre da queima de combustíveis fósseis (petróleo, carvão e gás) e de mudanças no uso do solo (urbanização, desmatamento e atividades agropecuárias) desencadeadas historicamente pela revolução industrial[3]. Retendo radiação infravermelha e calor, o acúmulo desses gases na atmosfera teria sido responsável por um aumento de quase 1 grau Celsius na temperatura média da superfície terrestre ao longo do século XX (BARROS DE OLIVEIRA, 2008).

Denominar esse fenômeno "aquecimento global" tem a vantagem de chamar atenção para o principal efeito de um processo induzido por atividades humanas, que se distingue de outros processos naturais de transformação do clima terrestre. Por outro lado, tem o inconveniente de simplificar demais os efeitos decorrentes do acúmulo dos GEE de longa vida na atmosfera sobre o clima do planeta, uma vez que o aumento das temperaturas, que atinge tanto a superfície terrestre, como a troposfera e os oceanos, altera significativamente diversos parâmetros do sistema climático, incluindo as correntes marinhas e o pH dos oceanos, os padrões sazonais de precipitação, as vazões e o regime hidrológico de rios, entre outros, com fortes impactos, predominantemente negativos, sobre a economia, o bem-estar social e a biodiversidade[4]. Tais observações justificariam a preferência de alguns especialistas pela expressão "mudanças ambientais globais" que, no entanto, se revela demasiado vaga para designar as transformações no sistema climático planetário, tanto quanto o uso, bastante popularizado, do termo "mudanças climáticas", no plural e sem adjetivos. De qualquer modo, é preciso reconhecer que o aquecimento global está na origem de mudanças climáticas e ambientais muito complexas, com impactos regionais e locais bastante diferenciados.

Em segundo lugar, cabe lembrar que, independentemente da emissão crescente dos GEE de longa vida, decorrente de atividades humanas, existe um "efeito estufa" de origem natural, que mantém a temperatura média anual da superfície terrestre estabilizada entre 14 e 15 graus Celsius. Sem esse efeito, que resulta da presença de

---

[3] De acordo com o IPCC, entre 1750 e 2005, as emissões de CO_2 aumentaram de 280 para 379 ppm (partes por milhão em volume), enquanto as emissões CH_4 e N_2O aumentaram, respectivamente, de 730 a 1774 e de 260 a 319 ppb (partes por bilhão) no mesmo período (Barros de Oliveira, 2008, p. 33).

[4] Os impactos socioambientais específicos deste fenômeno sobre os recursos hídricos e o saneamento são discutidos na próxima seção. Estimativas detalhadas sobre os prováveis prejuízos econômicos, sociais e ambientais decorrentes do aquecimento global, para diferentes cenários de elevação da temperatura terrestre, variando de 1 a 5 graus Celsius, podem ser encontradas no famoso Relatório Stern (2006), encomendado pelo governo britânico, do qual Marengo (2008) apresenta um breve resumo.

gases que retêm calor na atmosfera, a temperatura média da Terra ficaria em torno de 19 graus Celsius negativos, deixando nosso planeta absolutamente impróprio para a vida tal como a conhecemos. Assim, um elemento natural, o vapor d'água, é isoladamente o mais poderoso gás de efeito estufa, contribuindo três vezes mais que o CO_2 para aquecer o planeta. Porém, sua concentração é muito variável e dependente da temperatura, funcionando mais como um mecanismo de retroalimentação positiva do aquecimento global, pois este intensifica a evaporação e aumenta o volume de vapor d'água na atmosfera (BARROS DE OLIVEIRA, 2008; LOZAN, 2007).

Para a maioria dos climatologistas, o aquecimento global deve provocar intensificação e aceleração no ciclo hidrológico, de que já se acumulam evidências empíricas. O nível médio de precipitações tende a aumentar globalmente, em decorrência de taxas mais elevadas de evaporação e da maior capacidade de retenção de vapor d'água na atmosfera aquecida. Porém, tais tendências se manifestam de modo regionalmente diferenciado. Em linhas gerais, os modelos do IPCC indicam tendências de aumento anual das precipitações nas altas latitudes e nas áreas tropicais úmidas, ao lado da diminuição de chuvas nas áreas tropicais áridas e subtropicais. Também indicam aumento de áreas assoladas por secas e estiagens prolongadas, bem como ampliação da variabilidade sazonal e interanual das chuvas em todas as regiões (SVENDSEN; KUNKEL, 2008).

Nas últimas décadas tem mudado não apenas a quantidade e a distribuição das chuvas no espaço e no tempo, mas também a intensidade e a forma das precipitações, nevando proporcionalmente menos nas zonas temperadas. Chuvas torrenciais tornaram-se mais frequentes, mesmo em lugares onde a precipitação total diminuiu. E as previsões indicam aumento na frequência e na intensidade de eventos hidrometeorológicos extremos, como tempestades, furações, maremotos, nevascas, secas e ondas de calor (WWAP, 2009).

Além das mudanças nos padrões de precipitação, o aquecimento global deve impactar fortemente o regime hidrológico, as vazões médias e a descarga anual dos rios, sobretudo os que são alimentados pelo degelo sazonal de geleiras e neves estocadas no topo das montanhas de altitude mais elevada. Tal fenômeno deve atingir as bacias hidrográficas de alguns dos mais importantes rios asiáticos (Indo, Ganges, Mekong, Yang-tse e Brahmaputra), onde vive aproximadamente 1/6 da população mundial, além de rios europeus importantes, como o Reno e o Ródano, cujas vazões médias devem inicialmente aumentar, com o maior derretimento das neves e geleiras, declinando posteriormente na medida em que diminuem os estoques de água congelada (VIVEKANANDAN; NAIR, 2009)[5]. Esse fenômeno deve agravar-se nas regiões tropicais de grande altitude, havendo evidências de que um drástico derretimento de geleiras já vem ocorrendo nos Andes e no Monte Kilimanjaro (Tanzânia) nas últimas décadas (BERGKAMP; ORLANDO; BURTON, 2003).

---

5   Estima-se que a descarga anual dos rios Brahmaputra e Indo deve declinar em cerca de 14% e 17%, respectivamente, até meados do século (VIVEKANANDAN; NAIR, 2009, p. 5).

Mas, as alterações nos padrões de precipitação, nas vazões médias e no regime hidrológico dos rios decorrentes do aquecimento global estão sujeitas a enormes variações regionais condicionadas por diversos fatores, como padrões de circulação atmosférica, fenômenos como o El Niño, ou mudanças no uso do solo das bacias hidrográficas. No caso brasileiro, as projeções do IPPC, segundo Marengo (2008), indicam que, a pluviosidade média da Amazônia e do Nordeste poderá cair até 20%, no final deste século, num cenário de altas emissões. Porém, os próprios climatologistas reconhecem que suas previsões de médio e longo prazo neste campo são muito mais frágeis e sujeitas a incertezas do que as relacionadas com a temperatura, dificultando estabelecer tendências de alteração no ciclo da água na escala regional.

Por fim, cabe lembrar os efeitos do aquecimento global sobre a elevação do nível do mar. Segundo as projeções do IPCC, nos cenários baseados nas hipóteses mais conservadoras, o aumento do volume do oceano derivado do aquecimento das águas, somado ao derretimento crescente de grandes geleiras nos polos e na Groenlândia, provocará uma elevação média do nível do mar situada entre 18 e 60 cm até o final do século, contribuindo para aumentar as inundações urbanas e a erosão nas zonas costeiras, onde vive cerca de metade da população mundial. Outras consequências são o aumento da salinidade no estuário de rios e da intrusão salina em aquíferos litorâneos, prejudicando a biodiversidade e fontes de abastecimento de água doce (LOZAN, 2007).

Podemos concluir, com Marengo (2008, p. 84), que "as mudanças climáticas vão tornar a oferta de água cada vez menos previsível e confiável", de modo que "economizar água para o futuro não é [...] lutar por um objetivo distante e incerto". Segundo o autor, "o conhecimento sobre possíveis cenários climático-hidrológicos futuros e as suas incertezas pode ajudar a estimar demandas de água e também a definir políticas ambientais de uso e gerenciamento da água para o futuro" (MARENGO, 2008, p. 86). Para tanto, será necessário intensificar a pesquisa avançada e reduzir a escala espacial e temporal em que se modelam tais cenários, tendo em vista subsidiar as políticas de adaptação e mitigação nesse campo, conforme se discute na próxima seção.

3.2 IMPACTOS SOCIOAMBIENTAIS DA MUDANÇA CLIMÁTICA RELACIONADOS À ÁGUA: ASPECTOS GERAIS E ALGUNS PROBLEMAS DE CONCEITUAÇÃO E ESCALA

De um modo geral, o IPCC prevê que as mudanças climáticas globais afetarão negativamente a disponibilidade de água em diversas regiões do mundo. O *estresse hídrico*, definido como uma disponibilidade média anual inferior a 1.700 m^3 per capita, que já atinge atualmente cerca de 700 milhões de pessoas em 43 países; deverá afetar 3 bilhões de pessoas por volta de 2025, concentradas principalmente na África Subsaariana, na China e na Índia (VIVEKANANDAN; NAIR, 2009).

Por outro lado, a maioria dos impactos sociais, econômicos e ambientais negativos da mudança climática global ocorre, direta ou indiretamente, por meio da água, repercutindo também na disponibilidade e na qualidade dos recursos hídricos.

No campo dos desastres, por exemplo, os eventos hidrometeorológicos extremos, como inundações e tempestades, seguidas de deslizamentos de terra, cuja intensidade e frequência tendem a aumentar, com o aquecimento, em praticamente todos os cenários projetados, já seriam atualmente responsáveis por cerca de 90% das calamidades, 72,5% das vítimas e 75% das perdas econômicas, em termos mundiais (NUNES, 2009). A elevação do nível do mar, por sua vez, deixará milhões de pessoas que residem no litoral expostas aos riscos de tempestades, erosão, inundações e outros perigos (tsunamis), podendo provocar deslocamento permanente de grandes contingentes populacionais nas regiões mais afetadas, como pequenos países insulares de relevo mais plano. Estima-se que tal situação, juntamente com a emigração nas áreas mais assoladas por secas e desertificação, deva gerar um grande contingente de "refugiados do clima" nos próximos 30 a 50 anos, os quais vão pressionar os governos por acesso a moradia e a serviços de saneamento, nas cidades e regiões de destino. Prevê-se ainda que o aquecimento global deve resultar na expansão das zonas endêmicas de doenças de veiculação hídrica, como dengue, malária e esquistossomose (WWAP, 2009).

Em relação à economia, além dos prejuízos relacionados à destruição da infraestrutura e a paralisação de atividades decorrentes da maior incidência de desastres hidrometeorológicos, a mudança climática global deverá impactar fortemente as atividades agropecuárias, deslocando culturas e pastagens, aumentando a demanda por irrigação; o turismo recreativo, inviabilizando balneários e estações de esqui na neve; assim como a geração de energia, a pesca, a navegação e o setor de seguros, entre outros.

No caso da agricultura, os impactos do aquecimento global podem ser positivos para alguns países, como o Canadá e a Rússia, que devem ganhar áreas agricultáveis e pastagens, mas a produção de alimentos poderá declinar com a diminuição da disponibilidade de água para irrigação em diversas bacias hidrográficas. A geração de energia, tanto nas usinas hidrelétricas como nas termelétricas, que dependem de água para refrigeração, também deverá ser afetada nessas bacias (CFE, 2008). E os conflitos de uso entre setores concorrentes, ou ainda, entre usuários situados à montante e à jusante dos rios, deverão se acirrar, especialmente nas 260 maiores bacias hidrográficas transfronteiriças (LOZAN, 2007).

Por fim, a mudança climática global afetará negativamente diversos ecossistemas terrestres e aquáticos, gerando perdas irreversíveis na biodiversidade, ao modificar e dificultar as condições de sobrevivência de diversas espécies.

3.2.1 Riscos, vulnerabilidade e adaptação: aspectos gerais

É óbvio que nem todas as regiões são igualmente vulneráveis aos impactos negativos do aquecimento global associados à água. As cidades situadas longe da zona costeira, por exemplo, não estão expostas aos riscos derivados da elevação do nível do mar, embora a extensão do que se define por zona costeira vulnerável possa apresentar enormes discrepâncias na literatura especializada (CARMO; SILVA, 2009).

De um modo geral, a vulnerabilidade aos riscos das mudanças climáticas, deve ser entendida como um fenômeno multifacetado, social e espacialmente variável, pois envolve tanto as diferenças de exposição aos riscos e desastres das pessoas e lugares, como as respectivas diferenças na capacidade de enfrentamento e adaptação. Portanto, em situação de exposição semelhante, a vulnerabilidade dos grupos sociais desfavorecidos (pobres, idosos, crianças etc.) é maior, pois estes apresentam maior susceptibilidade aos perigos envolvidos. Por outro lado, como destacam Sullivan e Huntingford (2009), os laços que ligam os impactos negativos da mudança climática à pobreza são dinâmicos, refletindo características geográficas, socioeconômicas e culturais locais (inclusive preocupações e prioridades de famílias, indivíduos e grupos sociais), assim como condições político-institucionais particulares. Isso implica que a análise da vulnerabilidade deve ser feita na escala espacial e temporal apropriada para definir as políticas e as medidas de adaptação mais adequadas.

Quanto à noção de *adaptação*, o IPCC a define como "o ajustamento de sistemas naturais e humanos em resposta aos impactos atuais ou esperados da mudança climática, tendo em vista reduzir os danos e aproveitar as oportunidades envolvidas" (SULLIVAN; HUNTINGFORD, 2009).

3.2.2 Vulnerabilidade e adaptação na gestão dos recursos hídricos e do saneamento

É preciso considerar, antes de tudo, que a água doce já é um recurso escasso e vulnerável, pressionado por inúmeros fatores que nada têm a ver com a mudança climática global: crescimento acelerado das demandas urbana, agropecuária e industrial; poluição dos corpos d'água superficiais pelo lançamento de efluentes urbanos e industriais sem tratamento adequado; superexploração de mananciais superficiais e subterrâneos; e, sobretudo, necessidade de garantir água potável e esgotamento sanitário adequado para os bilhões de pessoas atualmente excluídas desses benefícios: respectivamente, cerca de 1 bilhão de pessoas sem acesso à água encanada e cerca de 2,5 bilhões sem acesso a fossa séptica ou sistema de esgotos. Assim, o impacto projetado das mudanças climáticas globais sobre os recursos hídricos não implica o surgimento de novos problemas nesse campo, mas, antes, que os problemas antigos serão exacerbados (ECE, 2009; CFE, 2008; SVENDSEN; KUNKEL, 2008). Obviamente, isso não significa que não haja imensos desafios para adaptar a gestão dos recursos hídricos e dos serviços de saneamento aos impactos esperados do aquecimento global, a começar por mudanças na abordagem dos gestores públicos e privados envolvidos.

Diante da maior variabilidade esperada nas chuvas, das alterações no regime hidrológico dos rios, e do aumento na intensidade e frequência dos eventos extremos, os profissionais da água terão de rever seus modelos para lidar com doses crescentes de incerteza e imprevisibilidade.

A gestão dos recursos hídricos deverá mover-se em direção a abordagens mais abrangentes e flexíveis, buscando não apenas incorporar e compatibilizar as demandas e expectativas de diferentes atores e usuários, para superar ou reduzir conflitos no âmbito das bacias hidrográficas, como também valorizar os recursos, ecossistemas e serviços ambientais envolvidos na preservação dos mananciais. Tais abordagens deverão articular diferentes atores e saberes na busca de solução para problemas complexos em situação de incerteza crescente, exigindo esforços ampliados e duradouros de capacitação de pessoas e instituições mediante processos de aprendizagem social (BERGKAMP; ORLANDO; BURTON, 2003). Também deverão mover-se da lógica da oferta, predominante na indústria da água, para a gestão da demanda, buscando conservar os recursos hídricos e racionalizar sua utilização (VARGAS, 1999).

Nesse contexto, caberia aos gestores de recursos hídricos elegerem como prioridades de adaptação: i) reduzir a vulnerabilidade das pessoas aos eventos extremos; ii) proteger e restaurar os ecossistemas responsáveis por serviços ambientais essenciais; iii) garantir que a oferta de água atenda às demandas crescentes (BERGKAMP; ORLANDO; BURTON, 2003).

Cumpre, por fim, considerar também o impacto da urbanização nas mudanças climáticas de origem antropogênica. Este se dá principalmente na escala local e regional, na medida em que as cidades formam grandes ilhas de calor que dificultam a dispersão dos poluentes e potencializam a ocorrência de chuvas torrenciais (NOBRE, 2010; IBDS, 2009; TUCCI, 2008; IHDP, 2005).

Na Região Metropolitana de São Paulo, por exemplo, dados do projeto Megacidades, conduzido pelo Inpe, sob a coordenação do prof. Carlos Nobre, indicam que a temperatura média da cidade de São Paulo teria aumentado cerca de 2,5 graus Celsius nos últimos 70 anos (NOBRE et al., 2010; ERENO, 2010). Somando-se a esses efeitos a impermeabilização do solo e outros impactos negativos da urbanização sobre o ciclo da água (VARGAS, 1999), torna-se necessário repensar as questões de vulnerabilidade e adaptação relacionadas aos recursos hídricos no contexto urbano, à luz da noção de "saneamento integral".

De acordo com essa noção, cabe analisar as interações sistêmicas que se estabelecem entre os serviços de abastecimento de água, esgotamento sanitário, drenagem e manejo de águas pluviais, limpeza urbana e manejo de resíduos sólidos (definidos como "saneamento básico" na lei federal nº 11.445/07), juntamente com os sistemas de saúde e de defesa civil, visando integrar ações que favoreçam a salubridade do ambiente e o bem-estar social.

Nesta perspectiva, a vulnerabilidade dos recursos hídricos e do saneamento aos riscos da mudança climática se desdobra em dois campos analiticamente distintos: a *vulnerabilidade hidrotécnica* e a *vulnerabilidade hidropolítica*, cada qual envolvendo diferentes dimensões[6].

No primeiro caso, o que está em jogo são os riscos que se colocam para a gestão da água em seus aspectos técnicos e operacionais. No contexto urbano, a vulnerabilidade hidrotécnica envolve riscos de colapso nos sistemas de abastecimento público de água potável, esgotamento sanitário, drenagem e manejo de águas pluviais, causado por eventos hidrometeorológicos extremos e/ou pela elevação do nível do mar, os quais podem interagir entre si e com o sistema de limpeza urbana ou se manifestar isoladamente. Naturalmente, cada um desses sistemas também pode apresentar deficiências presentes que geram vulnerabilidade para as pessoas, independentemente das mudanças climáticas. Já na esfera regional, a vulnerabilidade hidrotécnica diz respeito aos riscos relacionados ao uso múltiplo das águas, que pode ser comprometido por estiagens prolongadas nas bacias hidrográficas, no qual a demanda humana já se aproxima do limite crítico de 50% da vazão mínima de estiagem.[7]

Quanto à vulnerabilidade hidropolítica, que abrange a vulnerabilidade hidrotécnica, pode-se dizer que essa noção se desdobra em três dimensões analíticas, a saber: física, gerencial e social. A vulnerabilidade física diz respeito à possibilidade de colapso na infraestrutura e nos serviços de saneamento básico (*lato sensu*) diante de desastres relacionados a eventos extremos. A gerencial diz respeito à falta de preparo adequado dos gestores de recursos hídricos para lidar com as incertezas que envolvem o ciclo da água no contexto das mudanças climáticas, ou sua eventual resistência para adotar as novas abordagens requeridas. A falta de articulação desses gestores entre si e com a defesa civil pode ser considerada um dos principais sintomas deste tipo de vulnerabilidade. Finalmente, a vulnerabilidade social concerne a falta de acesso ou a exclusão temporária de determinados grupos sociais dos serviços saneamento básico.

Vejamos como os conceitos discutidos aqui podem nos ajudar a compreender a situação de vulnerabilidade hidropolítica da Baixada Santista às mudanças climáticas de origem antropogênica.

---

6 Os termos foram tomados livremente de Guivant e Jacobi (2003), numa acepção similar.

7 Em tal situação, que também compromete a "demanda ambiental", o Conselho Estadual de Recursos Hídricos de São Paulo recomenda a adoção, pelo respectivo comitê de bacia, de medidas que privilegiem o abastecimento público, restringindo os demais usos da água.

3.3 O DESAFIO DAS ÁGUAS URBANAS: CONSTRUINDO POLÍTICAS DE ADAPTAÇÃO E MITIGAÇÃO NA ESCALA APROPRIADA? O CASO DA BAIXADA SANTISTA

A Região Metropolitana da Baixada Santista, formada pelos municípios de Bertioga, Cubatão, Guarujá, Itanhaém, Peruíbe, Praia Grande, Mongaguá, Santos e São Vicente, que se estendem ao longo da área central do litoral paulista, abrange uma área de 2.373 km², que abriga mais de 1,6 milhão de habitantes. Sua economia, desenvolvida historicamente em torno da atividade portuária de Santos e da instalação de um forte parque industrial em Cubatão, que se concentra na produção de bens intermediários nos setores de petroquímica e metalurgia, ostenta um Produto Interno Bruto da ordem de 18,5 bilhões de reais.

Embora já apresentasse problemas típicos de uma aglomeração metropolitana desde o início da década de 1980, como especialização funcional e migração pendular entre os municípios que a compõem, exigindo ações supramunicipais para solucionar gargalos na oferta de infraestrutura, sobretudo em transportes e saneamento, a região metropolitana da Baixada Santista só foi criada oficialmente em 30 de julho de 1996, por meio da lei complementar nº 815. Para operacionalizar a governança da região foram criados e regulamentados, sucessivamente, um Conselho (Condesb), um Fundo e uma Agência de Desenvolvimento da Baixada Santista (Agem). Criada pela lei complementar nº 853, de dezembro de 1998, como entidade autárquica vinculada originalmente à Secretaria de Economia e Planejamento do Estado de São Paulo, a Agem tem por finalidade integrar a organização, o planejamento e a execução das funções públicas de interesse comum da metrópole.

Além das instituições metropolitanas, a Baixada Santista também conta com uma organização voltada para garantir os usos múltiplos dos recursos hídricos regionais de maneira sustentável, o Comitê da Bacia Hidrográfica da Baixada Santista (CBH-BS). Criado em obediência à lei nº 7.663/91, que estabelece a Política Estadual de Recursos Hídricos do Estado de São Paulo, esse colegiado normativo e deliberativo, composto paritariamente por representantes do Estado, dos municípios e da sociedade civil da região, tem como principais atribuições legais aprovar Planos de Bacia e Relatórios de Situação dos Recursos Hídricos para a Baixada, deliberando sobre a aplicação dos recursos do Fundo Estadual de Recursos Hídricos (Fehidro) destinados à região. Desde que foi instalado em dezembro de 1995, esse comitê aprovou dois Planos de Bacia (2000-2003 e 2008-2011) e dois Relatórios de Situação (Relatório Zero, 1999 e Relatório 1, 2006). Atualmente, desenvolve estudos para implantar a cobrança pelo uso da água na região, além de uma agência de bacia com funções executivas.

Cabe observar que os limites físicos da bacia hidrográfica da Baixada Santista não correspondem inteiramente aos limites político-administrativos da Região Metropolitana, pois sua área de drenagem, totalizando 2.855,33 m², abrange parte do território dos municípios de São Paulo, São Bernardo do Campo, Biritiba Mirim e Itariri. Esses municípios, cuja sede se encontra noutras bacias hidrográficas, não possuem representantes no comitê (CBH-BS, 2007).

A despeito de tratar-se de uma bacia altamente urbanizada e industrializada, cerca de 67% do território da Baixada Santista está coberto por vegetação nativa. A região contém diversas áreas legalmente protegidas, entre as quais se destacam o Parque Estadual da Serra do Mar, o Parque Estadual Xixová–Japuí, a Estação Ecológica Jureia–Itatins, as APAs Cananeia–Iguape–Peruíbe e Santos–Continente, além da Reserva da Biosfera da Mata Atlântica, caracterizada como um mosaico de unidades de conservação. Apresenta igualmente grandes áreas com manguezais, pertencentes às áreas de preservação permanente, destacando-se os mangues localizados no complexo estuarino de Santos/São Vicente, no rio Itapanhaú e no canal de Bertioga, próximo ao rio Itanhaém. Entretanto, tais ecossistemas têm sido degradados por atividades industriais poluidoras e a implantação de áreas urbanas, mediante aterramento.

Com relação ao relevo, dividido entre a planície costeira e a Serra do Mar, engloba escarpas cuja altimetria chega a ultrapassar 1.100m nas cristas, com declividade superior a 30 graus, declinando drasticamente na planície, a ponto de haver forte penetração da cunha salina na região estuarina.

No que tange à disponibilidade dos recursos hídricos, de acordo com dados citados no Relatório 1 (CBH-BS, 2007), a vazão média anual das águas superficiais da bacia da Baixada Santista corresponderia a 155 m³/s, ao passo que a vazão mínima de estiagem, medida por dez dias consecutivos para uma probabilidade de retorno de 10 anos (Q710) atingiria apenas 39 m³/s. Considerando que, de acordo com a mesma fonte, a demanda global de água nessa bacia estaria em 20,88 m³/s, repartidos entre demanda urbana (9,18 m³/s) e demanda industrial (11,7 m³/s), a bacia como um todo já se encontraria em situação crítica, uma vez que representaria 63,6% da vazão mínima. Esta situação geral é ainda mais crítica nas sub-bacias dos rios Quilombo e Cubatão, onde a forte demanda industrial supera o dobro e o triplo, respectivamente, do Q710.

Trata-se uma bacia hidrográfica de alta pluviosidade, com uma precipitação média anual de 2.670 mm, que não se distribui linearmente no espaço regional ou entre os 12 meses do ano. A precipitação é consideravelmente mais alta nos meses de novembro, dezembro e janeiro, caindo bastante nos meses de junho a agosto. As áreas urbanas dos nove municípios são assoladas por alta vulnerabilidade a enchentes, em virtude de chuvas convectivas e orográficas persistentes e chuvas de intensidade moderada com duração prolongada, combinadas com o efeito das marés.

Com relação ao abastecimento de água e o esgotamento sanitário, todos os nove municípios da Baixada têm seus serviços operados pela concessionária estadual de saneamento, a Sabesp, com sistemas regionais parcialmente integrados e alguns sistemas locais isolados. O abastecimento de água encontra-se praticamente universalizado, atendendo quase 100% da população residente em todos os municípios. Mas há problemas de continuidade no verão, quando a população flutuante mais do que duplica a demanda. Assim, a infraestrutura foi superdimensionada para atender à demanda da alta temporada, permanecendo parcialmente ociosa fora desse período.

Quanto ao esgotamento sanitário, a situação da bacia deixa muito a desejar, pois a coleta de esgotos está bem atrasada em relação à meta da **Sabesp** de alcançar 95% de atendimento em todos os municípios até 2020: de acordo com o Relatório 1 (CBH-BS, 2007), a taxa de atendimento em 2005 era inferior a 50% em todos as cidades, exceto Santos, São Vicente e Guarujá, atingindo apenas 11% em Itanhaém! De acordo com a companhia, praticamente todo o esgoto coletado receberia algum tipo de tratamento.

As características descritas aqui indicam que a Baixada Santista estaria vulnerável a algumas das principais tendências esperadas da mudança climática global: a elevação do nível do mar e os riscos de inundação e deslizamento de terras associados à maior frequência e intensidade dos eventos hidrometeorológicos extremos. O rápido processo de urbanização da região acabou gerando um déficit habitacional que impactou significativamente as classes de menor renda, que passaram a ocupar habitações subnormais, grande parte localizada em situação de risco ambiental, principalmente desmoronamento de encostas (CARMO; SILVA, 2009b). Entretanto, não obstante a existência de estudos abrangentes sobre áreas críticas sujeitas a riscos de inundação, deslizamento e erosão, desenvolvidos por iniciativa da Agem para toda a região metropolitana, tais estudos não trazem qualquer referência à questão das mudanças climáticas. Do mesmo modo, o fenômeno não é sequer mencionado no Plano de Bacia ou nos Relatórios de Situação coordenados pelo CBH-BS, embora um dos Programas de Duração Continuada previstos no primeiro seja justamente o Programa de Prevenção e Defesa contra Eventos Hidrológicos Extremos.

Ora, das 323 áreas críticas identificadas na região, no âmbito do Primac, 79% das áreas dizem respeito a riscos de inundação. Por outro lado, como notaram Carmo e Silva (2009), as obras de drenagem foram responsáveis por mais de 50% dos recursos solicitados ao Fehidro no âmbito Comitê de Bacia da Baixada Santista. Porém, estas questões não vêm sendo tratadas na escala metropolitana, mas, antes, por meio de soluções isoladas sem articulação regional. De acordo com informações do último Plano de Bacia (2008-2011), dos nove municípios da Baixada, apenas São Vicente, Praia Grande e Guarujá têm planos de macrodrenagem em curso, com financiamento do Fehidro; Itanhaém e Bertioga têm projetos em fase de avaliação, enquanto Cubatão tem um plano de 1969! Não constam informações sobre planos regionais ou metropolitanos, buscando articular obras, medidas e ações em uma escala supramunicipal.

Ao que tudo indica, nem a Agência Metropolitana, nem o Comitê da Bacia Hidrográfica da Baixada Santista podem ser considerados organismos aptos a desenvolver uma política regional ou metropolitana de enfrentamento das mudanças climáticas, uma vez que a questão não é objeto de prioridade para tais organismos, cujo horizonte de planejamento ainda é restrito em termos de escala temporal e prioridades regionais. No caso da primeira, uma análise do seu último relatório de atividades (Agem, 2008) mostra que, afora o setor de transportes e os estudos e levantamentos de dados de cunho regional, a agência tem apoiado e financiado essencialmente projetos isolados dos municípios da Baixada com pouca ou nenhuma articulação de caráter metropolitano. Ora, em uma região em que os municípios apresentam condições geográficas semelhantes em termos de clima, em que estão interligados por forte interação socioeconômica, e por sistemas integrados de transporte e saneamento, é somente na escala regional ou metropolitana que podem ser adotadas medidas de adaptação e mitigação adequadas.

Ao que tudo indica, a questão das mudanças climáticas ainda não penetrou na agenda dos principais organismos de planejamento regional da Baixada Santista (Agem e comitê de bacia). Do mesmo modo, os órgãos envolvidos com diferentes usos dos recursos hídricos na região (Sabesp, Emae, Codesp) parecem não ter ainda despertado para os prováveis impactos desse fenômeno na disponibilidade quantitativa e qualitativa da água, sem incorporar no seu planejamento e gestão os múltiplos riscos envolvidos nas respectivas atividades. Nesse contexto, o desenvolvimento de novas abordagens, visando à gestão integrada, sustentável e participativa das águas, com foco na ampliação do acesso ao saneamento integral e sua articulação com os setores de saúde pública e defesa civil, representa um desafio a ser superado pelos múltiplos atores envolvidos nas questões ambientais contemporâneas.

3.4 REFERÊNCIAS

ABRANCHES, S. *Copenhague*, antes e depois. Rio de Janeiro: Civilização Brasileira, 2010.

AGEM – AGÊNCIA METROPOLITANA DA BAIXADA SANTISTA. *Relatório de Atividades 2008*. Santos: Agem, 2008.

BARROS DE OLIVEIRA, S. M. Base científica para compreensão do aquecimento global. In: VEIGA, J. E. (Org.). *Aquecimento global*: frias contendas científicas. São Paulo: Senac, 2008.

BERGKAMP, G.; ORLANDO, B.; BURTON, I. *Change*. Adaptation of Water Management to Climate Change. Gland (Suíça) e Cambridge (Reino Unido): IUCN, 2003.

CARMO, R. L.; MARQUES DA SILVA, C. L. População em zonas costeiras e mudanças climáticas: redistribuição espacial e riscos. In: HOGAN, D. J.; MARANDOLA JR. (Orgs.). *População e mudança climática*: dimensões humanas das mudanças ambientais globais. Campinas: Nepo/Unicamp; Brasília: UNFPA, 2009. p. 137-157

_____. População e mudanças climáticas no contexto litorâneo: uma análise da Região Metropolitana da Baixada Santista, *Revista VeraCidade*, ano IV, n. 4 mar. 2009.

_____. *População e Mudanças Climáticas no Contexto Litorâneo*: uma análise na Região Metropolitana da Baixada Santista. 2009. Revista VeraCidade. Disponível em: >http://www.veracidade.salvador.ba.gov.br/v4/images/pdf/artigo6.pdf>. Acesso em 19 out. 2008.

CBH-BS. *Plano de Bacia Hidrográfica para o quadriênio 2008-2011 do Comitê da Bacia Hidrográfica da Baixada Santista*. Santos: CBH-BS/AGEM/VM Engenharia, 2009.

_____. *Relatório de situação dos recursos hídricos da Baixada Santista 2006* –Relatótio 1. s/l. CBH-BS/DAEE/SHS, 2007.

CFE – CERCLE FRANÇAIS DE L'EAU. Adaptation au changement climatique. Quelle stratégie pour les acteurs de l'eau? *Anais do colóquio organizado pelo Cercle Français de l'Eau, em Paris*. Paris, 19 out. 2008.

ECE. *Guidance on water and adaptation to climate change*. Genebra, United Nations Economic Commission for Europe and Convention on the Protection and Use of Transboundary Watercourses and International Lakes, 2009. 144 p.

ERENO, D. (2010) Para evitar novos flagelos. Revista *Pequisa Fapesp,* n. 171, maio 2010, p. 16-21.

GUIVANT, J. S.; JACOBI, P. R. Da hidrotécnica à hidropolítica: novos rumos para a regulação e gestão dos riscos ambientais no Brasil. *Cadernos de Pesquisa do Programa de Pós-Graduação Interdisciplinar em Ciências Humanas da Universidade Federal de Santa Catarina*, Florianópolis, n. 43, 2003, 26 p.

HOGAN, D. J.; MARANDOLA JR. (Orgs.) *População e mudança climática*: dimensões humanas das mudanças ambientais globais. Campinas: Nepo-Unicamp; Brasília: UNFPA, 2009.

IBDS *Fórum Patrimônio*, v. 3, n. 2 [Dossiê "Clima Urbano e Planejamento das Cidades"]. *Revista do Inst. Brasileiro de Desenvolvimento Sustentável* (IBDS), 2009.

IHDP Science Plan: Urbanization and Global Environmental Change. *IHDP Report Series*, Bonn, n. 15, 2005. 64 p.

LOZAN, J. L. et al. The water problem of our Earth: from climate and the water cycle to the human right for water. In: LOZAN, J. L. et al. *Global change*: enough water for all?, Hamburg: University of Hamburg, 2007. 384 p.

MARENGO, J. A. Água e mudanças climáticas. *Estudos Avançados*, v. 22, n. 63, p. 83-96, 2008.

NOBRE, C. et al. *Vulnerabilidades das megacidades brasileiras às mudanças climáticas*: região metropolitana de São Paulo. Sumário Executivo. São Paulo, Rede Clima, Fapesp, 2010. 32 p.

NUNES, L. H. Mudanças climáticas, extremos atmosféricos e padrões de risco a desastres hidrometeorológicos. In: HOGAN, D. J.; MARANDOLA JR. (Orgs.). *Popula-*

ção e mudança climática: dimensões humanas das mudanças ambientais globais. Campinas: Nepo/Unicamp; Brasília: UNFPA, 2009. p. 53-73.

SILVA, R. T.; PORTO, M. F. A. Gestão urbana e caminho das águas: caminhos da integração, *Estudos avançados*, v. 17, n. 47, p.129-145, 2003.

SULLIVAN, C. A.; HUNTINGFORD, C. Water resources, climate change and human vulnerability. In: 18TH WORLD IMACS/MODSIM CONGRESS, Cairns, Australia, 13-17 jul., 2009.

SVENDSEN, M.; KUNKEL, N. *Water and adaptation to climate change*: consequences for developing countries. Eschborn (Alemanha): GTZ, 2008. 36 p.

TUCCI, C. E. Águas urbanas. *Estudos Avançados*, v. 63, n. 22, p. 97-112, 2008.

VARGAS, M. C. O gerenciamento integrado da água como problema socioambiental. *Ambiente & Sociedade*, ano II, n. 5, p. 109-134, 1999.

VARGAS, M. C.; FREITAS, D. Regime internacional de mudanças climáticas e cooperação descentralizada: o papel das grandes cidades nas políticas de adaptação e mitigação. In: HOGAN, D. J.; MARANDOLA JR. (Orgs.). *População e mudança climática*: dimensões humanas das mudanças ambientais globais. Campinas: Nepo-Unicamp; Brasília: UNFPA, 2009. p. 205-222.

VIVEKANANDAN, J; NAIR, S. Climate Change and Water: Examining the Interlinkages. In: MICHEL, D; PANDYA, A. (Eds.). *Troubled waters*: climate change, hydropolitics and transboundary resources. Washington: Stimson Center, 2009.

WWAP - WORLD WATER ASSESSMENT PROGRAMME. *The United Nations World Water Development Report 3*: water in a changing world. Paris: Unesco e Londres: Earthscan, 2009.

II
VULNERABILIDADE E RESILIÊNCIA

4
AS ESCALAS DA VULNERABILIDADE E AS CIDADES: INTERAÇÕES TRANS E MULTIESCALARES ENTRE VARIABILIDADE E MUDANÇA CLIMÁTICA

Eduardo Marandola Jr.

A história das preocupações ambientais não obedeceu a uma ordem de grandeza ligada à ampliação de suas escalas, nem espaciais nem temporais. Os acontecimentos que ajudaram a convencer a opinião pública e os céticos dos limites do sistema-terra foram eventos localizados, sempre na escala local. Agentes poluidores específicos, grandes derramamentos de óleo, explosões em usinas, contaminação de solo, agravos à saúde (HOGAN, 2007). Os problemas ambientais eram localizados, circunscritos a espaços-tempo específicos.

O tema desmatamento, especialmente na Amazônia, talvez tenha introduzido uma preocupação regional ao debate, junto com a degradação de ecossistemas, como a região do Sahel ou a própria Mata Atlântica brasileira. Só com os temas do buraco na camada de ozônio e do aquecimento global é que nossa escala de preocupação se ampliou: passamos a falar do globo, do planeta todo, em uma escala imaginada por poucos anteriormente. Nunca se pensou que o homem pudesse ser responsável pelo comprometimento de todo ecúmeno. Teorias como a de Gaia deram vazão a essa nova escala de preocupação.

A partir dos anos 1990, difundiu-se uma máxima nos meios ambientalistas, repetida à exaustão, que expressa bem essa dupla perspectiva escalar: "pensar globalmente, agir localmente". Essa ambivalência do pensamento ambientalista, a qual tencionava estabelecer relações causais diretas e indiretas entre ações cotidianas e localizadas com consequências na escala global marca, de certa forma, não apenas a sua retórica, mas também a maioria das ações e discussões sobre problemas ambientais. Que significa isso?

Significa que partimos de delineamentos muito gerais, como aqueles das cartas e documentos da ONU (ou de organismos internacionais desse porte) para a formulação e enfrentamento de problemas muito localizados e circunscritos espacialmente.

Por outro lado, partimos de realidades muito próximas, concretas, e buscamos conectá-las ao movimento geral que ocorre internacionalmente. Em ambos os casos, não é raro perceber uma desconexão, uma falta de contextualização e de mediação necessária para adensar os sentidos e potencializar o entendimento, bem como o enfrentamento dos problemas específicos.

Muitas vezes, essa lacuna é suprida pela escala nacional, com planos e ações sendo pensadas em termos de Estado-Nação. No entanto, se a política territorial é elaborada nesses termos, a natureza dos problemas ambientais segue outra lógica, muitas vezes produzida em escalas menores do que a do país, como as regiões e os ecossistemas (no caso de países continentais como o Brasil), ou bem maiores do que eles (no caso de países europeus, os quais vários compartilham a mesma bacia hidrográfica, por exemplo).

Há, portanto, um desencaixe entre as escalas de ocorrência dos fenômenos e a escala de gestão do território. Nas palavras de Silveira (2004), é um desencontro da escala da ação com a escala do império. Isso se reflete na ausência de diálogo entre ciências sociais e ciências naturais, as quais possuem grande dificuldade de interação no campo ambiental, em parte, porque não compatibilizam suas escalas de análise (GIBSON; OSTROM; AHN, 2000).

Mas a problemática vai além. A percepção dos problemas também é mediada por escalas diferentes e, não raro, coexistentes. Além disso, há um problema epistemológico que envolve as implicações da escolha de determinadas escalas de análise, em detrimento de outras. Estas se referem a recortes de produção do conhecimento e a horizontes de interações ecológicas, políticas, culturais e econômicas, envolvendo as escalas de ação política, ou de poder, as escalas de gestão e as escalas de experiência das tensões ambientais, as quais se manifestam como perigos e riscos que precisam ser geridos.

A discussão contemporânea sobre vulnerabilidade às mudanças climáticas veio acirrar essa problemática, trazendo novos elementos e, de certa forma, tornando mais importante do que nunca a consideração das escalas na discussão.

Vulnerabilidade é fenômeno multidimensional e complexo que precisa ser pensado em suas múltiplas escalas de ocorrência e produção. Se as mudanças climáticas impõem a escala global e as ações são sempre em escala local, outras escalas, como a regional, precisam ser reforçadas como mediadoras de forças que serão, em maior ou menor medida, responsáveis pelas interações escalares.

Em virtude de sua densidade e importância na produção do espaço, a cidade, em suas múltiplas relações com o regional, o nacional e o intraurbano, é uma escala privilegiada de tensões onde os riscos e os perigos se manifestam de forma intensa e multidimensional, dificultando a compreensão e gestão da vulnerabilidade.

Por outro lado, não podemos ignorar que o próprio clima possui sua dinâmica de variabilidade e mudança, possuindo escalas de produção e sistemas muito claros. A escala regional é especialmente relevante quando falamos de clima e mudanças climáticas, já que a esta é reputada um papel mediador central de articulação entre as escalas superiores e inferiores, sendo a escala chave para compreensão do clima e suas escalas (MONTEIRO, 1976). Pensar as escalas da vulnerabilidade, portanto, envolve pensar essas escalas climáticas e suas interações, bem como as escalas das redes de cidades e dos ecossistemas terrestres.

O objetivo deste capítulo é problematizar estas questões a partir das escalas do ponto de vista epistemológico, procurando mostrar que a discussão sobre metodologias multi ou trans escalares tem como fundo a articulação entre os conhecimentos, haja vista que muitos corpos teórico-metodológicos e disciplinares foram compostos para atuar em uma única escala. O tema vulnerabilidade às mudanças ambientais é multidisciplinar e, portanto, multiescalar, tornando imprescindível identificar as diferentes escalas e a forma como interagem em contextos espaciais e sociais específicos, especialmente nas cidades, bem como o peso de processos de encaixe e desencaixe escalares das dinâmicas da natureza e a gestão dos perigos.

4.1 ESCALA ENQUANTO RECORTE EPISTEMOLÓGICO

A escala é uma estratégia epistemológica no sentido de construir o objeto de pesquisa, aproximando-se dos fenômenos. Para isso, precisamos nos distanciar da noção de escala cartográfica, que lida apenas com o problema da representação espacial, indo em direção ao sentido mais amplo da escala geográfica, a qual se refere aos fenômenos em si. Grataloup (1979) diferencia a escala lógica (conceitual) da escala espacial (ligada à geografia tradicional), apontando para a necessidade de desvincular-se da associação simplista com o problema da representação, incorporando a essa perspectiva à dimensão da natureza e lógica dos fenômenos.

David Harvey, em seu famoso *Explanation in Geography*, ensaio teórico-metodológico de elogio à explicação científica em Geografia, pormenoriza a problemática da escala nestes termos, classificando-a enquanto escala nominal, ordinária, gradual e multidimensional (HARVEY, 1969). Para o autor, a escala é um recurso metodológico básico da mensuração observacional e da construção de modelos classificatórios e analíticos.

A ideia de escala envolve, portanto, tanto a noção de **hierarquia** quanto de **grandeza** (dimensão). Assim, falamos ao mesmo tempo do problema da análise (hierarquizar e dimensionar são ações básicas do estudo científico) quanto da natureza da organização das coisas que, estando em ordens de grandeza distintas e em círculos de contextualização específicos, são qualitativamente diferentes.

Mas ela envolve mais. Ela engloba as noções de extensão, resolução e níveis, entre outras, que se, de um lado, ajudam a adensar os sentidos e as possibilidades analíticas, de outro, servem para a imprecisão com que as ciências sociais em geral têm utilizado a noção de escala (GIBSON; OSTROM; AHN, 2000). Todas estas ideias subjacentes à escala, no entanto, lidam com a ambivalência entre a natureza do fenômeno e a estratégia de circunscrevê-los enquanto objeto científico.

Gibson, Ostrom e Ahn (2000) apontam alguns sentidos constantes entre as várias preocupações disciplinares e noções de escala: identificação de determinados fenômenos (a visibilidade); explicação da causalidade de processos; generalização; otimização. Essas características, presentes em diferentes disciplinas, operacionalizam a definição de escalas, bem como sua aplicação em cada caso específico.

Valenzuela (2006) acrescenta à questão do tamanho e do nível dois outros aspectos importantes para o sentido de escala: **rede** e **relação**. A primeira aponta para a dissociação da escala a uma localização contínua; antes, ela se estabelece em "[...] redes de agentes que operan a distintos niveles y profundidades de influencia" (VALENZUELA, 2006, p. 124). Poderíamos pensar, nesse sentido, em escalas fora de sistemas hierárquicos lineares. Já a segunda é a mais importante, pois tomar a escala como relação implica entender que a alteração nas escalas pode não mudar os seus elementos, mas certamente mudará a relação entre eles, atribuindo importâncias e visibilidades distintas dependendo da escala.

Ajustar epistemológica e metodologicamente o olhar envolve, portanto, tornar visíveis certos fenômenos, tornando invisíveis outros (CASTRO, 1995). A escolha da escala é um ajuste necessário para que o fenômeno estudado seja apreendido dentro do seu próprio contexto, tendo em consideração sua natureza, hierarquia e grandeza (MARANDOLA JR., 2004).

Do ponto de vista epistemológico, cada episteme constitui-se em uma escala, no sentido de permitir que o fenômeno se revele de determinada maneira. O que não significa que dentro dessa escala epistemológica não existam outras, de diferentes naturezas, que permitem enfocar e analisar o objeto sobre diferentes perspectivas (coletivo e individual, espacial e temporal, macro e micro, para citar alguns). São essas diferentes escalaridades que tornam difícil acompanhar e compreender as suas possibilidades analíticas. Na prática, estamos acostumados com hierarquizações muito simples, como a da micro para a macro escala, ou vice-versa, sendo pensadas com ou sem a metáfora cartográfica[1] (Figura 4.1).

Mas essa hierarquização, muito influenciada pela representação espacial euclidiana, nos prende ao plano geométrico e à dimensão espacial bidimensional. Em geral, somos levados a esquecer da perspectiva dinâmica e multifacetada que os recortes escalares trazem. No mínimo, teríamos de imaginar os recortes escalares semelhantes aos círculos sucessivos de um cone (Figura 4.2).

---

1 Esta inverte a lógica do tamanho, tomando o termo grande escala para as representações escalares que apresentam mais detalhes (objetos em tamanho maior), em contraste com a pequena escala, que representa áreas muito maiores e, consequentemente, objetos em representações menores. Essa relação, no entanto, não é coerente quando estamos pensando escalas no sentido epistemológico: micro e macroescala têm de se referir aos recortes e aos objetivos, não à sua representação.

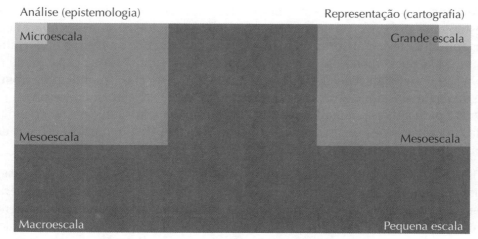

Figura 4.1 – Planos analítico e representacional das escalas espaciais.
Fonte: Desenho de E. J. M. Jr., 2011.

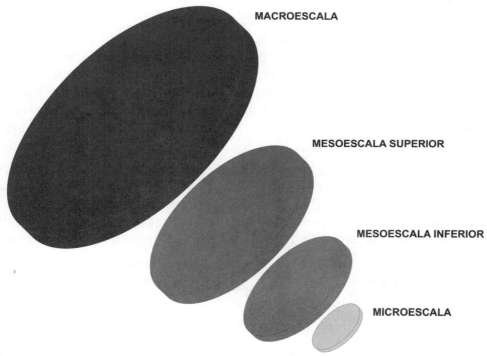

Figura 4.2 – Hierarquia de escalas em cone.
Fonte: Desenho de E. J. M. Jr., 2011.

Pensar as escalas a partir desta perspectiva nos permite considerar que há esferas que estão mais próximas da cognição, outras mais distantes. Isso não implica necessariamente dimensões maiores ou menores, tampouco, mais ou menos importantes. No entanto, espacialmente, ordens de grandeza que fogem à nossa capacidade perceptiva são potencialmente de difícil apreensão, uma vez que dependem da **abstração** e de esquemas conceituais para se sustentar. A escala global, ou mesmo o país, é abstrata para a mente humana, assim como a escala microscópica. Ambas são percebidas por abstrações ou mediações, o que introduz outra dimensão à discussão da escala: os **horizontes de alcance**.

Os horizontes de alcance são, segundo Buttimer (1980), escalas de significação, de conhecimento e de compartilhamento de visão de mundo. Nós estamos inseridos em vários desses horizontes, e é a partir deles que formulamos saberes e julgamentos. A família, o bairro, a religião e o país, entre outros, são vários dos horizontes de alcance em que estamos inseridos. Estes podem bem ser entendidos enquanto escalas, no sentido da relação, por envolverem um conjunto de elementos, lugares e saberes que compõem um mesmo nível de conexões (HOWITT, 1998). No entanto, os horizontes são diferentes das escalas justamente por, neles, poder coexistir (e colidir) várias escalas, introduzindo assim a dificuldade analítica de trabalho com as múltiplas escalas.

Segundo Castro (1995), esse esforço envolve considerar que a dimensão das coisas importa, e que a escala circunscreve um campo de referências entre o percebido e o concebido, fundamentais para a visibilidade e compreensão dos fenômenos em termos espaciais. No entanto, tal delimitação não é pura e não está livre de conflitos. A relação entre as escalas pode tanto gerar conflitos verticais (entre escalas superiores e inferiores) quanto horizontais (entre localidades, regiões ou pessoas na mesma escala) (VALENZUELA, 2006).

Não podemos tomar o local, regional ou global como escalas, *a priori*. Elas podem o ser, dependendo da forma como construímos a problemática. Para ser escala, e não nível ou recorte espacial, precisamos tomá-los em suas características hierárquicas e relacionais, no sentido substantivo de sua espacialidade e temporalidade enquanto reveladora de determinada face de certos fenômenos em seus contextos.

Isso fica explícito ao tomarmos as escalas do clima e como os sistemas climáticos são definidos a partir de escalas específicas, e a forma como se relacionam entre si e com os processos de mudança ambiental.

4.2 O CLIMA E SUAS ESCALAS

Mudanças ambientais são, do ponto de vista dos sistemas físicos, trocas de energia e matéria entre os componentes desses sistemas (atmosfera, biosfera, hidrosfera). Segundo Christofoletti (1995), embora haja mudanças setoriais nos elementos (ar, água, terra, seres vivos), investigados por ciências específicas, há necessidade de delimitação das escalas espaciais e temporais para definir os parâmetros da expressividade em termos de área e a noção da dinâmica e evolução.

O autor destaca a importância de a perspectiva escalar quando se trata de geossistemas, pois é difícil reunir o conjunto de informações suficientes para compreender as relações de trocas e integração em certas escalas. Ele afirma, por exemplo, que "não há organização para concatenar uma abordagem holística a respeito dos geossistemas brasileiros" (CHRISTOFOLETTI, 1995, p. 339), em virtude da dimensão e do conjunto de sistemas, os quais envolvem vegetação, hidrografia, clima (e suas escalas), formação geológica e geomorfológica, rede de drenagem etc., tornando a análise regional necessária para compreensão das interações ambientais no Brasil.

As palavras-chave são ordem, equilíbrio e organização, as quais também se aplicam na análise do clima. Por outro lado, o clima já possui suas escalas ligadas a espaços climáticos específicos. Estes envolvem unidades de superfície específicas, correspondendo a estratégias de abordagem diferenciadas. Destas, sete categorias taxonômicas da organização geográfica do clima, segundo Monteiro (1976; 2003), pelo menos cinco delas possuem escalas urbanas correspondentes. Podemos incluir na taxonomia proposta os espaços naturais, unidades biogeográficas, aos espaços climáticos (que são verdadeiras escalas de produção climática), permitindo vislumbrar uma associação hierárquica de escalas espaciais, tais como expressas nas Figuras 4.1 e 4.2 (Tabela 4.1).

Entender esses espaços (climático, urbano e natural) como escalas nos permite compreender suas interações em termos relativos e articulados, integrando dinâmicas sociais e ambientais nos diferentes níveis. Para além de espaços, temos de torná-los recortes epistemológicos que revelam determinados fenômenos e dinâmicas, às vezes de naturezas diferentes.

Isso é tanto mais fundamental ao pensarmos as mudanças ambientais, ou seja, essas interações ao longo do tempo. Se a influência da ação humana nas mudanças climáticas globais já possui um grau de certeza superior a 90%, o mesmo não pode ser dito das mudanças no clima regional (IPCC, 2007). Bessat (2003) lembra que essa incerteza persistirá ainda por um tempo, à medida que estudos localizados de conhecimento da dinâmica climática e das demais interações em cada parte do globo sejam avaliados em escalas adequadas. Além disso, a defasagem entre o conhecimento dos processos químicos, mecânicos, biológicos e interativos dos fatores que influenciam o clima e a capacidade de incluí-los em resoluções de precisão satisfatória ainda é um dos aspectos mais importantes na futura evolução dos cenários multiescalares (BESSAT, 2003).

A escala temporal é fundamental, pois relativiza a própria noção de mudança (entendida como alteração) e variabilidade (uma mudança na escala longa), além das flutuações e oscilações. Variabilidade *versus* mudança climática é o pivô de uma das disputas por compreensão do significado do aquecimento registrado nos últimos 200 anos (com aceleração nos últimos 40 anos): mudança ou variabilidade?

Tabela 4.1 – Categorias taxonômicas da organização geográfica do clima e suas articulações com o clima urbano e os espaços naturais por escalas espaciais

Unidades de superfície	Espaços climáticos	Espaços urbanos	Espaços naturais	Escala espacial
Milhões de km	Zonal	-	Continentes Geossistemas	Macro
Milhões de km	Regional	-	Biomas	
Centenas de km	Sub-regional (fácies)	Megalópole Grande área metropolitana	Grandes bacias hidrográficas Ecossistemas	Meso
Dezenas de km	Local	Área metropolitana Metrópole	Bacias hidrográficas	
Centenas de km	Mesoclima	Cidade grande Bairro Subúrbio de metrópole	Pequenos ecossistemas Depressões e outras feições geomorfológicas	Micro
Dezenas de metros	Topoclima	Pequena cidade Fácies de bairro Subúrbio de cidade	Microbacias hidrográficas	
Metros	Microclima	Grande edificação Habitação Setor de habitação	Vertentes Fundo de vale	

Fonte: Adaptado de Monteiro, 2003, p. 29.

É evidente que uma não elimina necessariamente a outra, nem isso significa que os indícios que encontramos sejam sempre indicativos da mudança, mesmo que ela esteja em curso. A variabilidade, enquanto componente da dinâmica climática, está presente, sobretudo, na escala regional, em que os aspectos geográficos são mais relevantes na delimitação do clima na escala espacial. Tanto o regional quanto o local são extremamente sensíveis a particularidades do sítio, podendo alterar significativamente o clima zonal, delimitado pela latitude. Os eventos extremos, por exemplo, sempre apontados pela mídia como demonstrações dos efeitos das mudanças climáticas, fazem parte da variabilidade climática, e por isso é necessário maior conhecimento dos sistemas locais e regionais para estabelecer certas relações causais.

Em vista disso, não podemos perder de vista que um processo global como a da mudança climática, portanto, não se dá homogeneamente, mas os diferentes sistemas climáticos terão sua própria variabilidade interna e mudanças em ritmos diferenciados. Por outro lado, as consequências também serão específicas, e por isso o cruzamento e compreensão das interações entre as escalas são fundamentais para ultrapassarmos o discurso generalista da mudança baseada em médias, em direção a estudos com escalas mais encaixadas e articuladas entre sistemas climáticos e dinâmicas sociais e políticas.

Na escala regional, o ecossistema é o nível privilegiado para se pensar essas interações, enquanto em um âmbito mais local, as cidades apresentam um ambiente particular e uma escala climática que tem apresentado variabilidades abruptas e um ritmo de mudança diferente das outras escalas.

O clima é extremamente dinâmico e é produzido por condições "complexas e muito sensíveis a qualquer alteração imposta, influenciando cada parte do planeta, em função da interação entre as diferentes esferas do globo e da ação dos agentes sociais" (SANT'ANNA NETO, 2003, p. 58). A variabilidade se apresenta em todas as escalas, e mudanças com participação da ação humana têm sido confirmadas, especialmente nas escalas regional e local (NUNES, 2003).

Estudos de clima urbano são imprescindíveis, para permitir compreender, na escala urbana, as interações cidade-clima e as repercussões das mudanças regionais e globais na esfera do cotidiano e da gestão dos perigos urbanos.

É a partir desses estudos de base, na maioria ainda não realizada nem com amplas séries temporais de dados, que o dimensionamento da vulnerabilidade poderá ser esboçado. Até o momento, falar de vulnerabilidade a mudança climática continua em um campo um tanto especulativo, justamente porque nos falta à adequação escalar dos tipos de conhecimento. Embora haja perigos sendo produzidos e distribuídos globalmente (BECK, 1992), em termos climáticos o aquecimento registrado na média geral da série histórica do planeta não produz efeitos lineares em todas as regiões. Por outro lado, a vulnerabilidade se refere à capacidade de resposta, que inclui a resiliência e as capacidades adaptativas da sociedade e dos ecossistemas, o que significa dizer que cada alteração no geossistema não produzirá linearmente os mesmos efeitos em todas as cidades, regiões, ou para todas as pessoas do mesmo modo.

4.2.1 Como articular tais escalas?

A climatologia brasileira tem trabalhado com o paradigma do ritmo climático, base de uma perspectiva dinâmica inspirada nas considerações de Max Sorre sobre o habitual (MONTEIRO, 1976; 2001; ZAVATTINI, 2002). Ela procura compreender as manifestações interativas dos elementos do clima e sua manifestação habitual, ou seja, seu ritmo ao longo do tempo. Incorpora a ideia de que há ciclos anuais que se repetem dentro de outros ciclos que envolvem conjuntos de anos: em vez de interpretar médias, que ocultam a dinâmica pulsante dos fenômenos do clima, busca compreender seu dinamismo a partir de seu ritmo.

O ritmo apresenta uma alternativa à compreensão corrente baseada em médias, mas não responde sozinho como articular as escalas. Na verdade, ele apresenta mais problemas, se considerarmos que a dinâmica social, tanto quanto sua escala de produção e consumo, é diferente do das mudanças ambientais, especialmente quando consideramos sua capacidade adaptativa e resiliência. A principal resposta continua sendo, conseguir articular as escalas e compreender, ou seja, entender como fenômenos de ordens diferentes, com relações hierárquicas não lineares e processos de produção, formação e distribuição distintos interagem de maneiras múltiplas: chocando-se, complementando-se, potencializando-se, anulando-se, multiplicando-se.

4.2.2 Escalas de produção e gestão de riscos

A partir dos anos 1980, com maior destaque após 1990, a globalização deu à discussão da escala uma nova roupagem, semelhante à que o discurso ambientalista já havia assumido. Não se tratou apenas de assumir uma nova escala na qual mudanças sociais e ambientais estavam sendo processadas, mas tornou-se também necessário pensar em termos regionais e locais de forma articulada com a escala global. Mais do que isso, foi necessário deslocar a visão das hierarquias fixas em direção à dinâmica de produção de hierarquias e de relações escalares (PAASI, 2004).

A teoria da escala geográfica passou a discutir a produção de escalas políticas, no sentido de arenas e esferas de debate e disputa. Grupos sem voz tinham, antes de se fazer ouvir, de criar escalas nas quais fosse possível intervir politicamente, e por isso a ideia de produção da escala se aproximou da noção de gestão e de intervenção (SMITH, 1992; 2000; COX, 1998). Mais do que isso, a escala de ação política (SILVEIRA, 2004).

Neste sentido, pode-se dizer que uma nova escala de discussão política e gestão foi criada a partir dos processos de mudanças ambientais globais: as entidades multilaterais, as cúpulas e os acordos e protocolos propostos, assinados e discutidos nos últimos 30 anos.

Os movimentos sociais urbanos também estiveram à frente dessa discussão, criando fóruns, comissões e palcos de exercício da política. Na prática, cada escala analítica, para se tornar uma escala de gestão, passa pelo processo da sua produção, como ocorreram com as bacias hidrográficas e a criação dos comitês gestores e as regiões metropolitanas e os parlamentos ou as agências de planejamento. Mas estamos longe de ter uma simetria entre pesquisa, demanda social e esferas de ação política. Há momentos em que a escala é criada antes do fenômeno, como estratégia de imposição de agenda; em outras ocasiões, a escala de ação não é criada, ou é atrasada, para que não haja embates para efetivação de certos interesses. Ela é utilizada, em muitos casos, para ocultar desigualdades e mudar o enfoque da problemática social (CUTTER; HOLM; CLARK, 1996).

Na verdade, a ausência de escalas de ação, no âmbito da gestão, é responsável pela dificuldade em lidar com problemas que extrapolam o alcance das escalas existentes. As mudanças ambientais globais são, evidentemente, o caso mais preocupante do momento.

Se acompanharmos o esforço recente de construção dessa problemática, observaremos governos e instituições de toda sorte criando a escala em que este tema pode ser investigado, debatido, gerido e enfrentado. Giddens (2010) é eloquente ao apontar o papel central do Estado em produzir políticas efetivas frente aos desafios colocados por esse cenário. Este envolve a produção de escalas de ação nos estados nacionais, nas regiões e especialmente nas cidades.

Muitas cidades estão entendendo o recado, e por isso criaram seus planos de avaliação e adaptação às mudanças climáticas, mas é evidente que uma escala de ação política vai muito além do que planos pré-copiados de modelos estrangeiros. E como são muitos os atores, com interesses os mais diversos que têm comparecido aos fóruns, aos painéis de especialistas, às convenções e aos editais de financiamento, o desenho político dessa escala, no Brasil, ainda é bem incerto e nebuloso.

Em termos práticos, a maioria das cidades brasileiras ainda não possui sistemas eficientes de avaliação de riscos. Na maioria das médias e grandes cidades, conhecemos, de forma limitada, os perigos e a própria dinâmica climática das cidades. Isso nos coloca em situação muito precária para discutir e, sobretudo, dar respostas em fóruns que querem saber qual é a vulnerabilidade da população, ou das cidades, e quais as medidas de adaptação e mitigação que devem ser tomadas.

Devemos enfrentar tais demandas com cuidado. O momento, sem dúvida, é o de contribuir para a produção dessa escala de ação política e gestão urbana, mas isso deve ser feito a partir do aprofundamento do conhecimento sobre as escalas envolvidas na produção dos riscos e no enfrentamento e resposta a eles.

Uma das dificuldades atuais de enfrentamento é mais do que a incerteza acerca das mudanças globais, mas, sobretudo, o desconhecimento que temos da vulnerabilidade das populações e lugares de nossas cidades. E esse desconhecimento não está ligado à falta de recursos, ou estudos, ou interesse: se dá por um desencaixe escalar que não nos permite ver as interações e mudanças em ritmos diferentes da dinâmica social e da mudança ambiental.

E não me refiro à já amplamente discutida relação com os riscos produzidos e distribuídos à escala global, tal como as análises de Beck (1992; 1999), Giddens (1991; 2010) e Bauman (1998; 2007) nos conduzem. Refiro-me, sobretudo, à nossa capacidade de pensar o intraurbano articulado com a dimensão política da cidade (enquanto escala) e sua inserção na região. Esta saiu de foco das análises no contexto das análises sobre globalização e até mesmo nas discussões sobre mudanças ambientais globais, estabelecendo-se uma conexão direta entre a escala global e a escala local (GALLOPÍN, 1991). No entanto, esse salto escalar produz repercussões diretas para a discussão urbana, especialmente em termos de integração com as dinâmicas ambientais e sociais.

Kasperson, Kasperson e Turner II (1995) e Hewiit (1997), entre outros, defendem a escala regional como fundamental para os estudos de mudança ambiental e riscos. O problema, em geral, é que a região não existe na escala de ação política, nem na escala de gestão (com raras exceções), embora tenha papel central nas dinâmicas urbanas e ambientais.

4.3 INTERAÇÕES TRANS E MULTIESCALARES NA MUDANÇA AMBIENTAL: CIDADES, REGIÕES E VULNERABILIDADE

O problema, no fundo, é que nossos esquemas analíticos que tentam incorporar a dimensão da escala partem de uma pseudo-homogeneidade. Os dois esquemas mostrados nas Figuras 4.1 e 4.2 são conservadores e não permitem que enfrentemos de frente o problema da trans e multiescalaridade.

O maior desafio seria deixar de olhar aquele cone de escalas em perspectiva, e ver por meio dele, utilizando as escalas como lente, não como recortes. Assim, poderíamos partir de uma escala em direção a outra, seja no crescente ou no decrescente, acompanhando a dinâmica processual e as transformações qualitativas que o fenômeno sofre à medida que o observamos nas sucessivas escalas (Figura 4.3).

Gibson, Ostrom e Ahn (2000), a partir de uma visão geral e interdisciplinar da escala, colocam algumas das preocupações constantes que nos ajudam a pensar o sentido de escala no contexto das mudanças ambientais globais: como identificar padrões (ligados à extensão); como as escalas afetam a dinâmica social; como entendimentos oriundos de certas escalas espaciais e temporais podem ser generalizados para outros níveis hierárquicos (superiores ou inferiores); e como processos podem ser otimizados em pontos específicos ou regiões a partir da escala.

O grande desafio neste caminho é pensar a escala urbana da cidade enquanto específica (HALLEGATTE; CORFEE-MORLOT, 2011), não apenas por seu aparato de gestão e capacidade de produzir alterações climáticas locais que afetam diretamente seus habitantes (hoje a maioria da população), mas principalmente porque está nas cidades o comando das ações que levam à degradação de regiões e ecossistemas muito distantes.

Por outro lado, nas cidades, com seus ambientes construídos e densamente ocupados, os efeitos da variabilidade climática são muito perceptíveis. Alterações no uso e na cobertura da terra, corredores viários com concentração de poluentes, zonas industriais localizadas em áreas de pouca circulação de ar, solos frágeis ou, mesmo, a densa verticalização podem aumentar em pouco tempo a concentração de chuvas,

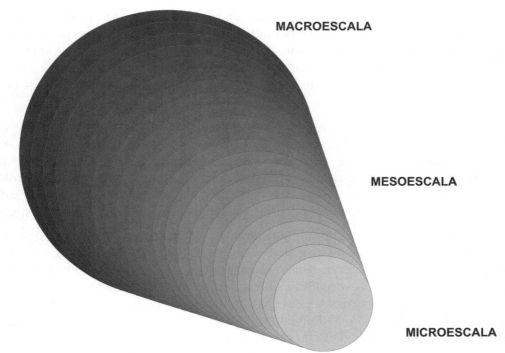

Figura 4.3 – Escalas em cone como lente.
Fonte: Desenho de E. J. M. Jr., 2011.

a velocidade e volume de enxurradas, bem como comprometer áreas de média ou alta declividade com escorregamentos de terra ou as áreas baixas com inundações (PELLING, 2003; de SHERBININ; SCHILLER; PULSIPHER, 2007; TURNER II; LAMBIN; REENBERGl, 2007). O consumo e a integração entre sistema produtivo, recursos e estilos de vida continuam na base dessa conta (EWING et al., 2008; HOGAN; OJIMA, 2008; SATTERTHWAITE, 2009).

A maior parte destes conhecidos eventos extremos, que atinge de forma intensa as médias e grandes cidades brasileiras, pode não estar relacionada diretamente à mudança climática global, já que muitos ocorrem historicamente há décadas; em alguns casos, alguns séculos. Seus processos estão ligados à dinâmica microclimática ou de clima urbano propriamente dito. Especificidades do relevo, das construções e da posição de certas áreas da cidade frente à circulação regional da atmosfera podem ser realizados de certos lugares alvo específico de chuvas. Em sua maioria, são resultado da histórica relação desconexa da produção do espaço urbano com as dinâmicas urbanas, que raramente levaram em consideração os fatores ambientais, em especial os climáticos.

Segundo Grimm et. al (2008), a ecologia das cidades é afetada pela mudança global em pelo menos cinco grandes áreas: mudanças no uso e cobertura da terra, ciclos biogeoquímicos, clima, sistemas hidrológicos e biodiversidade. As cidades seriam o microcosmo no qual os impactos das mudanças podem ser avaliados, observando-se as respostas que os sistemas socioecológicos darão às mudanças. É nas cidades, segundo os autores, que podemos compreender as relações entre as mudanças geobiofísicas e as pessoas, permitindo assim elucidar caminhos para soluções dos problemas e para gestão das cidades.

Ruth (2006) afirma que a adaptação às alterações no clima depende tanto de aprender a lidar com a variabilidade quanto com a mudança climática. Como, na maioria dos casos, levaremos um tempo para identificar mudanças, ainda mais as buscando na dinâmica climática, e não nos estados de tempo (aspectos meteorológicos), o maior desafio atual das cidades brasileiras é lidar com a maior variabilidade climática que tem resultado em concentração de pluviosidade e suas consequências.

A discussão corrente tende a considerar as cidades como a menor escala na política das mudanças ambientais globais, como o faz Grimm et al. (2008), que consideram as cidades como microcosmo nas quais podemos estudar as relações entre a pegada ecológica de nosso padrão de consumo (que é ampliado em termos de consequências para as escalas superiores) e aonde irão também se materializar as respostas às mudanças, provenientes das escalas superiores. Mas isso não resolve as inserções imediatas da cidade no sistema urbano-regional nem nos ecossistemas, nem permite que se observem suas dinâmicas internas que distribuem e produzem riscos de forma heterogênea.

Em vista disso, as cidades precisam ser incorporadas à discussão das mudanças ambientais globais como escala intermediária entre as dinâmicas ambientais **regionais**, abrangendo ecossistemas, bacias hidrográficas, mananciais de abastecimento, dinâmica regional de circulação atmosférica, latitude e longitude etc. (HOGAN, 1993; PRASKIEVICZ; CHANG, 2009; YU; WANG, 2009; LIUZZO, et al., 2010) e as locais, na escala **intraurbana** (HOGAN; MARANDOLA JR.; OJIMA, 2010; CERQUEIRA, 2011; DE PAULA; MARANDOLA JR., 2011; DE PAULA, 2011).

Eis duas escalas que têm sido pouco lembradas na discussão sobre mudanças climáticas em geral, mas que, quando pensamos na vulnerabilidade, ganham especial destaque. No entanto, se a necessidade de articulação entre as escalas no que tange à discussão sobre mudanças ambientais globais é algo dado e reforçado a todo tempo, a discussão da vulnerabilidade ocorre em outro plano (MARANDOLA JR.; HOGAN, 2009; 2011). Neste caso, a vulnerabilidade tende a ser confundida com exposição a riscos, reduzindo-se à identificação de locais atingidos por eventos circunscritos no tempo e no espaço, com raras exceções em que podemos ver articulações escalares.

O que temos, portanto, é outro desencaixe escalar que se dá no âmbito da análise: os riscos e dinâmicas são pensados em sua articulação local-global, mas na hora de tratar do enfrentamento, da vulnerabilidade, a discussão fica circunscrita a certas dimensões. Isso ocorre especialmente quando se utilizam concepções setoriais da vulnerabilidade, como a socioeconômica, demográfica, ambiental, institucional.

Esses recortes limitam as possibilidades de transgredir as escalas e, em termos de obtenção de respostas e capacidade analítica, tornam a discussão quase tautológica: pessoas e lugares são capazes de responder àquilo que se pergunta que sejam riscos.

Neste caso, precisamos pensar em escalas no plural nos respectivos níveis hierárquicos, entendendo que haverá diferentes macro, meso e microescalas, que correspondem a recortes epistemológicos específicos que são necessários para, a partir de uma perspectiva essencialmente interdisciplinar, abarcar as várias dimensões dos processos de mudança ambiental e vulnerabilidade. Além de múltiplas, elas não são geometricamente proporcionais em termos de tamanho ou amplitude. Ao contrário, são extremamente assimétricas, especialmente se pensamos em termos de amplitude, área e tempo, o que faz o cone concêntrico da Figura 4.3 também ser muito conservador para pensar as relações escalares. A Figura 4.4 simula essa perspectiva desencaixada e multiforme das escalas, ainda entendidas enquanto lente.

Estes recortes correspondem tanto à gestão política do território quanto aos processos de produção e enfrentamento dos perigos e mudança ambiental cuja gênese está em dinâmicas do processo social ou natural. Por outro lado, referem-se aos próprios recortes disciplinares, que trabalham a partir desta dicotomia social-natural e ainda não encontraram formas adequadas de tratar escalas espaço-temporais de forma completamente encaixada para além das disciplinas acadêmicas.

Identificar as diferentes escalas (de diferentes naturezas) e a forma como estas interagem em contextos espaciais e sociais específicos são fundamentais, portanto, para poder compreender como a vulnerabilidade frente às mudanças ambientais se constrói nas interinfluências dessas diferentes escalas nos espaços urbanos. Mas, para isso, é necessário adotar uma perspectiva abrangente da vulnerabilidade, enquanto ideia forte que congrega os vários processos e dimensões do enfrentamento dos riscos, indo além da ideia de exposição a riscos ou incapacidade de responder a perigos (MARANDOLA JR., 2009).

Além disso, diferentemente do aparente encaixe perfeito da Figura 4.3, as escalas naturais não se encaixam perfeitamente nas escalas sociais de produção e consumo do espaço (Figura 4.4), o que demanda esforço de identificação de formas de realizar tal adequação, no tempo e no espaço. Novamente, talvez a resposta esteja na ideia de ritmo. Como mostram García-Quijano et al. (2008), as interações escalares não são lineares e a paisagem é heterogênea, o que implica o uso das corretas escalas espaço-temporais para compreender as implicações socioecológicas das mudanças climáticas. Da mesma forma, a vulnerabilidade será muito diferenciada espacialmente. Mais do que isso, em cada escala, o peso das escalas superiores e inferiores será diferenciado, de acordo com a posição e as dimensões envolvidas. Assim, bairros e áreas das cidades poderão ter sistemas de proteção ligados às redes internacionais (sistemas de seguro), assim como ecossistemas poderão ser protegidos por Organizações não governamentais locais. Inversamente, o risco pode vir de novas tecnologias produzidas a milhares de quilômetros ou vir de uma combinação de elementos

MACROESCALAS	MESOESCALAS	MESOESCALAS	MICROESCALAS
Mudanças ambientais globais	Cidade	Região	Intraurbano
■ **Sistemas naturais**	■ **Sistemas naturais**	■ **Sistemas naturais**	■ **Sistemas naturais**
Geossistemas	Clima local	Ecossistemas/biomas	Características biofísicas
Composição e circulação global da atmosfera	Sítio urbano	Bacias hidrográficas	Microbacias
Continentes/Hemisférios	Relevo e rede de drenagem	Clima zonal e regional	Microclima
● **Sistemas sociais**	● **Sistemas sociais**	● **Sistemas sociais**	● **Sistemas sociais**
Política climática	Planejamento urbano	Regiões metropolitanas	Comunidades
Órgãos multilaterais	Expansão e forma urbana	Comitês gestores	Bairros
Comércio global	Instituições		Uso e cobertura de terra
Aquecimento global	Governo urbano		

Figura 4.4 – Hierarquia de escalas espaciais assimétricas como lente e suas múltiplas dimensões (sistemas sociais e naturais).
Fonte: Desenho de E. J. M. Jr., 2011.

locais que configuram certa região da cidade como mais chuvosa que outra (uma elevação que provoca chuva orográfica, um vale muito encaixado impermeabilizado, um corte no terreno que altera a drenagem...).

Precisamos de capacidade para compreender e identificar as diferentes vulnerabilidades a partir da heterogeneidade espacial e demográfica da população, indo além da exposição a riscos e do viés econômico (OJIMA; MARANDOLA JR., 2010). Os riscos e os sistemas de proteção não possuem linearidade nem uma ordem hierárquica rígida. Na verdade, a presença simultânea de elementos de várias escalas é a constante, e por isso se torna tão complexo compreender as diferentes vulnerabilidades nas cidades. Torna-se, assim, urgente uma visão integradora quando se trata de compreender mudanças locais, regionais ou globais no amplo espectro, e suas repercussões para a vulnerabilidade. A cidade é lócus de enfrentamento privilegiado: dificuldades, tendências e coexistências a tornam uma escala imprescindível para se pensar e, sobretudo, agir em prol da sustentabilidade e da qualidade de vida das populações urbanas.

Para isso, talvez, as cidades tenham de investir mais no fortalecimento de uma escala política de ação para que a escala urbana seja mais importante no debate sobre as mudanças ambientais. Torná-la mais central poderá deslocar o debate das previsões e pacotes de adaptação para a reflexão sobre o futuro da cidade, que, na verdade, é o futuro da sociedade como um todo.

Neste caminho, ao enfrentar as vulnerabilidades diferenciadas e a impossibilidade de lidar com todos os perigos, as pessoas e as cidades poderão ter de escolher entre impedir as perdas, tolerar as perdas, expandir ou compartilhar as perdas, mudar de atividade ou mudar-se. E essas perdas não estão apenas ligadas à mudança climática, mas a um conjunto de mudanças sociais e ambientais em várias escalas.

> A mudança climática envolve um dinamismo mais complexo do que a simples elevação da média térmica, mesmo porque o clima não se define só pela temperatura. Contudo, a reação em cadeia que se estabelece a partir do aquecimento deve ser avaliada em profundidade (CONTI, 2005, p. 71).

Compreender o dinamismo do clima e as repercussões do aquecimento para a vulnerabilidade de diferentes populações ao redor do mundo continua sendo o maior desafio à nossa frente.

4.4 REFERÊNCIAS

BAUMAN, Zygmunt. *O mal-estar da pós-modernidade*. Rio de Janeiro: Jorge Zahar, 1998.

BAUMAN, Zygmunt. *Vida líquida*. Rio de Janeiro: Jorge Zahar, 2007.

BECK, U. *Risk society: towards a new modernity*. Londres: Newbury Park; Nova Deli: Sage, 1992.

BECK, U. *World risk society*. Cambridge: Polity Press, 1999.

BESSAT, F. A mudança climática entre ciência, desafios e decisões: olhar geográfico. *Terra Livre*, ano 19, v. I, n. 20, p. 11-26, 2003.

BUTTIMER, A. Home, reach, and the sense of place. In: BUTTIMER, A.; SEAMON, David (Eds.). *The human experience of space and place*. London: Croom Helm, 1980, p. 166-187.

CASTRO, I. E. O problema da escala. In: _____. et. al (Orgs.) *Geografia*: conceitos e temas. Rio de Janeiro: Bertrand Brasil, 1995, p. 117-140.

CERQUEIRA, D. C. Enfocando riscos, perigos e vulnerabilidade na pequena escala espacial. In: D'ANTONA, Alvaro O.; CARMO, R. L. (Orgs.). *Dinâmicas demográficas e ambiente*. Campinas: Nepo – Unicamp, 2011, p. 127-142.

CHRISTOFOLETTI, A. A geografia física no estudo das mudanças ambientais. In: BECKER, B. et al. (Orgs.). *Geografia e meio ambiente no Brasil*. São Paulo: Hucitec, 1995, p. 334-345.

CONTI, J. B. Considerações sobre as mudanças climáticas globais. *Revista do Departamento de Geografia*, n. 16, p. 70-75, 2005.

COX, K. Spaces of dependence, spaces of engagement and the politics of the scale, or: looking for local politics. *Political Geography*, v. 17, n. 1, p. 1-23, 1998.

CUTTER, S. L.; HOLM, 'J D.; CLARK. The role of geographic scale in monitoring environmental justice. *Risk Analysis*, v. 16, n. 4, p. 517-526, 1996.

DE PAULA, F. C. Bairro enquanto lugar dos riscos e perigos nos estudos de vulnerabilidade. In: D'ANTONA, A. O.; CARMO, R. L. (Orgs.). *Dinâmicas demográficas e ambiente*. Campinas: Nepo. Unicamp, 2011, p. 157-171.

DE PAULA, L. T.; MARANDOLA JR., E. Memória e experiência no estudo da vulnerabilidade. In: D'ANTONA, A. O.; CARMO, R. L. (Orgs.). *Dinâmicas demográficas e ambiente*. Campinas: Nepo – Unicamp, 2011, p. 143-156.

DE SHERBININ, A.; SCHILLER, A.; PULSIPHER. A. The vulnerability of global cities to climate hazards. *Environment & Urbanization*, v. 19, n. 1, p. 39-64, 2007.

EWING, R. et al. *Growing Cooler*: The evidence on urban development and climate change. Urban Land Institute, 2008.

GALLOPÍN, G. C. Human dimensions of global change: linking the global and the local processes. *International Social Science Journal*, v. 130, p. 707-718, 1991.

GARCÍA BALLESTEROS, A. La recuperación de la escala local em geografia de la población. *Investigaciones Geográficas*, n. 43, p. 76-87, 2000.

GARCÍA-QUIJANO, J. F. et al. Scaling from stand to landscape scale of climate change mitigation by afforestation and forest management: a modeling approach. *Climatic Change*, n. 86, p. 397-424, 2008.

GIBSON, C. C.; OSTROM, E.; AHN, T. K. The concept of scale and the human dimensions of global change: a survey. *Ecological economics*, v. 32, p. 217-239, 2000.

GIDDENS, A. *A política da mudança climática*. Rio de Janeiro: Zahar, 2010.

GIDDENS, A. *As Consequências da Modernidade*. São Paulo: Ed Unesp, 1991.

GRATALOUP, C. Démarches des échelles. *Espaces temps*, n. 10-11, p. 72-79, 1979.

GRIMM, N. B.; et al. Global change and the ecology of cities. *Science*, v. 319, p. 756-760, 2008.

HALLEGATTE, S.; CORFEE-MORLOT, J. Understanding climate change impacts, vulnerability and adaptation at city scale: an introduction. *Climatic Change*, n. 104, p. 1-12, 2011.

HARVEY, D. *Explanation in geography*. London: Edward Arnold, 1969.

HEWITT, K. *Regions of risk*: a geographical introduction to disasters. Harlow: Longman, 1997.

HOGAN, D. J. Crescimento populacional e desenvolvimento sustentável. *Lua Nova*, n. 31, p. 57-77, 1993.

HOGAN, D. J. População e meio ambiente: a emergência de um novo campo de estudos. In: _____. (Org.) *Dinâmica populacional e mudança ambiental*: cenários para o desenvolvimento brasileiro. Campinas: Nepo/UNFPA, 2007, p. 13-57.

HOGAN, Daniel J.; MARANDOLA JR., E.; OJIMA, R. *População e ambiente*: desafios à sustentabilidade. São Paulo: Blucher, 2010.

HOGAN, D. J.; OJIMA, R. Urban sprawl: a challenge for sustainability. In: MARTINE; G. et al. (Orgs.). *The new global frontier*: urbanization, poverty and environment in the 21st century. 1. ed. London: IIED/UNFPA and Earthscan Publications, 2008, p. 205-219.

HOWIIT, R. Scale as relation: musical metaphors of geographical scale. *Area*, v. 23, n. 1, p. 82-88, 1998.

IPCC – INTERGOVERNMENTAL PANEL ON CLIMATE CHANGE. Summary for Policymakers. In: *Climate Change 2007*: The Physical Science Basis. Contribution of

Working Group I to the Fourth Assessment Report of the IPCC, edited by Susan Solomon, et al. p. 1-18. Cambridge / New York: Cambridge University Press, 2007.

KASPERSON, J. X.; KASPERSON, R. E.; TURNER II, B. L. (Eds.) *Regions at risk*: comparisons of threatened environments. Tokyo: United Nations University, 1995.

LIUZZO, L. et al. Basin-Scale Water Resources Assessment in Oklahoma under Synthetic Climate Change Scenarios Using a Fully Distributed Hydrologic Model. *Journal of Hydrologic Engineering*, v. 15, n. 2, p. 107-122, 2010.

MARANDOLA JR., E. Uma ontologia geográfica dos riscos: duas escalas, três dimensões. *Geografia*, Rio Claro, v. 29, n. 3, p. 315-338, 2004.

MARANDOLA JR., E. Tangenciando a vulnerabilidade. In: HOGAN, D. J.; MARANDOLA JR., E. (Org.). *População e mudança climática*: dimensões humanas das mudanças ambientais globais. Campinas: Nepo/Unicamp; Brasília: UNFPA, 2009, p. 29-52.

MARANDOLA JR., E.; HOGAN, D. J. Vulnerabilidade do lugar *vs.* vulnerabilidade sociodemográfica: implicações metodológicas de uma velha questão. *Revista Brasileira de Estudos de População*, v. 26, p. 161-181, 2009.

MARANDOLA JR., E.; HOGAN, D. J. (Orgs.) Vulnerabilidade do lugar e riscos na Região Metropolitana de Campinas. *Textos Nepo*, v. 62, 2011.

MONTEIRO, C. A. F. *Teoria e clima urbano*. São Paulo: IG/USP, 1976.

MONTEIRO, C. A. F. De tempos e ritmos: entre o cronológico e o meteorológico. *Geografia*, v. 26, n. 3, p. 131-154, 2001.

MONTEIRO, C. A. F. Teoria e clima urbano. In: MENDONÇA, F.; MONTEIRO, C. A. F. (Orgs.). *Clima urbano*. São Paulo: Contexto, 2003, p. 9-67.

NUNES, L. H. Repercussões globais, regionais e locais do aquecimento global. *Terra Livre*, Ano 19, v. I, n. 20, p. 101-110, 2003.

OJIMA, R.; MARANDOLA JR., E. Indicadores e políticas públicas de adaptação às mudanças climáticas: vulnerabilidade, população e urbanização. *Revista Brasileira de Ciências Ambientais*, v. 18, p. 16-24, 2010.

PAASI, A. Place and region: looking through the prism of scale. *Progress in Human Geography*, n. 28, n. 4, p. 536-546, 2004.

PELLING, M. *The vulnerability of cities*: natural disasters and social resilience. London: Earthscan, 2003.

PRASKIEVICZ, S.; CHANG, H. A review of hydrological modelling of basin-scale climate change and urban development impacts. *Progress in Physical Geography*, v. 33, n. 5, p. 650-671, 2009.

RUTH, M. (Ed.) *Smart growth and climate change*: regional development, Infrastructure and adaptation. Northampton, MA: Edward Elgar Pub, 2006.

SANT'ANNA NETO, J. L. Da complexidade física do universo ao cotidiano da sociedade: mudança, variabilidade e ritmo climático. *Terra Livre*, ano 19, v. I, n. 20, p. 51-63, 2003.

SATTERTHWAITE, D. The implications of population growth and urbanization for climate change. *Environment and Urbanization*, v. 21, p. 545-567, 2009.

SHERBININ, A. ; SCHILLER, A.; PULSIPHER, A. *The vulnerability of global cities to climate hazards*. Environment & Urbanization, 7 International Institute for Environment and Development (IIED) SAGE: London, Vol 19(1): 39–64, 2007. Disponível em: <http://eau.sagepub.com/content/19/1/39.full.pdf>, Acessado em: out/2013.

SILVEIRA, M. L. Escala geográfica: da ação ao império? *Terra Livre*, ano 20, v. 2, n. 23, p. 87-96, 2004.

SMITH, N. Geography, difference and the politics of scale. In: DOHERTY, J.; GRAHAM, E.; MALEK, M. *Postmodernism and the social science*. London: Macmillan, 1992.

SMITH, N. Contornos de uma política espacializada: veículos dos sem-teto e produção da escala geográfica. In: ARANTES, A. *O espaço da diferença*. Campinas: Papirus, 2000.

TURNER II, B. L.; LAMBIN, E. F.; REENBERG, A. The emergence of land change science for global environmental change and sustainability. *Pnas*, v. 104, n. 52, p. 20666–20671, 2007.

VALENZUELA, C. O. Contribuciones al análisis del concepto de escala como instrumento clave en el contexto multiparadigmático de la Geografia contemporânea. *Investigaciones Geográficas*, n. 59, p. 123-144, 2006.

YU, P.-S.; WANG, Y. C. Impact of climate change on hydrological processes over a basin scale in northern Taiwan. *Hydrological Processes*, v. 23, n. 25, p. 3559-3568, 2009.

ZAVATTINI, J. A. O tempo e o espaço nos estudos do ritmo do clima no Brasil. *Geografia*, v. 27, n. 3, p. 101-131, 2002.

5
INTEGRAR ESPAÇO AOS ESTUDOS DE POPULAÇÃO: OPORTUNIDADES E DESAFIOS[1]

Sébastien Oliveau
Christophe Guilmoto

Com a chegada dos microcomputadores na década de 1980, as ciências sociais que dependem de tratamento de dados, como a demografia, por exemplo, viram sua capacidade de análise se desenvolver de maneira exponencial. Tratar as questões reagrupando dezenas de milhares de indivíduos não se faz mais um problema de limite de capacidade de cálculo. A integração de múltiplas dimensões (sociais, culturais, econômicas etc.) das biografias não é mais limitada por dados disponíveis, nem pela capacidade de tratamento desses dados. Por outro lado, os métodos de análise se diversificaram e se tornaram mais complexos, notadamente autorizando a consideração específica da dimensão temporal.

Ao mesmo tempo, o corpo teórico necessário à reflexão sobre as dimensões espaciais dos dados ganhou importância e foi popularizado para além do círculo que, em um primeiro momento, era restrito à geografia teórica e quantitativa. Mas esse tipo de dado é relevante, pois o recolhimento de uma informação corretamente geolocalizada "ex-nihilo" é inicialmente uma operação extremamente complexa. Sua construção, gestão e, enfim, sua exploração demanda instrumentos específicos (GPS, imagens de satélite, sistemas de informação geográfica) que por muito tempo tiveram preços muito elevados para os pesquisadores. No decorrer dos anos, os custos diminuíram de forma regular e os anos 1990 viram a consolidação de bases de dados espacializados e a emergência de novos instrumentos para apreensão, gestão e tratamento desses dados. Da análise exploratória de dados (EDA, da sigla em inglês) (TUKEY, 1977), chegou-se à análise exploratória de dados espaciais (ESDA, da sigla em inglês) (HAINING, 1990), a qual propõe instrumentos relativamente intuitivos para uma exploração sistemática da dimensão estatística e espacial das bases de dados. A fórmula *space matters* (o espaço importa) foi retomada pelas ciências sociais atuais as quais promovem a integração do espaço ao interior de suas análises (por exemplo, no interior das análises do Center for Spatially Integrated Social Science – CSISS, nos Estados Unidos, ou junto ao grupo de pesquisa Spatial Simulation for the Social Sciences – S4, na Europa).

---

[1] Tradução do original francês por Fernanda Cristina de Paula.

Tornou-se difícil, atualmente, ignorar a dimensão espacial dos fenômenos estudados. Na verdade, os dados necessários, agora, estão cada vez mais disponíveis de vários modos e de forma gratuita; e os instrumentos e métodos para tratá-los têm se tornado de fácil acesso. O conjunto do espaço terrestre está virtualmente ao alcance de alguns cliques dos nossos mouses. Os internautas amadores produzem e colocam à disposição, cotidianamente, informações espacializadas. No entanto, essas informações não resolvem as questões que são colocadas aos pesquisadores. A dimensão espacial parece, com efeito, colocada junto a questões das quais ela não possui respostas e se apresenta, muitas vezes, tanto como um viés de análise quanto como uma nova fonte de explicação... Os progressos mais recentes na análise de dados têm, no entanto, aberto novas perspectivas e o desenvolvimento da simulação (particularmente da simulação multiagentes) anuncia novas perspectivas referentes à compreensão de fenômenos socioespaciais.

5.1 A EXPLOSÃO GEOGRÁFICA

A informação geográfica, muito dependente da comunicação cartográfica, tem sido, por longo tempo, refreada por questões técnicas. A cartografia manual, sua atualização e sua distribuição eram custosas, tanto no que diz respeito ao tempo quanto ao dinheiro. Levantar a informação, fazer os mapas, reproduzi-los, transmiti-los, constituía tantos obstáculos que, por muito tempo, acabaram por limitar a difusão de saberes sobre os territórios e a consideração do espaço dentro das ciências. O surgimento da impressão mudou pouco esse cenário, foi preciso esperar o início do século XX e os progressos da impressão para que essa situação evoluísse.

No entanto, é a entrada da era numérica que vai mudar mais radicalmente a produção de mapas, quantitativa e qualitativamente. A criação de mapas em microcomputadores vai descortinar o objeto. A primeira experiência cartográfica realizada por meio de um computador data de 1965 (CHRISMAN, 2005) e, nos anos que se seguiram, apareceram os primeiros softwares de tratamento de informação geográfica. No entanto, o verdadeiro início do uso desses programas cartográficos data da década de 1970, notadamente graças aos investimentos públicos e privados norte-americanos. Os anos 1980 viram a difusão desses softwares de cartografia se desenvolver na Europa, na Austrália e no Japão. Ao fim dessa década, os diversos desenvolvimentos da Geografia, da Cartografia e da Informática desembocaram no conceito de geomática, que se apoiam sobre uma nova ferramenta, os Sistemas de Informação Geográfica ou SIG (BURROUGH; Mc DONNELL, 1998).

A diferença entre um sistema de informação (resumindo, uma base de dados e seu software de tratamento) e um SIG reside na capacidade do último em gerar os atributos espaciais de objetos da base de dados, ou seja, de posicioná-los no espaço. Essa localização no espaço se faz graças a dois atributos suplementares: a forma e a posição do objeto na superfície terrestre. Em termos de análise, os SIGs são capazes de cartografar esses objetos (o que os softwares de cartografia vêm fazendo), mas também de incluir e de criar novas informações, como a posição relativa dos objetos (vizinhança, sobreposição etc.). Eles permitem a reconstituição da topologia em duas ou três dimensões, que caracterizam a dispersão dos objetos no espaço e uma modelização espacial formal, que vai render possíveis explorações em termos de análise espacial.

Os softwares, até o início da década de 1990, eram um luxo restrito aos grandes laboratórios, pois suas necessidades em termos de capacidade de estocagem e de tratamento eram mais importantes para um investidor individual. Realmente, além da questão estatística, era necessário também incluir a dimensão gráfica dos objetos e a dimensão geográfica das operações e isso aumentava as necessidades de pesquisas. Mas os SIGs seguiram a evolução geral dos equipamentos de informática, se tornando progressivamente mais capazes e acessíveis, promovendo um número crescente de SIGs com acesso livre. O conflito entre os formatos dos dados que muitas vezes podiam ser incompatíveis com um ou outro software é igualmente uma questão a se revolver, notadamente por meio da generalização de uso do formato dos shapes desenvolvidos pelo Environmental Systems Research Institute (ESRI).

Por muito tempo, os produtos cartográficos eram reservados a publicações custosas (como os atlas), mas a generalização do uso de programas de representação gráfica (como PowerPoint), durante a década de 1990, ofereceu um novo suporte para mapas coloridos. Simultaneamente, o desenvolvimento da Internet transformou a relação com a informação geográfica, aumentando intensamente a difusão de trabalhos geográficos. Assim, a edição on-line, a qual compreende a científica também[2], gerou um grande freio à disseminação tradicional de trabalhos geográficos e cartográficos. Observar pela tela do computador permitiu representar documentos enriquecidas por cartografias complexas e coloridas, trazendo, igualmente, novas possibilidades de visualização em três dimensões.

Após essa revolução na distribuição dos produtos geográficos, seguiu-se rapidamente a revolução na interatividade. Os mapas se tornaram animados, depois os atlas on-line se fizeram interativos. Da simples transposição de trabalhos para a internet, que poderiam ser tradicionalmente impressos, passamos aos links com hipertextos que permitem navegar por meio de mapas e comentários, abri-los a partir de outras fontes. Desenvolvida a interatividade, os mapas animados se mostraram capazes, notadamente, de representar melhor as mudanças no tempo. Os mapas interativos "por demanda" oferecem ao utilizador, entre outras coisas, a possibilidade de transformá-los livremente, mudando o conteúdo, a escala, o formato e os modos de representação para adaptá-los a suas necessidades específicas. Essas técnicas estão, agora, à disposição de todos, via ferramentas como o Geoclip.

---

2 Deve-se notar, desse ponto de vista, o trabalho precursor da revista europeia de geografia Cybergeo, a qual, desde 1996, aposta em uma edição científica gratuita exclusivamente on-line. Disponível em: <http://cybergeo.eu>. Acesso em: 30.04.2011.

A última etapa era a democratização das imagens de satélites. A Nasa, com seu software World Wind, iniciou essa democratização a partir de 2004, mas foi realmente a empresa Google que popularizou os globos virtuais com o lançamento do Google Earth em 2005. A exploração do planeta por meio de imagens de satélite se tornou possível para todos. Atualmente, existem diversos globos virtuais, mas suas funcionalidades são muito parecidas e, excetuada a possibilidade de "ver" o planeta, eles oferecem poucas funcionalidades suplementares em termos de conjuntos de imagens. Entretanto, uma ferramenta em particular merece ser mencionada, se trata do software TerraViva![3]. Orientado para os acadêmicos, esse software oferece possibilidades bem mais importantes do que as dos globos virtuais clássicos, principalmente a funcionalidade do tipo SIG e coberturas mais variadas em termos de fontes e cartografia.

Essas novas ferramentas são, agora, sustentadas por tecnologias da web 2.0 fundamentadas sobre interatividade e plataformas colaborativas. Os globos virtuais têm avatares cartográficos (Google Maps para o Google Earth, por exemplo) e os usuários são convidados a integrar dados dentro dessas interfaces e a incorporar os mapas obtidos dentro de suas próprias produções on-line. Falamos agora de "geografia 2.0", na verdade de "neogeografia", mesmo que esses termos sejam impróprios. Com efeito, não é questão de geografia aqui, nem mesmo de cartografia, mas, muitas vezes, simplesmente, de localização[4].

Em todo caso, a informação geográfica – seja sua qualidade e seus usos possíveis para a pesquisa – está, agora, largamente disponível. É difícil, então, ignorá-la, e os pesquisadores de ciências sociais devem se apropriar dela, pois se não o fizerem, outros o farão, certamente com menos parcimônia.

5.2 ESPAÇO E DADOS

Os dados utilizados nas ciências sociais podem ser facilmente cartografados, como é possível verificar nos atlas e mapas que ilustram mais e mais todas as publicações, sejam quais forem as disciplinas. Além da cartografia, que não faz mais do que descrever as repartições espaciais, somos tentados a desejar levar melhor em conta o espaço ator da sociedade. Com efeito, além de ser suporte da ação humana, o espaço, pelas restrições que impõe, se constitui como um ator completo do jogo social. Essas restrições, como aquela da "tirania da distância" da qual fala Bairoch (1988), trazem as diferenciações e as semelhanças. Tobler diz o mesmo quando evoca isso que se tornará a primeira lei da geografia: "everything is related to everything else, but near things are more related than distant things" (TOBLER, 1970)[5].

---

[3] Agradecemos Alexandre de Sherbinin por nos revelar e rapidamente nos iniciar nas possibilidades dessa ferramenta formidável.

[4] Ver sobre isso: Goodchild, 2009.

[5] Ver também: Miller (2004) para contextualizar; e Grasland (2009) para um aprofundamento das relações entre o social e o espacial.

5.3 EM DIREÇÃO ÀS PESQUISAS ESPACIALIZADAS

Um primeiro fator a se levar em conta sobre o espaço e seu papel estruturante pode ser colocado pelos levantamentos por meio de questionários. Como os mapas mostram, os fenômenos sociais não são repartidos aleatoriamente e convém levar isso em conta dentro do plano do levantamento, pois isso constituirá, provavelmente, um viés. Podem-se considerar diferentes métodos para levar em conta o espaço dentro de um plano de sondagem.

O primeiro consiste em recortar de modo regular (com uma trama quadriculada, por exemplo) a fim de cobrir todo o espaço de forma homogênea. Esse método é sempre muito frustrante, pois não leva em conta a heterogeneidade dos espaços cobertos. Dizendo de outra forma, se ele integra o espaço, exclui o social, o que não faz senão mudar o ângulo do problema da representatividade dos dados obtidos.

Outro método consiste em integrar a diversidade geográfica e social presente na amostragem a partir de restrições de densidades de população e de homogeneidade social[6]. Isso que propõe Kumar et al. (2011) no seu artigo. Nós experimentamos em Dakar (Senegal) em 2008 para uma pesquisa sobre os recursos assistenciais (OLIVEU et al. 2009). Desejamos obter resultados na escala da cidade, que considerassem as populações a partir de sua diversidade social e espacial.

Para tanto, usamos um sistema de amostragem a partir de três restrições. Apoiando-nos em uma cartografia detalhada do recenseamento senegalês, nós, primeiro, sintetizamos a diversidade socioeconômica da população com uma análise fatorial (abordagem clássica de investigação), que nos permitiu controlar a diversidade socioeconômica. Para isso, nos apoiamos nos distritos de recenseamento senegalês onde a população, em média, era de 1.000 habitantes. Isso permite colar as diferenças de densidade, pois cada malha territorial tem quase a mesma população. Depois, reduzimos a amostragem para situar os lugares dentro de cada uma das 42 comunas. Enfim, observamos que os lugares de verificação, estabelecidos junto aos níveis dos distritos de recenseamento, estavam situados nos mesmos bairros. Isso mostra a eficiência das amostragens espaciais agora acessíveis, as quais deverão ser utilizadas mais largamente.

Esperando que as pesquisas baseadas em amostragens espacializadas se difundam, podemos continuar a trabalhar a partir de dados espaciais existentes. É, por exemplo, o caso dos dados dos domicílios nos levantamentos demográficos e de saúde conduzidos pelo mundo, mesmo se a geolocalização apresentar problemas de anonimato dos dados. Os dados censitários fornecidos pelos institutos estatísticos tendem a ser mais e mais vezes geolocalizados e é notadamente o caso dos dados do

---

6   Além disso, devemos considerar outras restrições ligadas a questionamentos específicos de pesquisas. Por exemplo, pode-se recortar o espaço não mais em malhas administrativas, mas em função de zonas de riscos. Pode-se, dessa forma, considerar as regiões em função de suas características climáticas e não mais políticas.

último recenseamento brasileiro de 2012, conduzido com a ajuda de Personal Digital Assistant, munido de GPS, para uma digitalização espacial dos dados censitários. Os dados do setor privado, principalmente das operadoras de telefonia móvel, se tornaram, atualmente, mais facilmente acessíveis por razões comerciais, mas no futuro contribuíram, sem dúvida, para a exploração de bases de dados espaciais.

5.4 SOBRE MODELOS EXPLICITAMENTE ESPACIAIS

Ao mesmo tempo, uma pesquisa importante se desenvolve pela introdução do espaço dentro de modelos existentes. Da geoestatística global desenvolvida pelos geólogos nos anos 1960 (MATHERON, 1965) chegamos à econometria espacial dos anos 1990 (ANSELIN, 1988). Os esforços foram contínuos dentro desse período para melhor considerar o impacto do espaço na análise de dados[7].

A utilização da geoestatística local nos estudos de população se desenvolveu muito há menos de dez anos. Esses métodos permitem, de fato, revisitar um grande número de fenômenos já conhecidos e clarifica-los mais uma vez. Se a cartografia permitiu mostras as repartições espaciais, a geoestatística local permite colocar em evidência, bem como mensurar, estruturas espaciais (OLIVEAU; GUILMOTO, 2005).

A ideia subjacente a essa abordagem é que os valores trazidos pelas variáveis em uma localidade (cidade, domicílio etc.) são função do valor dado pelas localidades vizinhas, determinando, assim, o grau de variável de dependência espacial ou, ainda, de autocorrelação espacial[8]. Constatamos, por exemplo, que as taxas de fecundidade observadas em uma zona são geralmente próximas daquelas observadas na zona vizinha, e diferentes daquelas das zonas mais distantes[9]. Entretanto, essa dependência espacial se observa praticamente para todos os indicadores demográficos, como, por exemplo, as densidades de povoamento, a origem e o destino de migrantes, as doenças e a mortalidade, a repartição étnica etc. As razões podem ser produtos de uma evolução histórica antiga que determinou o povoamento e suas características socioculturais e econômicas, mas podem também ser explicadas por fenômenos estritamente geográficos, como a difusão ou a segregação.

As mensurações de dependência espacial têm sido, então, integradas às análises estatísticas e econométricas. A econometria espacial, por exemplo, visa notadamente avaliar se os resíduos não explicados dos modelos estatísticos são autocorrelacionados ou não. Diferentes modelos que incluem a dimensão espacial de resíduos de equações econométricas de duas maneiras: ora como o efeito de variáveis dentro

---

7 Sem citar todos os autores, os trabalhos de Andrew Cliff, Keith Ord e Arthur Getis têm, do nosso ponto de vista, uma posição especial (CLIFF; ORD, 1970; 1981 ; GETIS, 1991).

8 A correlação de uma variável com ela mesma é chamada autocorrelação. Quando ela é atribuível à organização geográfica de dados, passa a ser nomeada como autocorrelação espacial.

9 Para o Brasil, ver, por exemplo, Schmertmann et al., 2008.

de localidades vizinhas (efeito de contiguidade), ora como o efeito de uma variável não observada que é espacialmente correlacionada. Outros métodos (geographically-weighted regression) visam igualmente ponderar a regressão pela distribuição espacial de observações. Os métodos mais estatísticos visam integrar simultaneamente as variáveis espaciais e temporais a fim de descrever as evoluções históricas e seus contextos específicos[10].

Esses métodos conduziram a um desenvolvimento muito recente da modelização espacial em demografia (VOSS et al., 2006; CHI; ZHU 2008). Uma ilustração dessa abordagem é fornecida por Guilmoto (2008) que, apoiando-se sobre uma modelização explicitamente espacial[11] de dados censitários, reconsiderou a geografia de diferenciais da razão de sexo na Índia ligada a uma discriminação pré-natal. Pode-se, assim, mostrar o papel específico de três fatores: "a estrutura antropológica da população e a distribuição histórica de grupos de tradição patriarcal, a prosperidade nova das classes médias rurais e urbanas e a difusão espacial de normas discriminatórias, e os novos comportamentos". Como podemos ver, o primeiro fator é antropológico. A distribuição de um primeiro fator (população) levou à cartografia do segundo (*sex-ratio*). Nesse quadro, a geografia mostra aquilo que a antropologia descreve, mas o aporte científico é frágil. Podemos, no máximo, notar a correlação desses dois fenômenos no espaço. A segunda dimensão é econômica e globalmente a-espacial, salvo a opor as regiões desenvolvidas às regiões atrasadas. O terceiro fator é mais interessante. Mesmo se as mudanças de comportamento (o reforço das discriminações) reveladoras da sócio-antropologia, sua dinâmica se inscreve claramente dentro de uma perspectiva geográfica, que somos capazes de revelar. A proximidade espacial parece ter um papel comparável ao da proximidade social na difusão de modos de pensar e fazer.

5.5 SIMULAR O PAPEL DO ESPAÇO

É difícil, no entanto, demonstrar o papel específico da proximidade espacial na difusão. Com efeito, os modelos apresentados insistem sobre as correlações observadas, mas não permitem colocar em evidência as causalidades ou as dinâmicas das ações. Só a simulação poderia reconstituir os eventos. Mas, contrariamente aos matemáticos ou a física, não é possível conduzir as experiências das sociedades humanas. Tanto pelas questões éticas quanto por razões práticas: o sujeito é transformado pela experiência. Ou, cada sujeito é único, a experiência não pode então ser reproduzida. Ela não adquire, assim, nenhum valor de demonstração.

Por causa da experiência, a simulação de comportamento não pode ser considerada. A simulação reconstitui um ambiente e as interações que o constituem. Esse

---
10 Ainda sobre o Brasil, ver a análise da taxa de fecundidade de Potter et al. (2010).
11 Os modelos explicitamente espaciais (GOODCHILD; JANELLE, 2004) introduzem o espaço como uma variável integral no modelo, o que permite isolar e medir seu papel.

fato é, contudo, reduzido pela complexidade das sociedades humanas. Se procuramos reproduzir a diversidade dos indivíduos e de suas interações, encontramos rapidamente em face de uma infinidade de casos individuais que excedem nossa capacidade de racionalização e as possibilidades de cálculo dos computadores. Devemos, então, simplificar as observações para compreender a realidade descrita.

Nós podemos, até agora, simular comportamentos e o papel de fatores sobre esses comportamentos. O modo de representação mais eficaz, atualmente, é, sem dúvida, o sistema multiagentes (FERBER, 1999; WOOLDRIDGE, 2002). A abordagem multiagentes tem, ainda, pouca aplicação na demografia em geral, mas já tem suscitado numerosos trabalhos sobre certos fenômenos. No caso brasileiro, sabemos, por exemplo, quanto pode parecer precioso para simular o desflorestamento e o comportamento de populações pioneiras na Amazônia (DEADMAN et al., 2004; ARIMA et al., 2005). Diferentes métodos são possíveis. Nós voltaremos sobre duas distinções que nos parecem essenciais para a compreensão dessas simulações e o valor de seus resultados. A primeira opõe simulações que se elaboram dentro de uma postura que qualificaremos como agregada àquelas que se baseiam em comportamentos individuais. A segunda opõe simulações que procuram reproduzir uma situação real conhecida àquela que deseja experimentar hipóteses dentro dos mundos que qualificaremos como virtuais.

Como exemplo de modelizações, as simulações podem ser agregadas ou desagregadas, ou seja, modelizar indivíduos ou grupos. Entretanto, à diferença dessas aqui, as simulações podem também construir a partir de indivíduos compreendidos dentro de suas singularidades para fazer emergir propriedades de grupos. Falamos, então, de simulação indivíduo-centradas. As diferenças entre desagregada e indivíduo-centradas podem parecer tênues, mas ela é primordial para compreender bem o alcance das simulações. Quando falamos de abordagem desagregada, consideramos os indivíduos cujas características são determinadas por aquilo que é chamado população geral e tende então a reproduzir a existente. As simulações indivíduo-centradas, ao contrário, procuram caracterizar os indivíduos a partir de hipóteses feitas pelo pesquisador sobre as características individuais que são fatores de fenômenos que desejamos reproduzir.

Esta primeira distinção nos leva naturalmente à segunda. Se nós refletirmos de modo agregado ou desagregado, isso será geralmente por tentar reproduzir situações existentes ou que tenham existido. A questão é, assim, de reconstituir o real para insistir sobre os fatores principais que tenham conduzido àquela situação. Por contraponto, podemos decidir situar dentro de um mundo virtual e de se interessar mais especificamente pelos determinantes do processo em tela (BONNEFOY, 2003).

Essa forma de pesquisa leva à concentração sobre um jogo de hipóteses que se trata, então, de modelizar. A simulação permite testar o modelo e observar os resultados possíveis. Assim, pouco importa se o modelo é realista, ele permite, antes de tudo, eliminar umas hipóteses e reforçar outras (BONNEFOY, 2005).

Alguns exemplos podem ser lembrados para reforçar a pertinência dessas novas abordagens e a diversidade de procedimentos empregados. Nós expomos três. O primeiro, presente em uma abordagem desagregada que tenta reproduzir uma situação passada. O segundo se coloca dentro de uma perspectiva indivíduos-centrada e tenta reproduzir dinâmicas existentes, se apoiando em uma situação real. O terceiro conserva a abordagem indivíduos-centrada, mas se situa dentro de um mundo virtual.

Sandra Gonzalez-Bailon e Tommy Murphy publicaram em 2008, o resultado de um trabalho que ilustra o interesse de integrar o espaço à reflexão demográfica e aquele de utilizar a simulação de multiagentes para colocar em evidência os processos em tela. Com a ajuda de 100 mil indivíduos (agentes) distribuídos dentro de 5.308 células, eles simularam a queda de fecundidade na França ao longo dos séculos XVIII e XIX. A partir de um modelo simples apoiado sobre hipóteses sociais e espaciais (o efeito de vizinhança sobre as tomadas de decisões individuais), eles conseguiram retraçar as grandes tendências observadas à escala dos departamentos. O objetivo não é reproduzir fielmente a realidade, mas mostrar os mecanismos em tela.

Da mesma forma, quando Diego Moreno et al. (2009) procuraram reproduzir as modalidades de funcionamento da segregação urbana, eles partiram de uma trama urbana existente, mas não desejaram duplicar a realidade (muito complexa). O objetivo é simplesmente evidenciar os processos de segregação, tais como observados por Schelling (1971), e os "testar" em uma cidade "verdadeira". Eles pegaram, então, a construção real de uma cidade média francesa, da qual reproduziram as relações de vizinhança, e experimentaram, assim, as hipóteses, os níveis de tolerância dos indivíduos à presença de indivíduos diferentes dentro de sua vizinhança. Obviamente, esse tipo de procedimento não é possível dentro da experimentação de sistemas operacionais de simulação multiagentes ou de autômatos celulares.

Para ir mais longe, podemos considerar a hipótese de trabalhar dentro dos mundos virtuais somente pelos processos (BONNEFOY, 2003). Esse posicionamento permite avançar de maneira firme dentro da modelização, partindo de características individuais. O espaço é, então, considerado como uniforme e só a distância intervém como restrição definidora da vizinhança dos indivíduos. Introduz-se, então, uma mudança dentro das características dos indivíduos e se observa como a difusão dessa mudança se efetua na população.

Em um trabalho recente (DOIGNON; OLIVEAU, 2011) tentamos compreender, com a ajuda de um sistema multiagentes, como funcionava a difusão da queda de fecundidade em uma população e quais eram seus impactos. A primeira constatação foi que, sem restrições de distância, a difusão não mostra uma forma particular. Dito de outra forma, sem restrição espacial, não há difusão espacial. Isso demonstra bem a importância do espaço na análise de fenômenos demográficos. Depois, podemos ver a evolução "natural" da queda de fecundidade se nada modifica os comportamentos, ou seja, o despovoamento de espaços estudados. Enfim, observamos que, dentro de certas condições, a heterogeneidade "social" da população (distinguimos vários grupos de indivíduos) resulta talvez de fenômenos particulares, como o repovoamento de certas zonas em que se situa um grupo a distância da difusão.

Como o constatamos, a abordagem por simulação de indivíduos-centrada é rica em possibilidades, cuja exploração não faz senão começar. A reconstrução de fenômenos conhecidos e a atenção dada aos processos mais que aos resultados é rica em ensinamento, conduzindo a novas perspectivas. A questão da utilização dessas perspectivas dentro de um quadro prospectivo se coloca, então.

Baseando-se em uma abordagem estocástica, podemos considerar que os resultados propostos, alterados de uma simulação a outra, possam realmente fazê-los objeto de probabilidades e esboçar, assim, cenários, deixando um vasto espaço à emergência de tendências, de outra forma, difíceis de enxergar. Restara sempre o problema de julgar a verossimilhança dos resultados observados pela simulação e suas interpretações. De qualquer forma, talvez haja falta dos dados relativos aos fenômenos estudados, ou talvez sejam muito caros para serem obtidos, como é o caso da coleta de séries temporais de informação espacial e comportamental: a simulação de multiagentes figura, então, entre os únicos métodos adequados para propor hipóteses para explicar os mecanismos observados em sua complexidade.

5.6 CONCLUSÃO

A consideração do papel do espaço e, mais precisamente, da dependência espacial no pensamento social tem progredido há alguns anos. Isso que Legendre (1993) observou como um novo paradigma para a ecologia, e que não estava, então, presente na arqueologia ou na criminologia, está a ponto de se tornar uma ferramenta central para as ciências sociais e, notadamente, para a demografia, que redescobriu a dimensão fundamentalmente espacial dos dados e de certos processos como a mobilidade.

Ao mesmo tempo, se desenvolveram as ferramentas de gestão, de análise e de comunicação dos dados geográficos que permitem uma vasta difusão de informações geolocalizadas. A matéria-primeira dos geógrafos é transmitida para pesquisadores de outras disciplinas para se tornar finalmente acessível aos cidadãos. A internet tem mudado muito o papel dos acadêmicos e dos *experts*, permitindo aos neófitos acessar um conjunto de informações, antes, difícil de coletar.

A descrição como objeto científico está definitivamente ultrapassada (mesmo que ainda permaneça necessária) e o olhar se concentra exclusivamente sobre as dinâmicas em tela. Não se trata, atualmente, de expor o que já passou, mas de compreender como isso se produziu e, dentro da medida do possível, mostrar e demonstrar como isso se desenrolou. Os sistemas multiagentes e seu formalismo constituem uma perspectiva potencialmente rica para testar nossas hipóteses e dissecar nossas suposições.

No entanto, persiste um último desafio: aquele de levar nossos trabalhos a um círculo mais largo da comunidade científica. A demanda social cada vez mais dificilmente atendida pelos trabalhos produzidos pela ciência. O desenvolvimento de representações espaciais e de interatividade, oferecida pela internet são duas oportunidades inter-relacionadas, que permitem desenvolver nossas pesquisas.

5.7 REFERÊNCIAS

ANSELIN, L. *Spatial econometrics: methods and models*. Dordrecht: Kluwer Academic Publishers, 284 p., 1988.

ARIMA, E. Y. et al. Loggers and forest fragmentation: fehavioral models of road building in the Amazon basin, *Annals of the Association of American Geographers*, n. 95, p. 525-541, 2005.

BAIROCH, P. *Cities and economic development*: from the dawn of history to the present. Chicago: University of Chicago Press, 1988.

BONNEFOY, J. L. From households to urban structures: space representations as engine of dynamics in multi-agent simulations. Cybergeo. *European Journal of Geography*, 2003. Disponível em: <http://cybergeo.revues.org/1627>. Acesso em: 10.05.2013.

BONNEFOY, J. L. *Etude de géographie théorique et expérimentale*. Habilitation à diriger des recherches de l'Université de Provence – não publicado, 2005.

BRANSCOMB, L. M. Science in 2006. *American Scientist*, nov.-dez. 1986. Disponível em: <http://www.americanscientist.org/template/AssetDetail/assetid/20821>. Acesso em: 30.05.2013.

BURROUGH, P. & MCDONNELL, R. (Ed.). (1998). *Principles of Geographical Information Systems*. Oxford University Press.

CHI, G.; ZHU, J. Spatial Regression Models for Demographic Analysis. *Population Research and Policy Review*, v. 27, n. 1, p. 17-42, 2008.

CHRISMAN, N. *Charting the unknown*; how computer mapping at Harvard became GIS. ESRI Press, DVD, 218 p., 2006.

CLIFF, A. D.; ORD, K. J. Spatial Autocorrelation: A review of existing and new measures with applications. *Economic Geography*, p. 269-292, 1970.

CLIFF, A. D.; ORD, K. J. Spatial processes. Models and applications. Londron: Pion, 266 p., 1981.

DEADMAN, P. et al. Colonist household decision making and land-use change in Amazon Rainforest: an agent-based simulation. *Environment And Planning B*: Planning & Design, v. 31, n. 5, p. 693-709, 2004.

DOIGNON, Y.; OLIVEAU, S. Comprendre la baisse de la fécondité en Inde: apport de la modélisation individu-centrée. *Actes du 10ème colloque Théoquant*, Besançon. 23-25 mar. 2011.

FERBER, J. *Multi-agent systems* – an introduction to distributed artificial intelligence. London: Addison Wesley, 528 p., 1999.

GETIS, A. Spatial interaction and spatial autocorrelation: a cross-product approach. *Environment and Planning A*, v. 23, p. 1269-1277, 1991.

GONZALEZ-BAILON S.; MURPHY T. When smaller families look contagious: a spatial look at the french fertility decline using an agent-based simulation model. *Oxford University Economic and Social History Series*, n. 71, 2008. Economics Group, Nuffield College, University of Oxford. 29 p. Disponível em: <http://www.nuff.ox.ac.uk/economics/history/Paper71/71murphy.pdf>. Acesso em: 30.05.2013.

GOODCHILD, M. F. Neogeography and the nature of geographic expertise. *Journal of Location Based Services*, v. 3 , n. 2, p. 82-96, 2009.

GOODCHILD, M. F., JANELLE, D. G. *Spatially integrated social science*. Spatial information systems. New York: Oxford University Press, 456 p., 2004.

GRASLAND C. Spatial analysis of social facts. A tentative theoretical framework derived from Tobler's first law of geography and Blau multilevel structural theory of society. In: BAVAUD, F.; MAGER, C. *Handbook of theoretical and quantitative geography*. Lausanne: FGSE, University of Lausanne, 2009.

GUILMOTO, C. Z. Economic, social and spatial dimensions of india's excess child masculinity. *Population*, v. 63, n. 1, p. 93-122, 2008.

HAGGETT, P. The local shape of revolution: reflections on quantitative geography at Cambridge in the 1950s and 1960s. *Geographical analysis*, p. 336-352, 2008.

HAINING, R. *Spatial data analysis in the social and environmental sciences*. Cambridge: Cambridge University Press, 409 p., 1990.

KUMAR; NARESH; LIANG. *Dong and Linderman*, Marc and Chen, Jin, An Optimal Spatial Sampling for Demographic and Health Surveys (April 13, 2011). Available at SSRN: <http://ssrn.com/abstract=1808947> or <http://dx.doi.org/10.2139/ssrn.1808947>.

LEGENDRE, P. Spatial autocorrelation: trouble or new paradigm? *Ecology*, v. 74, n. 6, p. 1659-1973, 1993.

MATHERON G. *Les variables régionalisées et leur estimation*. Paris: Masson, 305 p., 1965.

MILLER, H. J. Tobler's first law and spatial analysis. *Annals of the Association of American Geographers*, v. 94, n. 2, p. 284-289, 2004.

MORENO, D.; BADARIOTTI, D.; BANOS A. Graph based automata for urban modeling. In: BAVAUD, F.; MAGER, C. (Dirs.). *Handbook of theoretical and quantitative geography*. Lausanne: FGSE – University of Lausanne, p. 261-309, 2009.

MORRILL, R. L. Recollections of the "quantative revolution's" early years: the University of Washington, 1955-1965. In: BILLINGE, M.; GREGORY, D.; MARTIN, R. (Eds.). *Recollections of a revolution*: geography as spatial science, London: Macmillan Press, p. 57-72., 1984.

OLIVEAU, S. Geographic Information in the ICT's era: what has changed, and how? In: PRASAD, K. (Ed.). *Information and communication technology*: recasting development. New Delhi: B. R. Publishing, p. 225-252, 2004.

_____. Autocorrélation spatiale: leçons du changement d'échelle. *L'Espace Géographique*, n.1, p. 51-64, 2010.

_____. et al. Retour sur une expérience d'échantillonnage spatial. Choix de lieux d'enquête dans l'agglomération dakaroise. *Colloque Théoquant*, Besançon. 04-06 mar. 2009.

_____; GUILMOTO, C.Z., (2005), Spatial correlation and demography. Exploring India's demographic patterns, *Communication à la XXVth IUSSP International Population Conference* (Session n. 1207: Spatial demography including modelling), 18-23 jul. 2005, Tours.

POTTER, J. E. et al. Mapping the timing, pace, and scale of the fertility transition in Brazil. *Population and Development Review*, v. 36, n. 2, p. 283-307, 2010.

PUMAIN, D.; ROBIC, M. C. Le rôle des mathématiques dans une "révolution" théorique et quantitative: la géographie française depuis les années 1970. *Revue d'histoire des sciences humaines*, n. 6, p. 123-144, 2002.

PUMAIN, D.; ROZENBLAT, C.; MATHIAN, H. Information sur la Géographie Théorique et Quantitative en France. Cybergeo – *European Journal of Geography*. 1996. Disponível em: <http://cybergeo.revues.org/221>. Acesso em: 30.05.2013

SCHELLING, T. C. Dynamic models of segregation. *Journal of Mathematical Sociology*, n. 1, p. 143-186, 1971.

SCHMERTMANN, C. P.; POTTER, J. E.; CAVENAGHI, S. Exploratory Analysis of Spatial Patterns in Brazil's Fertility Transition. *Population Research and Policy Review*, v. 27, n. 1, p. 1-15, 2008.

TOBLER, W. R. Computer movie simulating urban growth in the Detroit region. *Economic geography*, Supplement 46, p. 234-240, 1970.

TUKEY, J. W. Exploratory data analysis. Reading MA: Addison Wesley publishing Company, 688 p., 1977.

VOSS, P. R., WHITE, K. J. C.; HAMMER, R. B. Explorations in Spatial Demography. In: KANDEL, W.; BROWN, D. L. (Eds.). *The population of rural America*: demographic research for a new century. Dordrecht: Springer, 2006., p. 407-430.

WOOLDRIDGE, M. *An introduction to multiagent systems*. New York: John Wiley and Sons, 348 p., 2002.

Websites:

Globos Virtuais e Cartografia do Mundo

GOOGLE EARTH (o mais conhecido, o mais obtido). Disponível em: <http://www.google.fr/earth>. Acesso em: 30.05.2010

WORLD WIND (rico e performático, voltado para a pesquisa). Disponível em: <http://worldwind.arc.nasa.gov>. Acesso em: 30.05.2010

MARBLE (globo virtual pedagógico). Disponível em: <http://edu.kde.org/marble>. Acesso em: 30.05.2010

BHUVAN (a partir de imagens do Indian Remote Sensing (IRS) satélite). Disponível em: <http://bhuvan.nrsc.gov.in>. Acesso em: 30.05.2010

EARTH BROWSER (especializado em metereologia). Disponível em: <http://www.earthbrowser.com>. Acesso em: 30.05.2010

Openstreetmap (projeto de cartografia participativa da rede viária mundial). Disponível em: <http://www.openstreetmap.org>. Acesso em: 30.05.2010

Programas de cartografia

PHILCARTO, cartografia e análise de dados. Disponível em: <http://philcarto.free.fr>. Acesso em: 30.05.2010

GEOCLIP, cartografia interativa. Disponível em: <http://www.geoclip.net>. Acesso em: 30.05.2010

Análise de dados espaciais, geoestátisticos

GS+ (desenvolvido por Robertson, 1998). Disponível em: <http://www.gammadesign.com>. Acesso em: 30.05.2010

CrimeStat (desenvolvido por Levine, 2002). Disponível em:<http://www.icpsr.umich.edu/CrimeStat>. Acesso em: 30.05.2010

GeoDA (desenvolvido por Anselin, 2003). Disponível em:<http://geodacenter.asu.edu>. Acesso em: 30.05.2010

SAM (desenvolvido por Rangel et al., 2006). Disponível em:<http://www.ecoevol.ufg.br/sam>. Acesso em: 30.05.2010

SaTScan (desenvolvido por Martin Kulldorff, 2006). Disponível em:<http://www.satscan.org>. Acesso em: 30.05.2010

6
A CIDADE E AS MUDANÇAS GLOBAIS: (INTENSIFICAÇÃO?) RISCOS E VULNERABILIDADES SOCIOAMBIENTAIS NA RMC – REGIÃO METROPOLITANA DE CURITIBA/PR

Francisco Mendonça,
Marley Deschamps
Myriam Del Vecchio de Lima

O conhecimento do conhecimento obriga. Obriga-nos a assumir uma atitude de permanente vigília contra a tentação da certeza, a reconhecer que nossas certezas não são provas da verdade, como se o mundo que cada um vê fosse o mundo e não um mundo que construímos juntamente com os outros. Ele nos obriga, porque ao saber que sabemos não podemos negar que sabemos.

Humberto R. Maturana e Francisco J. Varela, 2001, p. 267.

6.1 INTRODUÇÃO

Mudanças climáticas – uma das expressões mais utilizadas nas últimas duas décadas nos meios acadêmicos e de pesquisa, assim como na mídia em geral – sempre fizeram parte da dinâmica natural do planeta. Bruscas, gradativas, lentas ou aceleradas elas sempre integraram a dimensão físico-químico-geológica do planeta, alterando-se ao longo da história natural da Terra. Ao atuar em conjunto com outras variáveis, as mudanças climáticas ocorridas ao longo dos séculos condicionaram e determinaram, em muitos casos, a evolução biológica, as condições de biodiversidade, a densidade demográfica de uma região, o uso e utilização do solo pelo ser humano etc.

Uma possível aceleração destas mudanças, no último século, com um indicativo de aumento do aquecimento global a partir de causas predominantemente antropogênicas (ao contrário de épocas anteriores quando sua aceleração ou arrefecimento tiveram sempre causas naturais), é a posição hegemônica acerca das mudanças climáticas globais chanceladas pelo IPCC/ONU – International Pannel for Climate Change[1]. Essa concepção é balizada por uma rede internacional de cientistas e se encontra sintetizada no Relatório 4, publicado em 2007, do qual consta uma ampla gama de dados, análises e conjecturas relativas à gênese, repercussões e cenários das mudanças climáticas globais; no Brasil essa corrente encontra representantes, entre os quais se destacam balizados cientistas como Carlos Nobre, Jose Marengo (2008), Luiz Pinguelli Rosa etc., e instituições como o Instituto Nacional de Pesquisas Espaciais (INPE), o Governo Federal, a Coppe (Instituto Alberto Luiz Coimbra de Pós-Graduação e Pesquisa de Engenharia/UFRJ) etc.

Há, entretanto, no seio da comunidade científica internacional, céticos e/ou críticos à corrente de consenso, posicionando-se de forma alternativa (ou contra-hegemônica) em relação à importância das mudanças em si, às previsões catastrofistas daí derivadas, às causas da intensidade das mudanças, à forma científica e política de como enfrentá-las e, até mesmo, com relação à divulgação da questão junto à sociedade internacional. Para aqueles que se posicionam nessa vertente predomina a lógica da dinâmica natural do sistema Sol-Terra-Atmosfera, sendo que a ciclicidade de fases quentes e/ou frias e úmidas e/ou secas faz parte de um sistema maior de trocas de energia de ordem estritamente natural; a interferência de ordem antropogênica não teria desempenhado um papel capaz de alterar o funcionamento deste sistema.

De maneira diferenciada e crítica os cientistas desse grupo tanto defendem a predominância da lógica dos processos naturais de mudanças climáticas quanto, parte deles, acredita haver um jogo de fortes interesses políticos por trás dos cenários atuais e futuros construídos por aqueles. Destacam-se nesta posição Aziz Nacib Ab'Saber, Luis Carlos Molion, Shigenori Maruyama e Kenitiro Suguio, entre outros.

Situar-se, de forma argumentativa, de um lado ou de outro não é a pretensão deste texto, ainda que pareça mais prudente invocar o Princípio da Incerteza ante as extremadas posições que tomam a ciência da atmosfera como verdade absoluta, pouco importando a posição que se adote; a crença cega em verdades únicas já legou à humanidade um tenebroso capítulo de atraso e injustiças – Idade Média – que não deve se repetir sob nenhuma condição. De toda maneira, parece necessário insistir, ainda, que aquela perspectiva do pensamento hegemônico venha a se tornar realidade, que tanto repercussões negativas quanto positivas estão associadas à futura-nova condição de vida na Terra (MENDONÇA, 2006); o grave é que somente as primeiras é que são evocadas pelo IPCC e pela grande mídia.

O que se pretende, no âmbito deste texto, é discutir um ponto da questão que tem marcado de maneira expressiva as preocupações sociais gerais, a partir de um cenário construído, em boa parte, pelos conteúdos midiáticos; e que já chega, com força, ao cerne dos interesses e questionamentos acadêmicos:

- Estaria realmente havendo uma intensificação de eventos climáticos relacionados com catástrofes socioambientais nos últimos anos? Ou,

---

1 Disponível em: <www.ipcc.ch>. Acesso em: 10.07.2011.

- Estaria havendo uma intensificação de outros processos, tais como a urbanização que, independentemente daqueles, estaria derivando em intensificação dos riscos socioambientais urbanos?

Antes de tudo, este texto situa as *climate changes* no âmbito de todas as outras mudanças globais observáveis no mundo contemporâneo, com especial ênfase a partir dos anos 1990. Nesse período, se inicia, de modo historicamente inédito, a observação e o registro de vários fenômenos simultâneos de caráter natural, social, econômico e cultural, ou seja: observa-se a atuação, de forma integrada e complexa, de um conjunto de mudanças profundas compreendidas no âmbito de "mudanças globais", que se manifestam de forma mais impactante no bojo do "mais recente processo de globalização", aquele que desliza, célere, pelas bases materiais permitidas pelas novas tecnologias da informação e da comunicação.

Assim, as mudanças climáticas no contexto da globalização mais recente situam-se, entre outros fenômenos como a informatização da sociedade, a economia informacional sem fronteiras, a alteração do mercado de trabalho, as novas questões ambientais, os movimentos migratórios massivos, a cultura da virtualidade, a desterritorialização, a emergência das cidades globais, a discussão sobre o fim da história, a compressão espaço-tempo, os novos fundamentalismos e as novas identidades culturais, a desagregação étnica, a crise do Estado e os novos movimentos sociais, o multiculturalismo etc., caracterizando o que Foucault (1969) chama fase complexa da sociedade. São tantas as mudanças que justificam plenamente o surgimento de uma série de expressões para designar os tempos pós-modernos: modernidade líquida, sociedade reflexiva, modernidade tardia, sociedade em rede, alta modernidade, hipermodernidade, sociedade pós-industrial, sociedade do conhecimento, termos forjados por pensadores como Giddens, Beck, Baumann, Castells e outros, e que funcionam como "guarda-chuvas" para abrigar um rol de mudanças paradigmáticas socioeconômicas e naturais.

Este capítulo coloca em destaque um conjunto de reflexões acerca deste contexto de extrema complexidade a partir de três tópicos, deslocando-se dos conceitos de aplicação global para um exame de caso urbano local, o que parece evidenciar que algumas conclusões generalizantes sobre a questão dos riscos associados às mudanças climáticas, obtidas por meio de modelizações e raciocínios aplicados a cenários globais, podem não ser aplicados às problemáticas que emergem na escala local.

Assim, em um primeiro momento, para se analisar o pressuposto da intensificação dos desastres e riscos ambientais, em especial aqueles ligados às mudanças climáticas, busca-se entendê-las no cenário das mudanças globais já apontadas, mas situando-as em torno de dois pontos: a emergência de um discurso planetário científico e midiático sobre o tema e o uso acelerado das mídias digitais interativas para efetivar a disseminação desse discurso, o que aumenta cada vez mais a percepção do público com relação à temática; são revisitados, ainda que de forma breve, os conceitos teóricos e noções de uso sobre "desastres", "riscos", "vulnerabilidades", "adaptação" e "resiliência", concepções centrais envolvidas neste texto, todas eivadas por uma profunda polissemia.

A segunda parte do texto trata do fenômeno da concentração demográfica mundial em aglomerados urbanos, configurando-se no final do século XX como processo de urbanização acelerada e simultânea em diferentes pontos do planeta, o que torna cada vez maior o número de áreas e populações vulneráveis a riscos e desastres socioambientais de origem natural ou tecnológica. Por meio de dados atuais o tópico examina o processo da urbanização brasileira, concebendo-a como um processo de urbanização corporativa (SANTOS, 1993), condição que resulta no surgimento e agravamento de áreas vulneráveis do ponto de vista socioambiental. Esse cenário é marcado pela existência de grandes percentuais da população expostos aos riscos de deslizamentos, inundações e enchentes, ou vítimas desses fenômenos naturais.

A última parte do capítulo é ilustrada com um exemplo da recorrência histórica de processos de inundações urbanas na cidade de Curitiba, capital do Paraná, ainda considerada – em especial graças ao *citymarketing*[2] – "modelo" de cidade brasileira ambientalmente correta. Evidencia-se, nesse tópico, o registro repetitivo das enchentes na cidade, contidas mais recentemente pelas intervenções urbanas realizadas em suas áreas centrais e bairros mais privilegiados, mas que vai sendo "exportada" para a periferia geográfica da cidade e para as franjas metropolitanas, intensificando uma situação de injustiça ambiental urbana; na compreensão dessa problemática as periferias geográfica e sociológica apresentam-se fortemente imbricadas uma na outra.

6.2 RISCOS E DESASTRES SOCIOAMBIENTAIS NA "ALDEIA GLOBAL": UMA ABORDAGEM A PARTIR DAS MUDANÇAS CLIMÁTICAS GLOBAIS

Examinam-se aqui duas questões interligadas:

1) Há realmente uma intensificação dos desastres e dos riscos socioambientais neste início de século?

2) Essa aparente intensificação está relacionada às mudanças climáticas?

A discussão daí decorrente vem se tornando uma das mais centrais nos debates acadêmicos sobre a temática dos desastres, riscos e vulnerabilidades no âmbito na-

---

2 "Campo articulado de práticas e interesses – econômicos e políticos – que, mediante a apropriação e difusão da positividade da imagem construída, reordena os circuitos de investimento e consumo objetivando atingir, sobretudo, as faixas de renda correspondentes ao topo do mercado e às camadas médias" (GARCIA, 1997, p. 106-107). A autora se refere especificamente à cidade como objeto desse campo.

tural e sociotécnico. Surge como tema de pesquisa científica e reflexões interdisciplinares, a partir, principalmente, do que ocorre no senso comum: a sociedade, em geral, vem revelando uma percepção acentuada sobre a aparente intensificação de desastres naturais (quantitativa e qualitativamente), algumas vezes associados com superposições técnicas/tecnológicas e acompanhados de um extenso rol de consequências socioeconômicas e culturais.

De maneira geral, essa percepção está associada à ideia de degradação ambiental e de "destruição da natureza" pelo homem, derivadas do modelo econômico hegemônico no século XX; e à ideia de que nossas formas de viver, trabalhar, morar, ganhar dinheiro, comprar, se divertir, enfim, o modo de vida das sociedades ocidentais modernas é o responsável pelo aumento da frequência e da intensidade de eventos como tempestades e tornados, enchentes, inundações, desmoronamentos, ondas de calor e de frio excepcionais (posição hegemônica do IPCC) e, até mesmo, de eventos mais drásticos como terremotos e maremotos (ou tsunamis). Para confirmar essa percepção basta dar uma folheada nas páginas de jornais e revistas ou navegar pelos sites noticiosos com conteúdos publicados nos últimos três anos, como revelam os exemplos a seguir:

Desastres naturais relacionados à mudança climática aumentaram, diz ONU:

> Relatório apresentado nesta sexta-feira pela ONU (Organização das Nações Unidas) indica que a frequência dos desastres naturais relacionados à mudança climática está aumentando. O documento compara a média atual com a média registrada entre os anos de 2000 e 2006. Das 197 milhões de vítimas por desastres naturais, 164 milhões foram por inundações. (SACO, Isabel. EFE, Genebra, *Folha Uol*, 18 jan. 2008)[3].

> **Desastres: Não estamos preparados**: Desastres naturais como as chuvas torrenciais que desabaram sobre o litoral do Paraná, a região serrana do Rio e o nordeste da Austrália estão no centro de um dos debates científicos mais importantes da atualidade. Para muitos pesquisadores, o registro recente de eventos meteorológicos extremos confirma a hipótese de que o planeta está se aquecendo e que esse processo está levando a um aumento no número de desastres naturais, como enchentes e secas. [...] "Os céticos que me perdoem, mas os fatos estão aí. Os temporais estão aumentando, assim como as temperaturas, enquanto a vazão dos rios diminuiu no Norte e Nordeste brasileiros. Temos um cenário que já produzirá efeitos muito sérios até 2020 e que se agravarão até 2050. O Ceará, por exemplo, poderá perder 95% de suas áreas agricultáveis", alerta o pesquisador Hilton Pinto, do Centro de Pesquisas Meteorológicas e Climáticas Aplicadas à Agricultura (Cepagri), da Universidade Estadual de Campinas (Unicamp). (MENEZES, Fabiane Ziolla. *Gazeta do Povo*, 20 mar. 2011[4].)

---

3 Disponível em: <http://www1.folha.uol.com.br/folha/ambiente/ult10007u364978.shtml>. Acesso em: 19.05.2011.

4 Disponível em: <http://www.gazetadopovo.com.br/vidaecidadania/conteudo.phtml?tl=1&id=1107586&tit=Nao-estamos-preparados>. Acesso em: 19.05.2011.

Os dois trechos jornalísticos mostram que o discurso da mídia sobre a cobertura de desastres naturais está, em grande parte, associado às chamadas mudanças climáticas, que provocam desordenamentos de frequência e intensidade nos fenômenos como chuva, ventos, temperaturas, marés etc., e que esses discursos são amparados por fontes científicas, como o pesquisador do CEPAGRI/UNICAMP, ou documentais, como o relatório da ONU. A mesma tipologia discursiva se repete reiteradamente em todos os veículos de comunicação e, em especial na televisão, que no Brasil é o meio de comunicação mais visto e o principal responsável por manter a população informada[5]. No caso da TV, o impacto sobre o público é maior, em decorrência do efeito das imagens de vídeos sobre as catástrofes e depoimentos, às vezes ao vivo, de vítimas e outros personagens envolvidos nos fatos; também é alto o efeito psicológico e emocional provocado por fotografias publicadas nos sites eletrônicos e divulgadas pela televisão, como foi o caso do tsunami de 11 de março de 2011, no Japão, que gerou uma sequência de imagens chocantes do ponto de vista jornalístico e humano.

Giddens (2010, p. 19) ressalta que, nos últimos anos, a questão das mudanças climáticas e suas derivações "[...] saltou para o primeiro plano das discussões e debates, não apenas neste ou naquele país, mas no mundo inteiro". Esse discurso onipresente, provocado tanto pela comunidade científica (que o respalda ou refuta em suas diversas especificidades, como causas, danos e efeitos), como por diversas outras instâncias político-ideológicas (governos e ONGs de países desenvolvidos ou em desenvolvimento e a própria ONU) é reproduzido todos os dias pela mídia internacional com repercussões nacionais, regionais e locais. Inicialmente científico, ao se transformar em discurso de divulgação, repercute não só no público em geral, mas nas mais diversas instâncias sociais, políticas e econômicas, obrigando suas fontes iniciais (cientistas, técnicos e autoridades) a reelaborá-lo inúmeras vezes, tanto para refutar possíveis falhas e distorções do discurso midiático (ruídos da comunicação) como para aprová-lo/reiterá-lo. Exposto a este jogo de mão dupla, e ao consumir, todos os dias, os fatos globais e locais, reproduzidos por textos, falas e imagens – em uma mediação cada vez maior dos meios –, a sociedade percebe-se mais exposta, mais frágil, mais vulnerável aos riscos socioambientais.

Vários estudiosos sobre a mídia, como Silverstone ou Barbero, já apontaram – com relação a vários outros temas, mas aqui se aplica este raciocínio à aparente

---

[5] A pesquisa "Hábitos de Informação e Formação de Opinião da População Brasileira". Disponível em: <http://www.secom.gov.br/sobre-a-secom/imprensa/noticias-da-secom/secom-divulga-estudo-sobre-o-acesso-a-informacao-e-a-formacao-de-opiniao-da-populacao-brasileira>. Acesso em: 10.07.2011, realizada em todo o Brasil, encomendada pelo Governo Federal no início de 2010 e divulgada em julho do mesmo ano, identificou que a TV e o Rádio são os meios de comunicação mais utilizados pela população: 96,6% dos entrevistados veem televisão e 80,3% ouvem rádio. Atualmente, existem 85 milhões de computadores no Brasil, segundo pesquisa da Fundação Getúlio Vargas, e quase 74 milhões de brasileiros têm acesso à internet, mas somente 20% destes usuários conseguem utilizar a banda larga, de acordo com o Ibope/Nielsen. Apesar da expansão do uso da rede e dos celulares, que já são 175 milhões de aparelhos (quase um por pessoa), o televisor continua sendo o meio de comunicação mais utilizado pela população, estando presente em 99,5% das casas.

intensificação dos eventos climáticos e seus riscos – que a percepção social é construída, em uma parte significativa, a partir da leitura e apropriação dos conteúdos e mensagens das mídias de massa e das novas mídias digitais (SILVERSTONE, 2002) que funcionam, embora não de forma isolada, como instâncias produtoras de sentido e mediadoras sociais[6]. Nos estudos das representações sociais, independentemente da corrente teórica, há consenso de que estas são mediadas pela linguagem (GUARESCHI; JOVCHELOVITCH, 1995). Sabendo disso, é pertinente indagar: O que é o aparato midiático e, especialmente, o discurso do jornalismo, senão uma das forças capazes de delinear em nossas consciências, propositadamente ou não, representações sociais? É comum entender as representações sociais como formas de produção de sentido. Da mesma maneira, a difusão midiática da informação – notadamente por meio do jornalismo – também é capaz de promover a construção de sentidos (SILVERSTONE, 2002).

No jornalismo, a teoria da Agenda, desenvolvida pelos norte-americanos McCombs e Shaw, atribui à mídia a capacidade de agendar quais assuntos serão debatidos na esfera pública, como e por quem (*agenda setting*). Ao comentar a frase "Tudo o que sei é somente o que li nos jornais", do humorista norte-americano Will Rogers, McCombs (2009, p. 17) afirma que esta frase "é um sumário sucinto sobre muito do conhecimento e informação que cada um de nós possui sobre os assuntos públicos, porque a maior parte dos assuntos e preocupações que despertam nossa atenção não está disponível à nossa experiência direta pessoal"; e acrescenta:

> Na sua seleção diária à apresentação das notícias, os editores e diretores de redação focam nossa atenção e influenciam nossas percepções naquelas que são as mais importantes questões do dia. Esta habilidade de influenciar a saliência dos tópicos na agenda pública veio a ser chamada de função agendamento dos veículos noticiosos (McCOMBS, 2009, p. 18 e 19).

O conceito de enquadramento (*framing*), oriundo da Sociologia, foi incorporado às teorias da comunicação para se referir à construção de representações sociais pela mídia. "Nesse caso, os enquadramentos residem nas propriedades específicas da narrativa noticiosa que encorajam percepções e pensamentos sobre eventos e compreensões particulares sobre eles" (SOARES, 2009, p. 57).

---

6 É importante lembrar que, inicialmente, o conceito de mediação no âmbito da comunicação social dizia respeito exclusivamente a uma propriedade dos meios. Mais tarde, de acordo com Orozco-Gómez (1991), "Martin-Barbero (1987) usou o conceito com outra intenção e para significar a descentralização da comunicação das mídias, o que ele chamou midiacentrismo neste campo de estudos. A cultura, então, veio a ser assumida como a mediação principal ou 'mediação com maiúsculas' e, posteriormente, derivou em diversas mediações mais específicas" (GÓMEZ, 2006, p. 88). Assim, atualmente, prefere-se o entendimento assinalado por Orozco-Gómez, de mediações como "processos estruturantes que provêm de diversas fontes, incluindo os processos de comunicação e formando as interações comunicativas dos atores sociais" (GÓMEZ, 2006, p.88).

Simultaneamente, "a mídia, ao nos impor um menu seletivo de informações como sendo 'o que aconteceu', impede que outros temas sejam conhecidos e, portanto comentados. Ao decretar seu desconhecimento pela sociedade, condena-os à inexistência social" (BARROS FILHO, 1995, p. 170). Ocorre ainda certa homogeneização das notícias de diferentes veículos. Em suma, as notícias criam um quadro de referência para a maioria da população, dão indicações de interpretações dos acontecimentos e, assim, tornam o mundo inteligível a esse público.

Ao remeter estas considerações teóricas à questão em exame neste capítulo, ou seja, à percepção do público sobre a intensificação dos desastres e riscos naturais, especialmente aqueles ligados às mudanças climáticas, explica-se, em boa parte, porque essa interpretação e explicação alcançaram tanto sucesso em sua divulgação.

É preciso ainda enfatizar o entendimento de que, no atual momento histórico, observa-se outra percepção social da natureza: uma percepção decorrente da imbricação dos processos de mudanças naturais e sociais que caracterizam o processo de globalização acelerada. O entendimento nos remete a BECK (1992, p. 81), quando afirma: "No final do século XX, natureza é sociedade e sociedade é também *natureza*". Essa compreensão é reforçada por Irwin, ao destacar que

> [...] os problemas ambientais *não* são problemas do nosso meio, mas — nas suas origens e pelas suas consequências — problemas totalmente *sociais, problemas das pessoas*, da sua história, das suas condições de vida, da sua relação com o mundo e a realidade, das suas condições sociais, culturais e de vida [...] (IRWIN, 1995, p. 239).

Nesta linha de raciocínio, seria possível, então, afirmar que, além da associação quase permanente realizada pelos discursos científicos e midiáticos entre desastres naturais e mudanças climáticas, há realmente uma **aparente intensificação da incidência de riscos e de desastres naturais**. Mas **aparente** por quê?

Vivemos nas últimas décadas sob o efeito do fenômeno da, cada vez maior, visibilização de fatos e situações que ocorrem em várias partes de um mundo interconectado pelos sistemas midiáticos de informação, sejam aqueles meios de massa tradicionais, como agências de notícia, jornais, rádios e televisões, sejam os "novos" meios digitais, conectados via internet, com suas características intrínsecas de multimidialidade, hipertextualidade, capacidade de memória, interatividade e registros em tempo real (instantaneidade e atualização contínuas) possibilitado pela convergência de mídias e conectividade/mobilidade de equipamentos profissionais/domésticos que captam imagens. Tais características são responsáveis pelo que Castells (1999) chama, desde os anos 1990, "sociedade em rede", mas que também denomina de "Galáxia da Internet" (2003), em trocadilho que faz com a expressão "Galáxia de Gutemberg" – quando a centralidade da comunicação estava relacionada ao texto escrito, à imprensa – ou "Galáxia de McLuhan" – quando essa mesma centralidade se desloca para os meios eletrônicos, como o rádio e a televisão. O deslocamento dessa centralidade para a internet (ou pelo menos parte dele) expressa uma mudança de paradigma comunicacional em todo o mundo.

Como não é propósito desse texto o exame em profundidade dessa mudança, basta termos em mente que é no contexto de "aldeia global"[7] (aquele em que se sabe de tudo em todas as partes do mundo – ou pelo menos naquelas economicamente representativas – ao mesmo tempo, configurando um processo global de profundas interligações em todos os âmbitos) que devemos examinar como se dá a percepção social dos fenômenos reais ou virtuais, e entre todos, aqueles que aqui nos interessam.

Essa aparente percepção da intensificação dos desastres naturais – deslizamentos na Região Serrana do Rio, terremoto e tsunami no Japão, enchentes em Santa Catarina e litoral do Paraná (Morretes e Antonina), tornados no Sul dos Estados Unidos etc. – se deve a um fenômeno relativamente recente: ao registro em tempo real de eventos ocorridos nos mais diversos pontos do planeta, inclusive feitos com equipamentos caseiros como câmeras de foto e vídeo amadoras e celulares; e à disseminação global dessas imagens e fatos em um mercado planetário de comunicação, em que as grandes redes midiáticas não apenas produzem profissionalmente a informação a ser divulgada massivamente, mas também se apropriam da produção individual de informação que é disseminada em redes globais.

Ao enfatizar que "é grande o fascínio de globalização como superação das fronteiras e das barreiras locais e nacionais", Porto-Gonçalves (2004, p. 16) assinala que esse fascínio aumentou ainda mais após os anos 1970, "quando uma nova revolução nas relações de poder por meio da tecnologia – particularmente, no campo das comunicações – tornou possíveis as condições materiais de imposição de um mesmo discurso à escala planetária com o estabelecimento de um verdadeiro oligopólio mundial das fontes emissoras da comunicação". Mas, adverte que "não nos deve escapar que essa recusa da escala local e a idealização da escala global dizem muito sobre quem são os protagonistas que fazem essa valorização/desvalorização". A análise da temática central deste capítulo, como estudo de caso em sua terceira parte, realizada a partir da escala local, é emblemática nesse sentido.

Em suma, o discurso científico sobre as mudanças climáticas, produzido globalmente, vem sendo divulgado também nessa escala, de maneira intensa há alguns anos (mesmo que ele se arrefeça em alguns momentos e se acelere em outros, seguindo a característica de sazonalidade intrínseca ao processo jornalístico-midiático e também, arrisca-se dizer, a certa tendência ou "modismo" das pesquisas acadêmicas, de acordo com certos interesses não exclusivamente científicos). Isso explica, em parte, a crescente percepção social que leva ao estabelecimento de uma conexão

---

7 O conceito foi criado pelo filósofo e educador canadense Marshall McLuhan antes mesmo do mundo interligado pelas novas tecnologias da informação e comunicação, ainda na década de 1970.

entre mudanças climáticas como produto antropogênico e a intensificação de desastres naturais. O registro instantâneo e global desses eventos também é responsável, em outra parte, por essa percepção social, tornando nova uma história recorrente de eventos naturais. Ao escrever sobre o terremoto de Lisboa[8], ocorrido em 1755, Weissheimer (2011) comenta:

A tragédia que se abateu sobre Lisboa, portanto, para além das perdas humanas, materiais e econômicas, impactou a imaginação do seu tempo e inspirou reflexões sobre a relação do homem com a natureza e sobre o estado do mundo na época. Uma época, cabe lembrar, na qual os meios de comunicação resumiam-se basicamente a algumas poucas, e caras, publicações impressas, e à transmissão oral de informações, versões e opiniões sobre os acontecimentos. Nas catástrofes atuais, parece que vivemos um paradoxo: se, por um lado, temos um desenvolvimento vertiginoso dos meios de comunicação, por outro, a qualidade da reflexão sobre tais acontecimentos parece ter empobrecido, se comparamos com o tipo de debate gerado pelo terremoto de Lisboa (CARTA MAIOR, 2011)[9].

O autor se refere ao fato de que, apesar da precariedade dos meios de comunicação de então, "a tragédia teve um grande impacto na Europa e foi objeto de reflexão por pensadores como Kant, Rousseau, Goethe e Voltaire", em uma sociedade que vivia o Iluminismo, a Revolução Industrial e o nascente Capitalismo, permeada pela crença ingênua nas "possibilidades da razão e do progresso científico", que prevaleceu desde a Revolução Industrial, em contradição com os princípios fundantes de falibilidade e incerteza intrínsecos à própria noção de ciência. A reação à tragédia propiciou reflexões de filósofos, como Voltaire e Kant, entre outros, conforme aponta Weissheimer (2011):

Voltaire responsabilizou a ação do homem que estaria "corrompendo a harmonia da criação". "Há que convir... que a natureza não reuniu em Lisboa 20 mil casas de seis ou sete andares, e que se os habitantes dessa grande cidade se tivessem dispersado mais uniformemente e construído de modo mais ligeiro, os estragos teriam sido muito menores, talvez nulos", escreveu. Já Kant procurou entender o fenômeno e suas causas no domínio da ordem natural. O terremoto de Lisboa, entre outras coisas, acabará inspirando seus estudos sobre a ideia do sublime. Para Kant,

> o Homem, ao tentar compreender a enormidade das grandes catástrofes, confronta-se com a Natureza numa escala de dimensão e força transuma-

---

[8] No dia 1° de novembro de 1755, Lisboa foi devastada por um terremoto seguido de um tsunami. A partir de estudos geológicos e arqueológicos, estima-se, atualmente, que o sismo atingiu 9 graus na escala Richter e as ondas do tsunami chegaram a 20 metros de altura. De uma população de 275 mil habitantes, calcula-se que cerca de 20 mil morreram (há outras estimativas que falam em até 50 mil mortos). Além de atingir grande parte do litoral do Algarve, o terremoto e o tsunami também atingiram o norte da África (WEISSHEIMER, 2011).

[9] Disponível em: <http://www.cartamaior.com.br/templates/materiaMostrar.cfm?materia_id=175>. Acesso em: 10.07.2011.

nas que embora tome mais evidente a sua fragilidade física, fortifica a consciência da superioridade do seu espírito face à Natureza, mesmo quando esta o ameaça (CARTA MAIOR, 2011)[10].

Dois séculos depois, entre as décadas de 1980 e 1990, autores da teoria social como Anthony Giddens e Ulrich Beck, já em um contexto de crise socioambiental global, forjam a noção de "sociedade de risco" para denominar as contradições da sociedade moderna ou modernidade reflexiva. O conceito foi um dos mais marcantes da época, quando a sociedade mundial passa a enfrentar a necessidade de repensar a sua relação com a natureza, com o planeta. Porto-Gonçalves (2004, p. 29-30) assinala que a caracterização da sociedade como "de risco"

> [...] traz um componente interessante para o debate acerca do desafio ambiental, na medida em que aponta para o fato de que os riscos que a sociedade contemporânea corre são, em grande parte, derivados da própria intervenção da sociedade humana no planeta ("reflexividade"). Assim, a sociedade sofre os efeitos de suas próprias intervenções no meio natural, provocadas pelo poder técnico/tecnológico disponível, como a instalação de usinas nucleares em uma faixa litorânea sujeita a maremotos/terremotos no Japão, o que também revela que a humanidade continua, como no século XVIII e XIX, ingenuamente crente nos poderes da ciência e da tecnologia. Ou seja: continuamos construindo "as 20 mil casas de seis ou sete andares" que vieram abaixo no terremoto de Lisboa [...]

Assim, a "sociedade reflexiva" parece fazer mais sentido agora neste início de segunda década do segundo milênio, quando a arrogância e a intervenção científica e tecnológica sobre a natureza parece não ter mais limites. E, se o risco é uma construção social e que apenas existe para quem o percebe, com certeza, para a sociedade contemporânea, esta noção se tornou praticamente onipresente, em virtude do aumento universal de sua percepção, graças às mudanças da comunicação global já descrita.

É nesse contexto de construção da percepção aqui reiterado, que parece ficar muito clara a conceituação de Veyret (2007, p. 11) sobre riscos:

O risco, objeto social, define-se como a percepção do perigo, da catástrofe possível. Ele existe apenas em relação a um indivíduo, a um grupo social ou profissional, uma comunidade, uma sociedade que o apreende por meio de representações mentais e com ele convive por meio de práticas específicas. Não há risco sem uma população ou indivíduo que o perceba e que poderia sofrer seus efeitos.

---

10 Disponível em: <http://www.cartamaior.com.br/templates/materiaMostrar.cfm?materia_id=175>. Acesso em: 10.07.2011.

Veyret (2007, p. 24) define "catástrofe" "em função da amplitude das perdas causadas às pessoas e aos bens". Assim para a autora, ao se tratar do risco como objeto de estudo ou pesquisa, o que se estuda é "a percepção de uma potencialidade de crise, de acidente ou de catástrofe, o que não é, portanto, o acontecimento catastrófico propriamente dito". A autora alerta: "Muitos trabalhos confundem riscos e catástrofes e tomam um pelo outro" (VEYRET, 2007, p. 12). Este também é nosso entendimento, separando-se claramente o evento concreto – a álea (acontecimento natural, tecnológico, social, econômico, o que corresponde ao inglês *hazard*), o perigo (sinônimo de álea ou *hazard*) ou, às vezes, entendido "para definir as consequências objetivas de uma álea sobre um indivíduo, um grupo de indivíduos, sobre a organização do território ou sobre o meio ambiente" (VEYRET, 2007, p. 24), sendo um fato potencial e objetivo –, do risco em si, ou seja, separa-se a percepção da álea/ *hazard*, do evento perigoso/perigo.

Marandola Jr. (2009, p. 32), por sua vez, destaca a importância de distinguir a noção de perigo da noção de desastre, lembrando que há uma construção histórica em processo com relação a estes conceitos e que "o discurso do que é perigoso se transformou culturalmente", em especial no Ocidente. E arrisca a hipótese de que a sociedade atual esteja "vivendo agora a transformação" da noção de perigo, antes circunscrito a lugares muito específicos e frequentemente "separado do mundo civilizado". A transformação da noção de perigo em desastre reflete uma ameaça maior, "devido a seu aspecto global e abrangente" (MARANDOLA JR., 2009, p. 35); sem esquecer, o que a teoria da sociedade do risco já colocava: os riscos agora estão presentes em todos os lugares e atingem a todos, embora seja preciso identificar como ele se manifestará como álea em cada região e como será potencializado em função de fatores como uso e utilização do solo, aumento da densidade demográfica e injustiça socioambiental urbana. É preciso enfatizar que o uso do termo risco ou do termo perigo em um discurso acadêmico ou político "se refere à ênfase que se direciona às ações preventivas pré-evento (risco) e à compreensão do processo de produção e distribuição dos eventos (perigo)" (MARANDOLA JR., 2009, p. 37).

Assim, da percepção sobre o aumento da ocorrência de desastres socioambientais aqui examinadas, por extensão, surge a percepção de que somos também uma sociedade mais exposta aos riscos socioambientais, ou seja, somos cada vez mais vulneráveis. A noção de vulnerabilidade, assim como a de risco, é também complexa. Marandola Jr. (2009, p. 31) insiste que "a polifonia dos discursos sobre vulnerabilidade reforça a necessidade de discutir sua precisão conceitual, que tem sido evocada por diferentes autores [...]". A formação, a consolidação e o desenvolvimento do conceito são coerentes, segundo o autor, com a própria interdisciplinaridade necessária para se lidar com os conceitos relacionados aos estudos ambientais e suas problemáticas abrangentes. Ao construir a conceituação de vulnerabilidade, o autor, inclusive, tem o cuidado de relembrar a crítica recorrente de se "utilizar definições normativas para conduzir investigações de ciência básica, em especial no campo das ciências humanas", uma vez que tais definições, embora cristalizem e circunscrevam os objetos "antes da pesquisa em si, facilitando a identificação dos mesmos fatores em diferentes contextos", ao mesmo tempo, dificultam ou até eliminam "a possibilidade de captação de singularidades ou de alterações ao longo do tempo" (MARANDOLA JR., 2009, p. 32), o que limita a reflexão acadêmica, embora seja útil para a gestão pública. Este mesmo raciocínio se aplica na utilização de dois outros conceitos, oriundos das ciências biológicas, os de "resiliência" e "adaptação", quando utilizados em uma dimensão de enfrentamento dos eventos extremos.

Nesse contexto, Marandola Jr. (2009, p. 37) acrescenta que

> [...] podemos pensar o evento, tendo se realizado ou não, do ponto de vista de como grupos populacionais, lugares ou instituições poderão suportar os impactos do perigo, absorvendo os impactos (**vulnerabilidade**), recuperando-se ao estado pré-evento (**resiliência**) ou alterando comportamentos, normas ou o próprio ordenamento territorial (**adaptação**) (Grifos do autor).

A vulnerabilidade pode ainda se referir ao grau de exposição ou suscetibilidade aos riscos e desastres, às "fragilidades e capacidades das pessoas e sistemas de passar pela experiência de perigo" (MARANDOLA JR., 2009, p. 37) ou "à magnitude do impacto previsível de uma álea sobre os alvos" (VEYRET, 2007, p. 24), podendo ser humana, socioeconômica e ambiental.

Em abril de 2010, na entrevista "A Civilização ficou cega frente à natureza", publicada na revista *Adverso*, da Associação dos Docentes da Universidade Federal do Rio Grande do Sul[11], o geólogo Rualdo Menegat, declarou que os eventos naturais (ou desastres socioambientais) mostram "a progressiva cegueira da civilização humana contemporânea em relação à natureza" (p. 7), destacando a problemática no âmbito do espaço urbano:

A humanidade está bordejando todos os limites perigosos do planeta Terra e se aproxima cada vez mais de áreas de riscos, como bordas de vulcões e regiões altamente sísmicas. Estamos ocupando locais que, há 50 anos não ocupávamos. Como as nossas cidades estão ficando gigantes e cegas, elas não enxergam o tamanho do precipício, a proporção do perigo desses locais que elas ocupam (MENEGAT, 2010).

E, ao falar do modo como a mídia espetaculariza essas tragédias (enchentes, tsunamis, terremotos, explosões vulcânicas) assinalaram: "Ao invés de provocar uma reflexão sobre o nosso lugar na natureza, traz apenas as imagens de algo que veio interromper o que não poderia ser interrompido, a saber, a nossa rotina urbana", referindo-se ao cotidiano de mais de 3,5 bilhões de pessoas que vivem em cidades[12].

---

11 Disponível em: <http://issuu.com/verdeperto/docs/176>. Acesso em: 10.07.2011.
12 MENEGAT, R. A Civilização ficou cega frente à natureza. *Adverso*, UFRGS, p. 6, abr. 2010.

Ao final da primeira parte deste capítulo sobressai-se a questão: O que realmente se intensifica? A manifestação dos eventos naturais extremos ou a percepção desses eventos na globalização atual? Parece ficar evidente que a intensificação desses processos se atrela à percepção sobre sua ocorrência em um mundo cada vez mais conectado pela informação, no qual as intensas mediações midiáticas conduzem à criação sistemática de novas representações sociais sobre esses eventos. Neste contexto, a aceleração e complexização do processo de urbanização atual constituem fatores reais de intensificação dos riscos da população, das instituições e dos ambientes aos eventos naturais catastróficos ligados ao clima. Passemos, portanto, a examinar a manifestação do risco como um fenômeno urbano.

6.3 URBANIZAÇÃO NO CONTEXTO DE MUDANÇAS CLIMÁTICAS: RISCOS E VULNERABILIDADES SOCIOAMBIENTAIS NA CIDADE

O princípio norteador deste tópico é a urbanização do planeta, em um contexto de mudanças climáticas globais, guiada pela proliferação de grandes e gigantescas cidades[13] inseridas na lógica da acumulação mundial, quando ocorre a globalização dos mercados e da cultura. Esses espaços se veem impelidos a utilizar estratégias competitivas na atração de investimentos, se transformando em uma espécie de empresa, cujo mercado ultrapassa as fronteiras internas dos Estados Nacionais. Dentro dessa lógica, formam-se espaços economicamente viáveis, concomitante ao esvaziamento populacional do campo, ocasionando adensamento excessivo dessas áreas com suas complexas consequências sociais e ambientais.

Nesse contexto, observa-se a atuação de governos comprometidos com as necessidades do capital e do consumo de camadas privilegiadas da população, em detrimento dos investimentos em políticas sociais. O resultado, particularmente nos países do Sul, é a carência de infraestrutura urbana acessível a todos os habitantes dos grandes aglomerados, a precariedade e a ilegalidade habitacional das camadas menos favorecidas da população, bem como a segregação socioespacial. Em outras palavras, assiste-se ao surgimento de uma sociedade que produz e distribui, de forma desigual, os riscos sociais e os riscos ambientais, evidenciados nas diferentes formas e graus de vulnerabilidades aos problemas socioambientais urbanos.

---

13 A população mundial atinge a condição de população urbana neste início de século XXI, momento no qual mais de 50% dela está concentrada nas áreas das cidades. A perspectiva da urbanização planetária é de intensificação, sendo previsto que, aproximadamente, 75% da humanidade estará vivendo nas áreas urbanas por volta de 2050. François Ramade (2003), entre outros, previram uma proliferação de grandes e gigantes cidades (cidades-região) nos países do Sul, especialmente na África e Sudeste Asiático, com populações da ordem de 30 a 50 milhões de habitantes cada uma, intensificando a queda da qualidade e das condições de vida de toda a população dessas áreas. Nesse contexto, ele considera a urbanização do século XXI como sendo um dos mais graves problemas ecológicos criados pelos homens.

Em meados dos anos 1990 o relatório do UNFPA – *Situação da população mundial* – advertia, em sua abertura, que "o crescimento das cidades será uma das maiores influências sobre o desenvolvimento no século XXI". Mais de uma década depois, em fins da primeira década do século XXI, outro relatório sobre a situação da população enfatiza o fato de que, pela primeira vez, mais da metade da população do globo – 3,3 bilhões de pessoas – estará vivendo nas cidades, e, ainda, que o número e a proporção de habitantes urbanos continuarão a aumentar rapidamente.

Estima-se que a população urbana chegue a 4,9 bilhões até 2030, o que significa que, em nível global todo o crescimento futuro da população ocorrerá nas cidades, particularmente naquelas dos países em desenvolvimento. "A população urbana da África e da Ásia deverá dobrar entre 2000 e 2030. Também continuará a expandir-se, porém mais lentamente, na América Latina e no Caribe [...]" – essas cidades responderão por 80% da população urbana mundial. Seguindo a lógica de funcionamento das grandes cidades, uma parcela significativa desses novos habitantes urbanos viverá em condição de pobreza, indicando agudização dos problemas socioambientais (RAMADE, 2003). Nesse sentido, o futuro das cidades, que são lócus das rápidas transformações econômicas, sociais, demográficas e ambientais, dependerá das decisões tomadas atualmente.

Os principais problemas ambientais urbanos estão vinculados a algumas importantes questões como bem ressalta Jacobi (2004): redução de áreas verdes com excessiva impermeabilização do solo; poluição do ar; rede de transporte inadequada; baixa cobertura da rede de esgoto; contaminação dos mananciais de água e dos rios dentro das cidades; saturação de áreas para despejo dos dejetos sólidos.

Nesse contexto, segundo Ojima e Hogan (2008) a interface entre urbanização e mudança climática coloca em evidência os desafios para o desenvolvimento social e econômico em vista de um futuro sustentável. Segundo Hogan (2009) o impacto das mudanças climáticas será mais sentido nas cidades, ainda mais se levarmos em conta que, em 2010, 84% dos brasileiros viviam em áreas urbanas. Para Hogan, considerando o acúmulo de problemas ambientais e o atraso na criação de uma infraestrutura ambiental, em uma situação de intenso crescimento populacional, as cidades não estão preparadas para as mudanças climáticas. Assim, as vulnerabilidades a mudança climática serão sentidas de forma mais aguda nas cidades, ocasionada pelo adensamento da população em situação socioeconômica desfavorável em áreas ambientalmente inadequadas.

O adensamento populacional em poucos pontos do território provoca também um adensamento de problemas nos espaços urbanos advindos, principalmente, das desigualdades sociais e das vulnerabilidades associadas a riscos potenciais. Essa situação se faz presente, histórica e de maneira clara e evidente, no contexto da urbanização brasileira, marcada por flagrantes e cada vez mais intensos problemas socioambientais nas cidades.

O primeiro levantamento censitário no Brasil data de 1872 e contou uma população de 9,9 milhões de pessoas. Um século após, em 1970, contava 94,5 milhões de brasileiros, quase dez vezes mais habitantes e, 40 anos depois, o país mais que dobrou sua população, chegando em 2010 com 190,7 milhões de pessoas. As regiões Nordeste e Sudeste historicamente detiveram os maiores contingentes populacionais; o Nordeste, porta de entrada dos colonizadores e o Sudeste por sua condição, durante décadas, de hegemonia política/administrativa e importância econômica.

Quase um século e meio de transformações ocorridas em solo brasileiro, reconfigurou o país em termos culturais, sociais, econômicos e espaciais. A passagem de um país essencialmente agrícola/rural para um país industrializado/urbano, entre as décadas de 1940 a 1960, desencadeou um processo de crescimento e densificação das aglomerações urbanas, além da criação de uma miríade de novas cidades, concomitante ao esvaziamento populacional das áreas rurais, em especial na região Sudeste, em que se implantaram as grandes indústrias e, posteriormente, a região Sul, que também atraiu indústrias para seu território.

Em 1920 o Brasil contabilizava uma população de 27,5 milhões de habitantes e contava com 74 cidades com mais de 20 mil habitantes, nas quais residiam 4,5 milhões de pessoas (17,0% do total da população), conforme Vilela e Suzigan (1973). Em termos regionais essa população urbana se mantinha muito concentrada na região Sudeste (mais de 50%), distribuída em poucas cidades dos estados de São Paulo, Minas Gerais e Rio de Janeiro.

Mas, foi a partir dos anos 1930/1940 que a urbanização se associou às profundas transformações estruturais que passavam a sociedade e a economia brasileira. Ela assume, de fato, uma dimensão estrutural, ou seja, não só o território acelera o seu processo de urbanização, mas também a própria sociedade brasileira se torna cada vez mais urbana. Esse "grande ciclo de expansão da urbanização" que se iniciava, coincidia com o "grande ciclo de expansão das migrações internas", que faziam o elo maior entre as mudanças estruturais e a aceleração do processo de urbanização (BRITO; HORTA, 2002).

Esse processo foi se consolidando e acelerando, de maneira acentuada, ao longo dos anos, tanto que a população urbana brasileira saltou de apenas 12,9 milhões em 1940 (menos de 1/3 do total), para 160,9 milhões em 2010 (cerca de 85% do total) – Tabela 6.1, processo que foi extremamente intenso entre as décadas 1960-1970 decorrente, principalmente, de um exacerbado êxodo rural no país. Tal processo impeliu a passagem de um expressivo contingente de pessoas, com baixa ou nenhuma escolaridade e completa desqualificação para as atividades urbanas, para as cidades; estas incharam e, como resultante de um processo caótico, atestaram o agravamento de problemas já antigos não solucionados e o surgimento de novos, pois que a ausência total de políticas públicas voltadas ao planejamento urbano garantiu a instalação de cenários urbanos desoladores no Brasil.

Tabela 6.1 – População por situação de domicílio – Brasil (1940 e 2010)		
Situação de domicílio	População	
	1940 (1)	2010 (2)
Total	41.169.321	190.755.799
Urbana	12.880.790	160.925.792
Rural	28.288.531	29.830.007

Fonte: IBGE, Censo Demográfico 1940/2010. (1) População presente. (2) População residente.

A urbanização brasileira, além de intensa, também se deu de forma muito concentrada. Os dados divulgados pelo IBGE, referentes a 2010, revelam que a população das regiões metropolitanas oficiais e as Regiões Integradas de Desenvolvimento (RIDE´s), que conformam os principais espaços urbanos do Brasil, contam 89,4 milhões de habitantes, distribuídos em apenas 630 municípios dos mais de 5.500 existentes no Brasil. Ao se considerar entre esses espaços, somente aqueles que se caracterizam como aglomerados urbanos que apresentam características próprias das novas funções de coordenação, comando e direção das grandes cidades na "economia em rede" (emergente com a globalização e a reestruturação produtiva)[14], verifica-se seu poder de concentração. Nos espaços representados na Figura 6.1, os quais reúnem pouco mais de 308 municípios (5,5% do total dos municípios), residem mais de 70 milhões de pessoas (37% da população total).

Além de reunirem 37% da população brasileira, esses espaços têm enorme importância na concentração das forças produtivas nacionais. Centralizam 62% da capacidade tecnológica do país, medida pelo número de patentes, artigos científicos, população com mais de 12 anos de estudos e valor bruto da transformação industrial (VTI) das empresas que inovam em produtos e processos; e respondem por 55% do valor de transformação industrial das empresas que exportam (RIBEIRO; RODRIGUES E SILVA, 2009).

Sendo espaços em que afloram as oportunidades, continuam sendo extremamente atrativos em termos de localização populacional. Esse processo, juntamente com a intensa mobilidade intraurbana, determinada por uma lógica segregadora, social e espacial, faz com que grupos populacionais menos favorecidos se localizem, cada vez mais, em áreas sujeitas a riscos ambientais. Essa realidade confirma a hipótese da divisão social do território, na qual a exposição aos riscos socioambientais acomete desigualmente os diversos grupos sociais (OBSERVATÓRIO DAS METRÓPOLES, 2009).

---

14 Esses 15 espaços metropolitanos, segundo estudo realizado pelo Observatório das Metrópoles (OBSERVATÓRIO, 2009), são: Belém, Belo Horizonte, Brasília, Campinas, Curitiba, Florianópolis, Fortaleza, Goiânia, Manaus, Porto Alegre, Recife, Rio de Janeiro, Salvador, São Paulo e Vitória.

146   Mudanças climáticas e as cidades

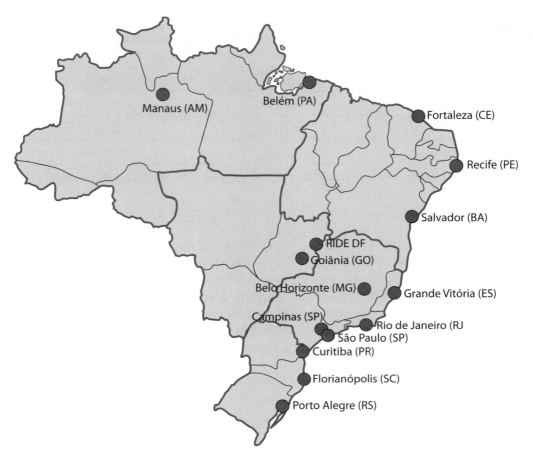

Figura 6.1 – Principais regiões metropolitanas – Brasil/2010.
Fonte: Adaptado de As metrópoles no Censo 2010: *quem somos? Disponível em:*
<www.observatoriodasmetropoles.net>. Acesso em: 05/2010.

Esse processo em curso nos aglomerados urbanos, especialmente nas regiões metropolitanas, nos remete a refletir sobre algumas matrizes teóricas para a compreensão da lógica das cidades nos países do Sul. A primeira se refere ao conceito de urbanização corporativa de Santos (1993), que caracteriza o desenvolvimento urbano das grandes cidades, incluindo Curitiba, inserido em um contexto do capitalismo competitivo e monopolista, perspectiva que se liga diretamente à ideia de "cidade-empresa" supracomentada.

O papel do Estado é fundamental, pois, pautado na ideologia do crescimento, subordina as políticas públicas à internacionalização da economia, ao domínio externo sobre o mercado e o território locais. Dessa forma, os governos corroboram a urbanização corporativa, contrapondo o grande crescimento econômico ao simultâneo empobrecimento da população, à medida que privilegiam os investimentos na reformulação das estruturas urbanas que priorizam os interesses de umas poucas empresas visando atrair o desenvolvimento econômico. Cria-se a cidade segmentada e excludente; ignoram-se os impactos socioambientais urbanos (MOURA, 2004).

Dessa forma, para além dos teóricos da Sociedade de Risco, incorporam-se, às análises atuais, a diversidade social da construção do risco e a presença de uma lógica política que orienta a distribuição desigual dos danos ambientais. Segundo Acselrad (2002) a noção de justiça ambiental remete a uma discussão distinta daquela promovida no debate ambiental corrente – entre meio ambiente e escassez, em que neste último, o meio ambiente tende a ser visto como uno, homogêneo e quantitativamente limitado. A ideia de justiça, ao contrário, remete a uma distribuição equânime de partes e à diferenciação qualitativa do meio ambiente; nesta perspectiva, a interatividade e o inter-relacionamento entre os diferentes elementos do ambiente não podem significar indivisão. A denúncia da desigualdade ambiental sugere uma distribuição desigual das partes de um meio ambiente que contém diferentes qualidades e é injustamente dividido.

Nesse sentido, segundo Deschamps (2004) tem-se observado um crescimento diferenciado em determinados espaços metropolitanos que marcam o aprofundamento da segregação socioespacial. Populações de baixa renda têm ocupado, legal ou ilegalmente, áreas ambientalmente vulneráveis, estando, dessa forma, expostas a outro processo intraurbano: o da "segregação ambiental", condição direta da sociedade globalizada.

Em estudo sobre a vulnerabilidade socioambiental nas metrópoles brasileiras (OBSERVATÓRIO DAS METRÓPOLES, 2009), foi construída uma tipologia de áreas intraurbanas segundo seu grau de vulnerabilidade socioambiental. O resultado mostra claramente o processo descrito aqui, em que áreas ambientalmente adequadas são ocupadas por grupos populacionais de melhores condições socioeconômicas. Ao contrário, em áreas de risco ambiental, há densidade de grupos socialmente vulneráveis. Tomem-se, como exemplo, os resultados da Região Metropolitana de Curitiba, objeto do seguinte tópico, representada na Figura 6.2.

Para a construção desta tipologia considerou-se as condições preexistentes no meio ambiente – a demografia, o sistema social e a infraestrutura – como os principais fatores de vulnerabilidade. Foi realizada uma leitura inter-relacionada desses fatores, identificando-se os espaços metropolitanos nos quais há coincidência entre a vulnerabilidade social e o risco ambiental. Conforme a referida Figura 6.2, observa-se que os espaços centrais da metrópole são aqueles que apresentam baixa vulnerabilidade socioambiental, situação que se agrava à medida que se distanciam do centro metropolitano. Ou seja, pode-se observar que existem na RMC determinadas áreas em que residem grupos populacionais em situação de alta vulnerabilidade social, ocupando áreas de risco ambiental. Quanto mais distantes do "centro metropolitano", maior a incidência de fatores que geram desvantagem social, colocando em evidência a questão da desigualdade socioespacial. Nessas áreas, há uma maior inci-

148   Mudanças climáticas e as cidades

Figura 6.2 – RMC – Região metropolitana de Curitiba – Grau de vulnerabilidade socioambiental – 2000.
Fonte: Observatório das Metrópoles, 2009.

dência de inundações (DESCHAMPS, 2004), cujos detalhes serão tratados a seguir na perspectiva de uma análise crítica de sua manifestação no contexto das mudanças climáticas globais.

6.4 URBANIZAÇÃO E INUNDAÇÕES EM CURITIBA/PR: UMA PERSPECTIVA NA ESCALA LOCAL

Nos primórdios da fundação da cidade de Curitiba (final do século XVII) a questão da implantação urbana já impunha aos pioneiros uma atenção especial ao excesso de água na superfície de ocupação. A expansão urbana da área se processou, nestes pouco mais de três séculos, conjugando adaptações e mitigações da sociedade, em face dos episódios pluviais extremos geradores de inundações na área urbanizada. A estruturação da sede municipal é repleta de exemplos das intervenções urbanas edificadas na perspectiva de conter as inundações e seus impactos sobre a sociedade, cuja história pode ser concebida como tendo início com a construção do Passeio Público municipal (1873), momento no qual a cidade era ainda muito pequena; a construção de infraestrutura urbana para o enfrentamento desse problema será fortemente dinamizada com os vários parques construídos na segunda metade do século XX (Figura 6.3).

A análise, mesmo que introdutória, da evolução histórica dos episódios pluviais intensos e das inundações associadas, em Curitiba, revela aspectos muito interessantes, entre os quais vale questionar se, na fase atual, os impactos e danos a eles associados são mesmo atrelados a processos de mudanças climáticas globais. Os dados levantados, de forma mesmo que parcial, e sua espacialização ao longo dos últimos cem anos colocam em evidência detalhes extremamente curiosos para o debate que se apresenta a seguir.

A maioria dos episódios de inundações na área urbana de Curitiba, cerca de 90%, aconteceu na estação de verão prolongado (um em novembro, seis em dezembro, cinco em janeiro, cinco em fevereiro e um em março), e 10% ocorreram nos meses de maio e setembro, sendo que no inverno não foram registrados episódios pluviais extremos na área (Tabela 6.2). Estes dados revelam a expressiva sazonalidade das precipitações pluviais concentradas na área de estudo, o que permite identificar a condição temporal de formação dos riscos naturais de ocorrência de inundações em Curitiba e região, facilmente previsíveis no que concerne à sua dimensão temporal.

Os totais absolutos diários de chuva que causam impactos e danos à sociedade na cidade de Curitiba são muito variados, ou seja, as inundações podem ocorrer nesse município com chuvas que registram de 30 mm até 150 mm, como se pode observar na Tabela 6.2. Vários são os fatores que concorrem para que haja esta expressiva gama de totais pluviométricos geradores de impactos na área, todavia vale destacar tanto a concentração temporal quanto espacial da precipitação, assim como

Figura 6.3 – Curitiba/PR – Passeio Público construído no final do século XIX (esquerda), inundação na área central no início do século XX (centro) e Parque Tingui construído no final do século XX (direita): Cenas e obras relacionadas ao problema das inundações na cidade.
Fonte: Da esquerda para direita: 01 – Foto antiga do Passeio Público de Curitiba. Disponível em: <http://www.curitibaantiga.com/fotos-antigas/699/Passeio-Publico-no-ano-de-1883.html>; 02 – Foto antiga de inundação na área central de Curitiba. Disponível em: <http://profbetohistoria.blogspot.com.br/2009/05/fotos-antigas-de-curitiba.html>; 03 – Foto do Parque Barigui. Disponível em: <www.curitibasites.com>.

as condições atmosféricas nos dias e, mesmo, nas semanas anteriores ao registro da excepcionalidade. Desta maneira entende-se que uma forte e localizada pancada de chuva (30 mm, em 30 a 60 minutos), ou mesmo a ocorrência prolongada de precipitação pluvial em pequenas quantidades durante vários dias (10 mm a 30 mm/diários, em média, durante uma semana, por exemplo) podem desencadear inundações, pois a saturação hídrica da superfície intensificará o risco à inundação no local.

Os dados meteorológicos também evidenciam totais absolutos mensais de chuvas muito elevados, caracterizados como de altos excedentes hídricos para a área, nos quais os impactos e danos atrelados às inundações são muito expressivos. Tal foi o caso do mês de janeiro de 1995, no qual foram registrados 423,5 mm de pluviosidade; os locais mais afetados foram os bairros de Uberaba, Boqueirão, Bairro Alto, Vila Verde, Vila Sofia, Vila Oficinas Bacacheri, além do município de São José dos Pinhais, com um total de 15.500 pessoas desabrigadas e três mortes.

Outro aspecto evidenciado pelos dados (Tabela 6.2) e passível de observação espacial (Figura 6.4) é a dinâmica das inundações na cidade em relação à urbanização ali processada, ou seja, o registro das eventualidades extremas pluviais na área urbana de Curitiba se fez acompanhar do espraiamento da mancha urbana, fato que comprova, uma vez mais, a condição eminentemente socioambiental dos riscos (BECK, 1992; VEYRET, 2007, entre outros) aqui tratados. Dito de outra maneira, é possível afirmar que a ocorrência de precipitações pluviais elevadas (acima de 60 mm em 24 horas) não teria nenhuma importância social se não fora registrada nas áreas ocupadas pelas estruturas urbano-industriais e/ou de agricultura intensa; se configurariam esses episódios apenas como excepcionalidades da natureza do lugar e cujo "risco de manifestação" está atrelado à própria natureza do clima local e regional.

Assim é que as inundações registradas entre início e meados do século XX na cidade de Curitiba colocam em evidência apenas a atual área central da cidade (**A** – Figuras 6.4 e 6.5) e, à medida que esta se expandiu é que foram sendo registrados novas inundações (**B** e **C** – Figuras 6.4 e 6.5) e os impactos e danos a ela associados. Na área central da cidade (outrora bem pequena, atualmente muito expandida) a repetitividade das inundações levou tanto o poder público quanto a iniciativa privada a tomar medidas de contenção dos impactos e danos ali causados pelas chuvas concentradas; projetos arrojados de engenharia sanitária e hidráulica foram ali implantados visando facilitar o escoamento superficial das águas excedentes, bem como garantir a reprodução socioespacial dessa parte da cidade, impregnada que é da maior concentração de capital e pessoas da área urbana. É em tal contexto que se pode afirmar que tanto a adaptação quanto à mitigação em face das inundações foi praticada pela sociedade local desde muito cedo.

As áreas pericentrais (**B** – Figuras 6.4 e 6.5) e as periferias geográficas (**C** – Figuras 6.4 e 6.5) de Curitiba passaram a registrar episódios de inundações e impactos a eles associados principalmente após a metade do século XX, momento no qual o processo de urbanização derivou em ocupação desses espaços, via de regra sem planejamento adequado no que concerne à impermeabilização do solo e ao espraiamento das águas das chuvas. A lógica deste processo de expansão urbana – *urbanização corporativa* – como anteriormente.

A lógica deste processo de expansão urbana – urbanização corporativa – como foi mencionada aqui (SANTOS, 1993), de alta segregação socioespacial, revela baixíssimos ou ausência de investimentos no planejamento urbano e na dotação de infraestrutura de prevenção aos riscos socioambientais inerentes. Nesses contextos os riscos às inundações geram mais impactos e danos materiais e sociais, pois que a população favelada de Curitiba (áreas de sub-habitações – Figura 6.5), aquela que revela maior vulnerabilidade às inundações, saltou de apenas 1,5% na década de 1970 para cerca de 14% na atualidade (Tabela 6.3).

Periferias geográficas se associam, na maioria das vezes, às periferias sociais, mas é nestas últimas que a vulnerabilidade da sociedade às inundações se faz notar na sua mais clara expressão. Na cidade de Curitiba os impactos e danos se manifestam distintamente em face das condições sociais, ou seja, na Área Central da Cidade (**A**) aos impactos e danos se segue toda uma série de medidas de reparação e de mitigação às inundações que são, sobretudo, de ordem econômica. Nas demais áreas (**B** e **C**) notam-se uma conjugação de impactos materiais e humanos, com proliferação de doenças transmitidas pelo espraiamento das águas, perdas materiais e, mesmo, vítimas humanas (Tabela 6.2 – Figuras 6.4 e 6.5), aspectos que evidenciam a maior vulnerabilidade das populações destas áreas às inundações.

Tabela 6.2 – Curitiba/PR: Inundações e impactos (1911-2011/Parcial)

N°	Data	Chuva (mm)	Locais afetados	Impactos materiais e sociais
1	1911	Sem dados	Centro e Centro Cívico	Ruas inundadas próximo do passeio público e do atual Shopping Mueller
2	Dez/1932	52,0	Centro	Inundação no centro, praça Zacarias e rua João Negrão
3	Jan/1968	152,3	Centro e Barigui	Inundação de poços e fossas; vacinação em massa da população
4	05/02/1982	100,6	Uberaba, Boqueirão, V. Sofia, S. Quitéria, V. Oficinas, S. Felicidade, S. Cândida, Hauer, Jd. Virgínia	Inundação de várias ruas e forte na Av. das Torres
5	11/12/1983	97,9	Centro, Cajuru e Guabiroutuba	Árvores arrancadas; fios de alta tensão derrubados; placas levadas pelos ventos; ruas inundadas
6	14/05/1993	138,0	Tarumã, V. Conquista, Uberaba, Abranches, V. Sofia e cidade de Pinhais	10 mil desabrigados
7	21/09/1993	103,3	CIC, Pinheirinho, S. Cândida, Bairro Alto, V. Guaíra e V. Acrópole; Colombo e Pinhais	Uma morte em Colombo; dois desaparecidos em Pinhais; 3 mil desabrigados
8	12/02/1997	102,5	Boqueirão, Cajuru, Portão, Bairro Alto, V. Oficinas e CIC; e cidade de Colombo	Inundação de aproximadamente 230 casas; destelhamento de escolas; 88 desabrigados
9	22/02/1999	146,2	Centro, Mercês, Bom Retiro, Rebouças, Campina do Siqueira e Boqueirão	Desabamento de barracões; casas levadas pelas enxurradas; ruas e garagens inundadas
10	20/12/2006	- - -	Pinheirinho, Cabral, CIC, S. Candida, Bairro Alto, Boa Vista	Imóveis derrubados; queda de árvores; perda de móveis; entupimento de bueiros; alagamento de escolas

N°	Data	Chuva (mm)	Locais afetados	Impactos materiais e sociais
11	19/01/2007	---	Cajuru	Casas alagadas
12	26/02/2007	---	Batel, Água Verde, Novo Mundo, Pinheirinho	Queda de árvores; danos a veículos e a imóveis
13	07/12/2007	---	CIC, Uberaba, N. Mundo, Hauer, Cajuru, Fani, CIC, V. Osternack, Boqueirão, Uberaba, S. Cercado, B. Alto	Perda de móveis
14	15/02/2008	---	Novo Mundo e Bairro Alto	Alagamentos; danos e perda de móveis; danos em veículos
15	01/12/2008	---	35 bairros atingidos	90 mil residências sem energia elétrica
16	14/01/2009	---	31 bairros atingidos	136 mil residências sem energia elétrica; 20 árvores derrubadas
17	22/12/2009	---	11 bairros atingidos	50 mil residências sem energia elétrica
18	19/11/2009	---	CIC, Boqueirão, Cajuru, Centro, S. Braz, Uberaba, Xaxim	1.397 famílias com alagamentos
19	12/01/2010	---	Tatuquara, Campina do Siqueira, Jd. Botânico, Butiatuvinha	1 casa de madeira desabou; árvores caíram na rede elétrica; moradores sem energia elétrica; casas alagadas
20	06/03/2010	---		23 casas alagadas; nove pessoas desabrigadas; uma vítima fatal
21	31/01/2011	40	Xaxim, Novo Mundo, Pinheirinho	Quatro casas interditadas; mais de 20 casas em risco de desabamento; uma vítima fatal
22	15/02/2011	29,6	Pilarzinho, CIC, Fazendinha, Santa Felicidade	Uma vítima fatal; um desaparecido

Fonte: Geissler (2004), Zanella (2006), jornal Gazeta do Povo e sites diversos.
Organização: Mendonça, F., 2011.

Tabela 6.3 – Curitiba/PR – População em área de sub-habitação		
Ano	População em área de sub-habitação	% em relação à população urbana
1970	11.000	1,7
1975	21.036	2,6
1980	34.000	3,3
1991	110.000	7
2000	200.000	12
2010	250.000	15

Fonte: IPPUC e pesquisas diversas.
Organização: Mendonça, 2011.

A análise da dinâmica espaço-temporal do par urbanização-inundações em Curitiba é reveladora de situações muito conflitantes. Afinal, será mesmo que as inundações se intensificaram por consequência das mudanças climáticas globais, como tem sido colocado por diferenciados meios de comunicação? Não parece ser esta uma afirmativa na qual se possa confiar, pois os dados analisados (Tabela 6.2) não permitem afirmar que tenha havido intensificação das chuvas na cidade de Curitiba no último século, afinal totais muito elevados de precipitação pluvial aconteceram ao longo de todo o período. O que parece ter se intensificado foram os impactos e danos associados às inundações; estas sim parecem ter se intensificado, não porque tenha passado a chover mais nas últimas décadas, mas, sobretudo, porque o acelerado processo de urbanização corporativa da área gerou um contingente populacional cada vez maior de pessoas em situação de alta/altíssima vulnerabilidade socioambiental aos riscos de processos pluviais intensos.

6.5 MUDANÇAS CLIMÁTICAS E INUNDAÇÕES URBANAS: QUE MUDANÇAS SÃO, EFETIVAMENTE, MAIS EVIDENTES NAS CIDADES?

Ao estudar e analisar como se elaborou desde meados do século XX, com uma intensificação nas últimas três décadas, um mesmo discurso midiático planetário, que produz e reproduz, incessantemente, e minuto a minuto, as falas e argumentações sobre eventos e fatos de toda a natureza, começamos a entender como neste "hipertexto" global, também se estabelecem os discursos específicos da Ciência hegemônica mundial sobre os mais diversos temas, em especial aqueles que estão ligados aos interesses políticos e econômicos dominantes.

A cidade e as mudanças globais   155

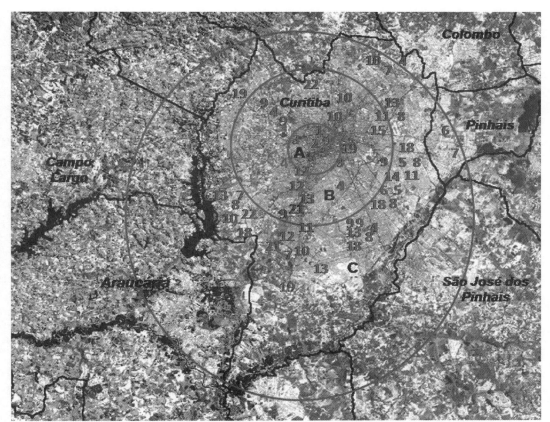

1 a 22: Locais impactados sequencialmente por inundações nos últimos 100 anos

Figura 6.4 – Aglomerado urbano da RMC – Espacialização das inundações (1911-2011/Parcial).
Fonte: Geissler (2004), Zanella (2006), Jornal Gazeta do Povo e sites diversos.
Imagem de satélite LANDSAT TM.
Organização: Mendonça, F., 2011.

Com relação ao tema aqui tratado, a reprodução do discurso científico proferido por fontes consideradas autoridades em suas respectivas áreas de especialização, por meio dos meios de comunicação de massa e das novas tecnologias da informação e comunicação, legitima aos olhos de um público global, mas também regional e local, as conclusões e análises que ligam a ocorrência de quaisquer eventos climáticos extremos ou mesmo recorrentes, às chamadas mudanças climáticas globais.

Essa legitimação, conferida pelo discurso público, se torna ainda mais ostensiva no contexto do aceleramento inédito da disseminação de eventos alcançado pelas mídias digitais interativas. A divulgação instantânea de uma miríade de fenômenos que estão a se manifestar por toda a "aldeia global", e para efeitos desta análise de todos os eventos climáticos e meteorológicos que ocorrem nos países do Norte ou do Sul, só faz aumentar cada vez mais a percepção do público com relação a uma inten-

156   Mudanças climáticas e as cidades

Áreas de sub-habitação
Áreas de risco de enchente no Município de Curitiba

Legenda:
☐ Bairros
■ Áreas de sub-habitações
▨ Áreas de risco de enchentes

3 0 3 6km

N

Fonte: Base Cartográfica: IPPUC
         Localicação dos Pontos: SMS
Org.:   Eduardo V. de Paula

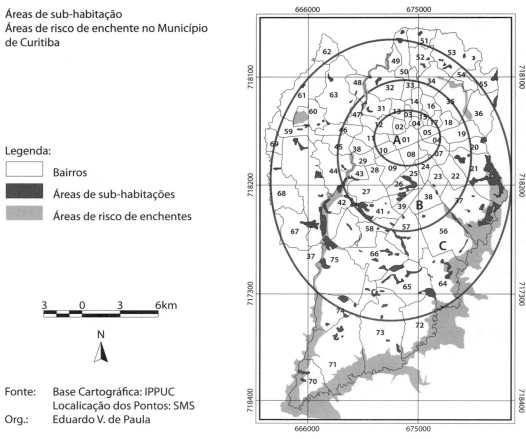

Figura 6.5 – Mapa que indica as áreas de sub-habitações e de risco de enchentes no Município de Curitiba.
Fonte: Base cartográfica do IPPUC.

sificação desses eventos. Esta aparente intensificação de eventos extremos, em geral associados pelos meios de comunicação de massa às mudanças climáticas globais, estabelece um imaginário comum na sociedade, que se percebe cada vez mais frágil e vulnerável a todos os tipos de riscos socioambientais.

É preciso, no entanto, ir além de toda esta "produção de aparências" midiáticas, legitimadas pelas "autoridades" dos campos científico, produtivo e político, fazendo uma leitura de suas entrelinhas, superando suas fragmentações contextuais e se perguntando, sempre: A quem interessa agora esse discurso? De onde ele vem? Como foi elaborado? A quem se destina e para quê? Nesse sentido, é preciso refletir sobre a complexidade da sociedade contemporânea com sua profunda interconexão de eventos naturais, sociais, econômicos e culturais. Um bom instrumento para buscar esse caminho reside, com certeza, no diálogo dos saberes e na busca da leitura do mundo a partir das possibilidades interdisciplinares.

O intenso e caótico crescimento das cidades dos países do Sul, ocorrido nas quatro últimas décadas, atesta a formação de áreas urbanas marcadas por flagrantes processos de degradação ambiental e social das localidades e populações nelas fixadas. As cidades brasileiras são, nesse contexto, exemplos claros da completa dissonância entre crescimento e políticas públicas orientadoras do desenvolvimento urbano, sendo que nas grandes cidades e regiões metropolitanas os problemas atingem a condição de extrema gravidade. Marcadas pela alta segregação socioespacial e, portanto, pela absurda concentração da renda, elas constituem péssimo exemplo das relações sociais na construção dos ambientes da vida humana.

Inundações urbanas, por exemplo, não constituem fatos novos nem eventualidades extremas decorrentes das mudanças climáticas globais. Elas fazem parte da história das cidades e compõem parte importante do processo de urbanização que se intensificou após o advento da Era Industrial, momento no qual o crescimento e dinamização das cidades atingiram patamares jamais vistos. À medida que se processaram em locais de pluviosidade concentrada e elevada (de riscos naturais), como é a característica do mundo tropical e subtropical, a criação e o crescimento das cidades se fez em conjugação ao também espraiamento das águas superficiais gerando inundações urbanas, registradas ao longo da história desses lugares, em episódios, muitas vezes, banais e, às vezes, causadores de intensos impactos. Mesmo fora da zona tropical esses eventos derivaram capítulos de perdas econômicas e sofrimento humano em muitas cidades, como o atestam estudos e relatos da cidade de Paris, Londres e muitas outras na Europa Ocidental, no século XIX e início do XX, após o que foram controlados, na maioria das vezes.

Em Curitiba a lógica da urbanização ao longo dos rios e/ou sobre áreas de inundações reproduz aquilo que se observa em outros contextos, como anteriormente tratado, todavia ganha matizes de maior gravidade quando se observa a elevada segregação socioespacial que se reproduz na cidade e que se intensifica a partir de meados do século XX. Desde o final do século XIX as inundações urbanas fazem parte da história de Curitiba, e se tornaram mais impactantes, à medida que a cidade se expandiu sobre áreas de espraiamento natural das águas dos rios Belém, Ivo, Barigui etc. na área central e, na periferia geográfica urbana, sobre a grande várzea do rio Iguaçu. À medida que foi se expandindo, do "centro-velho" em direção às atuais periferias, o poder público e a sociedade local foram desenvolvendo estratégias diferenciadas de mitigação e adaptação às inundações urbanas; o que fica evidente é que nas áreas e bairros de maior concentração do capital as intervenções de engenharia lograram maior sucesso no controle do excesso de águas na superfície, todavia nos locais de concentração da população de baixa renda (ou mesmo sem renda) os impactos são muito intensos e as intervenções provenientes do setor público praticamente ausente.

Chuvas torrenciais e concentradas foram registradas ao longo dos últimos 130 anos na região de Curitiba, ainda que se considerem os sistemas falhos e ineficientes de detecção e registros meteorológicos daquele período. Totais pluviométricos superiores a 100 mm/dia (riscos naturais) eram registrados nos anos 1920-1930, e causavam consideráveis transtornos à população curitibana e à economia local. Eventos desta ordem, ou similares, continuaram sendo registrados e, por conta da urbanização corporativa que se processou nos países do Sul, passaram a registrar mais impactos e um maior número de vitimados, pois a vulnerabilidade socioambiental da população se exacerbou nesse contexto. Assim, a análise do exemplo de Curitiba não permite concluir que as inundações urbanas sejam ali decorrentes ou que se intensificaram por conta das mudanças climáticas locais; o que parece ter ficado evidente é que a urbanização excludente e injusta tenha exacerbado, independentemente de alterações do clima, condições que já estavam presentes antes mesmo dos acirrados debates da atualidade. Problemas crônicos ligados à urbanização sequer foram solucionados!

O debate acerca das mudanças climáticas e suas repercussões sociais, econômicas, culturais e ambientais se revestem de alto interesse político, como bem o apontaram Mendonça et al. (2001), é preciso assinalar. Não fosse essa condição os diferentes Estados-nação, grandes empresas e sociedade em geral não estariam atribuindo tamanho valor à temática e se dando a infindáveis reuniões visando à elaboração de tratados e convenções no afã do controle do clima em base de perspectivas científicas-técnicas e tecnológicas. O conhecimento e o controle climático do planeta atendem a interesses diretos de instituições de poder na escala global, pois que as mudanças climáticas em curso na visão hegemônica afetam diretamente o cotidiano de bilhões de pessoas e, portanto, provocam incomensuráveis impactos no sistema de produção e consumo da sociedade capitalista contemporânea.

Ainda que os acirrados debates da atualidade acerca das mudanças globais, pautados por forte imbricação midiática, devam ser tratados na perspectiva do Princípio da Incerteza, da Responsabilidade e da Precaução, postura dos autores deste texto, e que devam, portanto, ser mais relativizados, suas implicações sobre as práticas sociais em relação à natureza devem ser redirecionadas para outra lógica de discurso e argumentação. Investir na crise como oportunidade, na construção de um mundo mais justo e fraterno, nas positividades como consequências de mudanças etc., nos parece postura mais saudável, considerando a perspectiva cultural acerca do porvir da humanidade. Para o trato das inundações urbanas não nos parece correto retirar do centro das discussões os aprofundados debates acerca dos não solucionados problemas das cidades no contexto dos países do Sul; sem uma redistribuição de recursos e rendas de maneira justa e socialmente equilibrada não resolveremos os problemas socioambientais das cidades no seu geral, nem tampouco daqueles atrelados às mudanças climáticas globais, quaisquer que sejam as posições que sobre elas tenhamos.

6.6 REFERÊNCIAS

ACSELRAD, H. Justiça ambiental e construção social do risco. *Desenvolvimento e Meio Ambiente*, Curitiba: UFPR, n. 5, p. 49-60, 2002.

BARROS FILHO, Clóvis de. *Ética na Comunicação – da Informação ao Receptor*. São Paulo, Moderna, 1995.

BECK, U. *Risk society*: towards a new modernity. Londres: Newbury Park; Nova Deli: Sage, 1992.

BRITO, F.; HORTA, C. *A urbanização recente no Brasil e as aglomerações metropolitanas*. CEDEPLAR – IUSSP, 2002.

CASTELLS, M. *A Era da informação*: economia, sociedade e cultura. v. 1: A Sociedade em Rede. v. 2: O poder da identidade. Rio de Janeiro: Paz e Terra, 1999.

_____. *A galáxia da Internet*: reflexões sobre a internet, os negócios e a sociedade. Rio de Janeiro: Jorge Zahar Ed., 2003.

DAVIS, M. *Planeta favela*. São Paulo: Boitempo, 2006.

DESCHAMPS, M. V. *Vulnerabilidade socioambiental na Região Metropolitana de Curitiba*. 2004. Tese (Doutorado) – UFPR, Curitiba, 2004.

FOUCAULT, M. L'Archéologie du savoir. *Bibliothèque des sciences humaines*. Paris: Gallimard, 1969.

GARCIA, F. E. S. *Cidade espetáculo: política, planejamento e city marketing*. Curitiba/PR: Palavra, 1997.

GIDDENS, A. *The consequences of modernity*. Stanford/California: Stanford University Press, 1990.

_____. *A política da mudança climática*. Rio de Janeiro: Zahar, 2010.

GEISSLER, H. J.; LOCH, R. E. M. *Análise histórica das enchentes em Curitiba – PR, medidas propostas e consequências observadas*. Florianópolis: UFSC, 2004.

GÓMEZ, O. G. Comunicação social e mudança tecnológica: Um cenário de múltiplos desordenamentos. In: MORAES, D. (Org). *Sociedade midiatizada*. Rio de Janeiro: Mauad, p. 81-98, 2006.

GUARESCHI, P.; JOVCHELOVITCH, S. (Orgs.). *Textos em representações sociais*. Petrópolis: Vozes, 1995.

HOGAN, D. J. População e mudanças ambientais globais. In: HOGAN, D. J.; MARANDOLA JR. E. (Orgs.) *População e mudança climática*: dimensões humanas das mudanças ambientais globais. Campinas: Nepo/Unicamp; Brasília: UNFPA, p. 11-24, 2009.

IBGE – INSTITUTO BRASILEIRO DE GEOGRAFIA E ESTATÍSTICA. *Censo demográfico* 2000. Arquivo dos microdados. Rio de Janeiro, 2002.

IBGE – INSTITUTO BRASILEIRO DE GEOGRAFIA E ESTATÍSTICA. *Sinopse do Censo Demográfico 2010*. Disponível em: <www.ibge.gov.br>. Acesso em: 20.05.2010.

IRWIN, A. *Ciência cidadã*: um estudo das pessoas, especialização e Desenvolvimento sustentável. Lisboa: Instituto Piaget, 1995.

JACOBI, P. Impactos socioambientais urbanos – do risco à busca de sustentabilidade. In: MENDONÇA, F. (Org.) *Impactos socioambientais urbanos*. Curitiba: UFPR, 2004.

MARANDOLA JR. E. Tangenciando a vulnerabilidade. In: HOGAN, D. J.; MARANDOLA JR. E. (Orgs.): *População e mudança climática*: dimensões humanas das mudanças ambientais globais. Campinas: Nepo/Unicamp; Brasília: UNFPA, 2009.

MATURANA, H. R.; VARELA, F. J. *A árvore do conhecimento*: as bases biológicas da compreensão humana. São Paulo: Palas Athena, 2001.

MCCOMBS, M. *A teoria da Agenda*: a mídia e a opinião pública. Petrópolis/RJ: Vozes, 2009.

MENDONCA, F. A. Clima, tropicalidade e saúde: uma perspectiva a partir da intensificação do aquecimento global. *Revista Brasileira de Climatologia*. v. 1, p. 97-110, 2006.

MENDONÇA, F.; DANNI-OLIVEIRA, I. M. *Climatolog*ia – noções básicas e climas do Brasil. São Paulo: Oficina de Textos, 2007.

MENDONÇA, F. et al. A intensificação do efeito estufa planetário e a posição dos países no cenário internacional. *Revista Ra'e Ga – O espaço geográfico em análise*, Curitiba, Editora da UFPR, ano V, n. 5, p. 99-124, 2001.

MENEGAT, R. A Civilização ficou cega frente à natureza. *Adverso*, UFRGS, p. 5, abr. 2010.

MOURA, 2004. Morfologias de concentração no Brasil: O que se configura além da metropolização? *Revista Paranaense de Desenvolvimento*, Curitiba, n. 107, p. 77-92, jul.-dez. 2004.

OJIMA, R.; HOGAN, D. J. População, urbanização e ambiente no cenário das mudanças ambientais globais: debates e desafios para a demografia brasileira. In: XVI ENCONTRO NACIONAL DE ESTUDOS POPULACIONAIS, Caxambu, 29 set. a 3 out. 2008.

PORTO-GONÇALVES, C. W. *O desafio ambiental*. Rio de Janeiro: Record, 2004.

RAMADE, F. *Les catastrophes ecologiques*. Londres: McGraw Hill, 2003.

Revista Adverso. A civilização ficou cega frente à natureza. Porto Alegre: ADUFRGS/UFRGS, abr. 2010. p. 5-8. Disponível em: <http://issuu.com/verdeperto/docs/176>. Acesso em: 10.07.2011.

Revista Carta Maior, 12 mar. 2011. Disponível em: <http://www.cartamaior.com.br/templates/materiaMostrar.cfm?materia_id=17534>. Acesso em: 10.07.2011.

RIBEIRO, L. C. Q.; RODRIGUES, J. M.; SILVA, É. T. Esvaziamento das Metrópoles e Festa do Interior?. *Boletim Regional, Urbano e Ambiental do IPEA*, julho/2009. Disponível também em: www.observatoriodasmetropoles.ufrj.br>. Acesso em:10.07.2011.

SANTOS, M. *A urbanização brasileira*. São Paulo: Edusp, 1993.

SILVERSTONE, R. *Por que estudar a mídia?* São Paulo: Loyola, 2002.

SOARES, M. C. *Representações, jornalismo e a esfera pública democrática*. São Paulo: Cultura Acadêmica, 2009.

VEYRET, Y. (Org.). *Os riscos*: o homem como agressor e vítima do meio ambiente. São Paulo: Contexto, 2007.

UNFPA – UNITED NATIONS POPULATION FUNDATION. *Situação da População Mundial 2007*: Desencadeando o Potencial do Crescimento Urbano. Fundo de População das Nações Unidas. Nova York: UNFPA, 2007.

VILELA, A.; SUZIGAN, W. Política do Governo e crescimento da economia brasileira 1889 – 1945. Ipea, *Série Monografias*, n. 10, 1973.

WEISSHEIMER, M. A. Tragédias naturais expõem perda da noção de limite. *Revista Carta Maior*, 12 mar. 2011. Disponível em: <http://www.cartamaior.com.br/templates/materiaMostrar.cfm?materia_id=175>. Acesso em: 10.07.2012.

ZANELLA, M. E. *Inundações urbanas em Curitiba/PR*: Impactos, riscos e vulnerabilidade socioambiental no bairro Cajuru. 2006. Tese (Doutorado) – UFPR, Curitiba, 2006.

Websites

FOLHA UOL. Disponível em: <http://www1.folha.uol.com.br/folha/ambiente/ult10007u364978.shtml>. Acesso em: 10.07.2011.

G1 – PORTAL DE NOTÍCIAS GLOBO. Disponível em: <http://g1.globo.com/Noticias/Brasil/0,,MUL1518387-5598,00-CHUVA+DEIXA+DESALOJADOS+E+DESABRIGADOS+NO+PARANA.htm>. Acesso em: 20.06.2013.

G1 PARANÁ – PORTAL DE NOTÍCIAS GLOBO. Disponível em: <http://g1.globo.com/parana/noticia/2011/02/defesa-civil-registra-63-pontos-de-alagamento-na-capital-do-parana.html>. Acesso em: 20.05.2013.

GAZETA DO POVO. Disponível em: <http://www.gazetadopovo.com.br/vidaecidadania/conteudo.phtml?tl=1&id=1107586&tit=Nao-estamos-preparados>. Acesso em: 20.05.2013.

GAZETA DO POVO. Disponível em: <http://www.gazetadopovo.com.br/vidaecidadania/conteudo.phtml?tl=1&id=946323&tit=Chuva-provoca--alagamentos--e--170-mil-casas-ficam-sem-luz-em-Curitiba>. Acesso em: 27.05.2013.

IPCC – INTERGOVERNMENTAL PANEL ON CLIMATE CHANGE. Disponível em: <htpp://www.ipcc.ch>. Acesso em: 25.05.2013.

OBSERVATÓRIO DAS METRÓPOLIS. Disponível em: <www.observatoriodasmetropoles.net>. Acesso em: 25.05.2013.

PARANÁ ONLINE. Disponível em: <http://www.parana-online.com.br/editoria/cidades/news/411150/?noticia=CURITIBA+LIBERA+R+750+MIL+CONTRA+INUNDACOES>. Acesso em: 25.05.2013.

R7 VÍDEOS. Disponível em: <http://noticias.r7.com/videos/crianca-morre-apos-inundacao-em-curitiba-pr-/idmedia/004cc98f20ae28cc51e1277adde5f930.html>. Acesso em: 25.05.2013.

SECOM – SECRETARIA DE COMUNICAÇÃO SOCIAL DA PRESIDÊNCIA DA REPÚBLICA. Disponível em: <http://www.secom.gov.br/sobre-a-secom/imprensa/noticas-da-secom/secom-divulga-estudo-sobre-o-acesso-a-informacao-e-a-formacao-de--opiniao-da-populacao-brasileira>. Acesso em: 25.05.2013.

7
IMPACTOS DAS MUDANÇAS CLIMÁTICAS EM PAÍSES AFRICANOS E REPERCUSSÕES NOS FLUXOS POPULACIONAIS

Lucí Hidalgo Nunes
Norma Felicidade Lopes da Silva Valêncio
Cláudia Silvana da Costa

Documentos recentes de programas e instituições multilaterais, como o *United Nations Development Programme* (UNDP), o *United Nations High Commission of Refugees* (UNHCR) e a *African Union* (AU), têm enfatizado a multicausalidade dos processos de ocupação do território e mobilidade da população no continente africano, os quais imbricam a pobreza estrutural, a instabilidade política e a intensificação dos efeitos deletérios relacionados aos eventos severos e extremos do clima. A sinergia de tais fatores coloca em xeque as formas correntes de territorialização e as práticas usuais de autoproteção dos grupos mais vulneráveis, tanto no meio rural quanto no urbano.

A intensificação dos riscos associados às secas e estiagens prolongadas, às tempestades e correspondentes inundações e movimentos de massa, aos episódios de ventos intensos como ciclones tropicais, além daqueles associados à erosão marinha e alteração do comportamento dos estoques pesqueiros, são parte constitutiva da inviabilidade da manutenção dos processos correntes de produção social do lugar em contexto rural. A alternativa de migração para os centros urbanos – que, no contexto africano, se expandem sem a correspondente capacidade de disseminar o bem-estar aos que ali se inserem e, no contexto europeu, equivale ao risco de expulsão sumária – não tem se mostrado exitosa na garantia de cidadania.

O atual cenário sociopolítico africano apresenta considerável instabilidade, cujo desdobramento é um quadro ampliado de insegurança no nível local e nacional. Os países europeus mais visados nas rotas de deslocamentos dos africanos têm se mostrado hostis para recepcioná-los e incorporá-los e os imigrantes são acuados por um crescente sentimento de xenofobia e pela contestação de seu direito à permanência, configurando a condição de *refugo humano* (BAUMAN, 2005).

A problemática citada sinaliza uma complexificação das crises humanitárias vindouras, uma vez que a simultaneidade dos desastres relacionados aos fatores naturais, aos conflitos territoriais no âmbito nacional e às intolerâncias na esfera internacional joga contra a estabilização do sistema de objetos e de ações do qual depende a produção do espaço dos povos africanos mais empobrecidos.

7.1 O PROCESSO DE URBANIZAÇÃO COMO CONTRIBUINTE PARA OS DESASTRES HIDROMETEOROLÓGICOS NA ÁFRICA

Ainda que 38% da população africana viva em áreas rurais, as taxas de urbanização e de aparecimento e crescimento das habitações subnormais nesse continente são as mais altas do mundo (UN-HABITAT, 2009), assinalando o fato de que a dimensão espacial das desigualdades é particularmente intensa na África.

Esse processo de urbanização – que altera de forma radical a paisagem e todos os componentes físicos, em especial, os parâmetros atmosféricos – tem ocorrido, em grande parte, em locais impróprios para a manutenção da integridade física das pessoas, sendo, portanto, profundamente incompatível com os ritmos dos processos ecológicos e insustentável. O surgimento de moradias fora dos padrões legais de regulamentação de uso e a grande deficiência ou até inexistência de infraestrutura básica se refletem na maior incidência das calamidades de ordem hidrometeorológica nas cidades africanas, tanto em número como em severidade e tipos, e encontra os povos desse continente consideravelmente despreparado para enfrentá-los.

O Quarto Relatório do *Painel Intergovernamental de Mudanças do Clima* (IPCC, 2007a; 2007b) identificou a África como uma das regiões em que a expressiva vulnerabilidade humana se ampliaria a partir das alterações provocadas pelo aquecimento global, tendo em vista as precedentes condições de moradia, saúde e segurança alimentar. Esse documento aponta que entre 70 a 250 milhões de africanos podem vivenciar o estresse hídrico até 2020, enfrentar a perda de biodiversidade, da qual depende o seu sustento direto, além de sofrer o aumento de sua suscetibilidade a doenças tropicais. O relatório do IPCC também sublinha que ¼ da população do oeste africano mora em cidades costeiras, constituindo, em alguns casos, contínuos nos quais vivem milhões de pessoas empobrecidas e sujeitas aos riscos de toda a ordem. Quanto a isso, é mister apontar que as zonas costeiras são altamente suscetíveis a eventos ambientais diversos, como inundações, tempestades, erosões, e com o advento das mudanças climáticas esses locais seriam fortemente atingidos pelo aumento do nível do mar, alterações na magnitude das precipitações, maior energia das ondas e correntes e maior mobilidade de sedimentos, entre outros impactos deletérios, afetando o estado dos ecossistemas e suas múltiplas funções de produção e regulação, além dos recursos desses lugares (como pesca e extração de ostras e sal) e seus usos (turístico, navegação etc.).

Vale destacar, igualmente, que ainda que do ponto de vista econômico esse continente apresente enorme potencial, com seus diversificados ecossistemas, biomas e paisagens, esse mesmo fato, que transformou a África em rica região provedora de recursos naturais, antagonicamente desempenha papel central nos problemas ambientais vivenciados pela população, o que remonta à colonização europeia. Nesse período, a profunda modificação do ambiente natural, em atendimento aos interesses imediatistas dos colonizadores europeus, mas desarticulados das necessidades dos povos originais e das condições físicas de vários setores, especialmente naqueles em que prevalecem condições de semiaridez a aridez, gerou profunda desestruturação dos sistemas sociocultural-políticos tradicionais. O uso intensivo dos recursos, a artificialização das fronteiras e a implantação de atividades econômicas diversas das praticadas pelas populações locais, fez com que muitos setores da África passassem a experimentar a exacerbação da fragilidade desses ambientes e consequentes aumentos da vulnerabilidade das populações frente às variabilidades climáticas inerente desses locais.

Atualmente, as novas demandas impostas aos espaços produtivos pela globalização apresentam, em alguma extensão, similaridade com a desarticulação socioecológica do período colonial: estudo elaborado por Silva et al. (2009) sublinha que a população de duas localidades de Moçambique apresenta maior resiliência a estresses ambientais do que aqueles advindos ou intensificados por demandas econômicas globalizadas, introduzidas por políticas estruturais do governo central que desconsideram as aptidões locais e a relação das pessoas com seu meio.

Isso sinaliza para o fato de que no continente africano, com mais de 50 países em diferentes níveis de desenvolvimento, novas tendências se configuraram, impondo grandes desafios para o desenvolvimento sustentável e qualidade de vida de seus habitantes. As inúmeras instabilizações políticas e as crises econômicas e ambientais estagnaram ou até fizeram regredir em alguns períodos os indicadores macroeconômicos e sociais de várias nações africanas. Estudo empreendido pelo United Nations Environment Programme (Unep)/GRID-Arendal (MAFUTA et al., 2011) mostra que, em diversas nações africanas, especialmente no setor oriental do continente, mais de 50% da população urbana mora em habitações subnormais. Destacam-se Serra Leoa, Chade e Sudão, países em que essa proporção é particularmente elevada. Cairo é a 14ª megacidade do mundo em população, porém a taxa de mudança para megacentros é a maior dos continentes, e projeções para 2025 apontam Kinshasa, Lagos e Cairo como, respectivamente, 11ª, 12ª a 13ª maiores mega-cidades (UN-HABITAT, 2009).

A desestruturação socioeconômica – elemento contribuinte para o acelerado processo de urbanização – as características físicas do continente africano – que propiciam condições para o registro de diversos eventos severos, como secas e inundações – e o baixo grau de democracia da imensa maioria dos países, contribuem maciçamente para a alta vulnerabilidade da população africana frente às catástrofes naturais.

Como reflexo desses fatos, várias nações desse continente estão entre as que apresentam os menores Índices de Desenvolvimento Humano (IDH), contrastando com suas imensas riquezas e potencialidades. Quanto a esse parâmetro e de acordo com as Nações Unidas (PNUD, 2010), no continente africano, três países não contêm informações (Somália, Eritreia e Ilhas Seychelles), três apresentam IDH considerados altos, 26 países, médios, e 20 têm IDH baixo. A Líbia lidera o *rank* do continente, mas em nível mundial é apenas a 53ª nação. Entretanto, do conjunto dos 169 países classificados no IDH, os 14 em pior situação são nações africanas, sendo os dez com menores índices: Mali, Burkina Faso, Libéria, Chade, Guiné-Bissau, Moçambique, Burundi, Níger, República Democrática do Congo e Zimbábue. Nessa última categoria de países (baixo IDH), constam 42 nações, das quais 35 são da África.

Esse relatório destaca, também, que 1/4 das pessoas pobres do mundo vive nesse continente – o que equivale a mais de 450 milhões de pessoas – e que áreas urbanas como das províncias do nordeste do Quênia apresentam uma pobreza multidimensional maior do que a encontrada no Níger, sendo que fatores étnicos contribuem para explicá-lo.

O índice NDELI (The Natural Disasters Economic Loss Index), elaborado pela companhia Maplecroft, e que avalia o risco de perdas econômicas por prejuízos e óbitos promovidos por epidemias, terremotos, erupções vulcânicas, tsunamis, tempestades, inundações, secas, movimentos de massa e extremos de temperatura entre 1980 a 2010, identifica Moçambique como a segunda nação do mundo de maior risco e Zimbábue, como a quinta. Em estudo elaborado pelo grupo Maplecroft – Risk, responsibility and reputation, 2010, Moçambique é apontado como particularmente vulnerável às mudanças climáticas, tendo apresentado substancial incremento de inundações e secas na última década. Estimativas do Banco Mundial apontam que 41% da zona costeira moçambicana e 52% do PIB produzido nessa área são muito sensíveis a tais mudanças. Nesse país, ao longo de 20 anos o Banco Mundial financiou a construção de 487 estabelecimentos de ensino, mas as inundações do ano 2000 causaram danos e/ou destruíram 500 escolas primárias e sete secundárias (WORLD BANK INDEPENDENT GROUP, IEG, 2006). No caso do Zimbábue, a nação de menor IDH do mundo, é interessante notar que até o início dos anos 1990 o país era um dos mais desenvolvidos da África, com a maioria da população urbana residindo em locais com serviços e habitações adequados. No entanto, as instabilidades políticas pelas quais a nação tem passado fizeram com que a partir de 2000 sua economia apresentasse índices negativos de crescimento, com alta taxa de desemprego e 70% da população vivendo abaixo do nível de pobreza, o que aumentou sua vulnerabilidade aos eventos físicos, notadamente, hidrometeorológicos (UN-HABITAT, 2009).

Um panorama da população africana atingida por secas, inundações, fomes e epidemias entre 1971 e 2001 produzido pelo Unep/GRID-Arendal (2002) evidencia que a seca é o evento que mais afeta esse continente, sendo que a população de menor renda é a mais vulnerável a essas ocorrências, pois a agricultura praticada em locais nos quais a variabilidade da precipitação é alta se constitui na principal atividade de subsistência. Quanto a esse aspecto, Verschuren, Laird e Cumming (2000) salientam que na África a variabilidade climática é elevada tanto no espaço como no tempo, e que secas e inundações têm sido registradas por milhares de anos. Todavia, esse quadro pode ser pior, como ressaltam Schubert et al., (2007), ao colocarem que as mudanças climáticas comprometeriam as atuais capacidades adaptativas da sociedade, o que resultaria em desestabilizações políticas e violência a partir de conflitos advindos da divisão de recursos naturais, como água e terras produtivas; já Ahmed et al. (2009) argumentam que com as mudanças climáticas os eventos severos seriam registrados com maior frequência e afetariam profundamente a produtividade agrícola, aumentando o preço dos alimentos, contribuindo desse modo para o aprofundamento da pobreza das nações.

Corroborando a informação anterior, estudo da FAO (Food and Agriculture Organization of the United Nations) sobre flutuações das precipitações na África entre 1900 e 2000 e que consta na avaliação empreendida pela Unep sobre perspectivas presentes e futuras do meio ambiente africano, atesta que a media anual de chuva no continente diminuiu consideravelmente a partir de 1968 (UNEP, 2002). Na mesma linha, Nicholson (2001) salienta que a redução da precipitação em setores ocidentais das áreas semiáridas se constituiu na maior alteração climática do continente africano entre os séculos XIX e XX, tendo sido da ordem de 20% a 40% em setores do Sahel; ainda que, como lembra a autora, praticamente toda a África experimentou aumento nas condições de aridez, notadamente a partir dos anos 1980. Aliado ao desmatamento e manejo impróprio dos recursos, houve aumento do escoamento superficial, da erosão e redução da capacidade do ambiente natural em absorver o excesso de água, o que contribui para o advento de inundações.

Se de um lado muitas nações africanas figuram entre as mais vulneráveis às mudanças e variabilidades do clima (SLINGO et al., 2005), o continente apresenta a menor taxa *per capita* de emissão de gases de efeito estufa, o que coloca uma questão ética no fórum de discussão das mudanças climáticas em nível global. Além disso, a grande heterogeneidade desses países quanto ao acesso aos recursos, aos níveis de pobreza e a habilidade em interagir com as questões climáticas impossibilita a generalização tanto das condições como das respostas frente às mudanças e variabilidades do clima.

Avaliando a vulnerabilidade por regiões do continente africano frente às mudanças climáticas e considerando processos como desertificação, elevação do nível do mar, desmatamento, redução de água, erosão, perda de solos, dispersão de doenças e aumento da insegurança alimentar, o grupo Unep/GRID – Arendal (2002, revisto em 2004 e 2005) aponta que todos os setores são sensíveis a diferentes problemas, de modo que a vulnerabilidade é muito ampliada, exigindo medidas e respostas distintas para seus efetivos combates. Os resultados podem ser vistos em Unep (2005).

Guha-Sapir et al. (2011) apontam que dos 385 desastres naturais registrados no mundo em 2010, 17,9% ocorreram na África, sendo que Uganda foi o 10º país em vítimas fatais, predominantemente de natureza hidrológica e Somália e Zimbábue ficaram em 8º e 10º lugares, respectivamente, em termos de afetados – nos dois casos, em razão das secas.

O *Em-Dat (Emergency Disaster Database)* mantém um banco de dados de desastres naturais, definidos por essa entidade como ventos que provocam 10 mortes e/ou 100 afetados e/ou necessidade de auxílio externo. Ainda que alguns autores, como Marcelino et al. (2006) e Nunes (2009) tenham apontado deficiências na coleta de informações desse banco, segundo informações do Em-Dat entre 1900 e abril de 2011 ocorreram na África 1.313 desastres de natureza hidrometeorológica, sendo as inundações e as secas os mais comuns (Tabela 7.1), que levaram a óbito quase 875 mil pessoas (Tabela 7.2) e afetaram pouco menos de 400 milhões de pessoas (Tabela 7.3). Tendo em vista que as estatísticas sobre essas ocorrências são muito imprecisas, especialmente para os casos mais antigos, é bem provável que esses números sejam conservadores. Mesmo assim, eles revelam um quadro de grave desestruturação e vulnerabilidade. As informações destacam, também, que ainda que as inundações tenham sido as ocorrências que promoveram mais desastres naturais, as secas têm sido responsáveis pelo maior número de afetados e vítimas fatais. Acrescenta-se que esses episódios aconteceram em 54 países, sendo que África do Sul (72), Etiópia (67), Moçambique (60), Madagascar (57), Quênia (55) e Argélia (55) foram os que registraram maior número de ocorrências. Todavia, Etiópia, Moçambique e Sudão destacaram-se pelo elevado número de mortos.

Tabela 7.1 – Número de desastres naturais de origem hidrometeorológica na África entre 1900 e abril de 2011

Eventos	Nº	%
Secas	276	21,0
Inundações	765	58,3
Movimentos de massa	35	2,7
Tempestades	201	15,3
Extremos de temperatura	10	0,8
Incêndios	26	2,0
TOTAL	**1.313**	**100,0**

Fonte: Em-Dat, elaborado por Lucí Hidalgo Nunes.

Tabela 7.2 – Número de mortos por desastres naturais de origem hidrometeorológica na África entre 1900 e abril de 2011

Mortos	Nº	%
Secas	844.143	96,5
Inundações	23.573	2,7
Movimentos de massa	1.401	0,2
Tempestades	5.092	0,6
Extremos de temperatura	227	0,0
Incêndios	274	0,0
TOTAL	**874.710**	**100,0**

Fonte: Em-Dat, elaborado por Lucí Hidalgo Nunes.

Tabela 7.3 – Número de afetados por desastres naturais de origem hidrometeorológica na África entre 1900 e abril de 2011

Afetados	Nº	%
Secas	324.267.329	81,9
Inundações	55.108.485	13,9
Movimentos de massa	55.889	0,0
Tempestades	15.582.914	3,9
Extremos de temperatura	1.000.105	0,3
Incêndios	31.615	0,0
TOTAL	**396.046.337**	**100,0**

Fonte: Em-Dat, elaborado por Lucí Hidalgo Nunes.

7.2 POBREZA, DESASTRES E MUDANÇAS CLIMÁTICAS: RUMO À INTENSIFICAÇÃO DO RACISMO

Apesar do compromisso multilateral com a diminuição da vulnerabilidade prevista no Marco de Ação de Hyogo 2005-2015, os esforços efetivamente concretizados foram, até aqui, pífios, em razão, principalmente, da inviabilização do maciço apoio financeiro e técnico externo necessário para concretizar às ações de adaptação às quais, se executadas, permitiriam às nações e aos grupos mais vulneráveis do planeta lidar com os estressores simultâneos. Conforme o referido marco, o aumento da resiliência dos países menos avançados (PMAs) e das comunidades mais frágeis frente aos desastres dependeria tanto de dotar as localidades de meios de enfrentamento dos perigos – particularmente referidos aos fenômenos hidrometeorológicos – quanto, em termos estruturais, fortalecer as instituições públicas na condição de gerar informação confiável, planejar e operar um atendimento condigno em termos de preparação social ao impacto das ameaças, no atendimento das emergências e na recuperação dos afetados, especialmente os mais pobres. Em relação ao contexto africano, esse documento assinala:

> Los desastres en África representan un gran obstáculo a los esfuerzos del continente africano por lograr un desarrollo sostenible, especialmente habida cuenta de la insuficiente capacidad de la región para predecir, vigilar, abordar y mitigar los desastres. La reducción de la vulnerabilidad de la población africana ante las amenazas es un elemento necesario de las estrategias de reducción de la pobreza, así como de los esfuerzos por proteger los logros ya alcanzados en el desarrollo. Se necesita asistencia financiera y técnica para aumentar la capacidad de los países africanos en materias como los sistemas de observación y alerta temprana, las evaluaciones, la prevención, la preparación, la respuesta y la recuperación (EIRD, 2005, p. 14).

Tal assertiva é reforçada no Plano de Ação de Bali, que enfatiza a prioridade na erradicação da pobreza para engendrar a resiliência requerida frente às mudanças do clima, com destaque ao contexto africano. O documento explicita:

> International cooperation to support urgent implementation of adaptation actions, including through vulnerability assessments, prioritization of actions, financial needs assessments, capacity-building and response strategies, integration of adaptation actions into sectorial and national planning, specific projects and programmes, means to incentivize the implementation of adaptation actions, and other ways to enable climate-resilient development and reduce vulnerability of all Parties, taking into account the urgent and immediate needs of developing countries that are particularly vulnerable to the adverse effects of climate change, especially the least developed countries and small island developing States, and further taking into account the needs of countries in Africa affected by drought, desertification and floods (UNFCCC, 2008).

Nesses documentos há menção a uma pretensa consciência da comunidade internacional em torno da necessidade de integração de planos, políticas e programas voltados, em uma plataforma nacional multissetorial, ao desenvolvimento sustentável e redução da pobreza nos PMAs, interpretação reiterada nos demais documentos multilaterais recentes. Mas tal consciência esboroa-se diante da realidade em que os fundos para a concretização dos apoios, por via da cooperação bilateral, regional ou multilateral, ficam ao sabor das crises financeiras. Embora sejam inerentes ao modo de produção dominante, no atual estágio da economia global tais crises são agravadas pela instantaneidade na supressão de posto de trabalho em razão da concentração do capital e dos mercados e às vultosas e céleres movimentações das transações virtuais, que sobrepõem as práticas especulativas aos *inputs* produtivos difusos no nível planetário.

A crise financeira que teve início nos Estados Unidos, em 2008, interligou a especulação imobiliária e a esfera produtiva produzindo efeitos economicamente nefastos nos vários setores da atividade nacional e nas relações com o mercado global; três anos após, constata-se que a retração norte-americana é seguida pelos processos recessivos na zona do euro, os quais igualmente repercutem na manutenção dos compromissos multilaterais com os PMAs. As crises recentes transcendem a dimensão econômica e, no continente africano, deflagram outros efeitos perversos na vida social, como: o abandono da escola, imposto às crianças por seus pais como mecanismos de redução de despesas e aumento de braços para a lida precária e cotidiana; o desemprego generalizado e disseminação na situação de rua dos grupos em miserabilidade, incluindo o abandono de crianças; o incremento da violência no âmbito doméstico; a elevação da criminalidade e das tensões étnicas (UNDP, 2010a).

Às promessas efêmeras de apoio dos países desenvolvidos, contrapõem apropriadamente a African Union (AU) ao constatar, com intranquilidade, a escassez de fundos e de amparo que as crises financeiras geram o que se soma à disseminação dos conflitos e inseguranças no contexto regional: a situação humanitária em Darfur permanece crítica, requerendo maior fortalecimento do apoio do Conselho de Segurança à União Africana (AU, 2011a); na Costa do Marfim, a população civil segue refém de conflitos militares (AU, 2011b); no Níger, à satisfação do bloco africano pelo retorno da ordem constitucional local, com a restauração da democracia e a realização de eleições presidenciais (AU, 2011c), seguiu-se a manutenção das tensões consequentes de um dos piores quadros de pobreza multidimensional do mundo.

Tendo em vista as revoltas em prol da democracia que atingiram diversas nações do norte da África a partir de 2011, a segurança e dignidade de líbios e trabalhadores migrantes residentes na Líbia estão ameaçados pelo uso indiscriminado da força pelos que resistem às pressões pela reforma política. A reinserção socioeconômica dos migrantes africanos que têm fugido dos conflitos na Líbia para os países vizinhos é requerida pela AU para facilitar a mobilidade do grupo (AU, 2011d); mas isso depende da capacidade de abertura de postos de trabalho que tais vizinhos que apresentam dificuldade econômica teriam em viabilizar. Na

Nigéria, a violência durante as eleições de 2011 e no contexto pós-eleitoral forçou o deslocamento de quase 50 mil pessoas e colheu em torno de duas centenas de mortos (BBC BRASIL, 2011a).

Ao lado dos conflitos sociopolíticos, ocorre a falência das estratégias produtivas agropastoris – em decorrência da desertificação e da salinização dos solos, entre outros –, o colapso da pesca e a escassez de suporte tecnológico externo para a adoção de estratégias produtivas, de armazenamento e de comercialização mais eficientes. A insuficiência de infraestrutura para amainar as perdas no processo e na cadeia produtiva é crônico no continente africano, o que contribui para infundir incertezas e desesperanças nos trabalhadores rurais e urbanos. Se as ameaças de desabastecimento de água e alimentos depõem contra a garantia da subsistência de inúmeros povos tradicionais africanos, limita quase que completamente a possibilidade de obtenção de renda derivada de excedentes comercializáveis ou, minimamente, na consecução de escambos de bens essenciais. O contínuo fracasso das formas correntes de reprodução social dessas comunidades se torna uma das fortes razões para que seus membros se lancem às correntes migratórias para o meio urbano; porém, as cidades africanas encontram-se despreparadas para integrá-los em novas ocupações e assentamentos seguros. A ampliação dos conflitos internos, a fragilidade dos fluxos monetários locais, o baixo nível de escolarização dos migrantes e o esgarçamento do tecido institucional transgridem a aspiração de que o deslocamento interno, do meio rural para o meio urbano, seja uma forma eficaz de garantia de sobrevivência dos que se lançam a tal estratégia.

A deficiência no abastecimento hídrico, nas condições de saneamento e de atendimento de saúde e na moradia são características comuns da pobreza multidimensional no meio urbano e rural dos países africanos, predispondo seus habitantes aos piores efeitos tanto do estresse hídrico quanto das inundações. As políticas de desenvolvimento equivocadas são o fator central em torno do qual a *Estratégia Internacional para la Reducción de Desastres* (EIRD) compreende os desafios sociais relacionados às mudanças clima. Aí estaria a causa da persistência da pobreza, da promoção do crescimento urbano caótico, da desproteção social generalizada, do incremento da degradação dos ecossistemas naturais de que dependem mais diretamente as comunidades rurais e indiretamente o meio urbano (EIRD, 2009). No nível local, o nexo entre risco de desastre e pobreza se faz na exposição cotidiana de grandes contingentes depauperados aos fatores de ameaça de toda a ordem. A precariedade da moradia e dos lugares rotineiros de circulação dos empobrecidos aumenta as chances de mortalidade deste grupo.

Na África subsaariana há, atualmente, mais de 250 milhões de pessoas que, no meio rural, vivem com pouco mais de um dólar ao dia, o que reduz o acesso a tecnologias que venham reforçar as práticas preparativas aos fatores de ameaça. Contudo, nas cidades africanas, a situação não é alvissareira em termos de segurança global: a insuficiente governança urbana faz proliferar os assentamentos humanos precários e suas construções informais, especialmente em áreas costeiras. O adensamento humano em situação de pobreza multidimensional intensifica os danos que os desastres relacionados às mudanças do clima poderão gerar (EIRD, 2009).

A preocupação do UNDP com os prejuízos que as mudanças climáticas indicam aos mecanismos convencionais de obtenção dos mínimos vitais e dos modos de vida tradicionais nos PMAs se soma aos riscos de recrudescimento da desigualdade de gênero e desrespeito à diversidade cultural. Isso pode se expressar na continuidade da condição distinta que homens, mulheres e determinados grupos étnicos têm de controlar os meios para se proteger do impacto dos diferentes fatores de ameaça. Os meios referidos são: o acesso a terra; a obtenção de renda monetária; o aprendizado de determinadas técnicas corporais; a oportunidade de maior escolarização; a fruição dos serviços de saúde e assim por diante. Na dimensão sociopolítica africana, a assimetria de gênero e étnica transparece nos critérios de constituição e validação dos atores que elaboram e executam os programas e políticas de redução da vulnerabilidade, bem como nos processos discriminatórios relacionados ao reconhecimento social do trabalho (UNDP, 2010b). Em torno de 82% das mulheres em idade ativa na África subsaariana realizam o trabalho na informalidade (UNDP, 2010a).

Para garantir o balanço de gênero na discussão sobre as estratégias comunitárias de adaptação, no contexto do Níger, um time de facilitadores apoiados pela UNDP necessitou construir um espaço de debates específico para as mulheres uma vez que nos espaços partilhados os homens tinham uma voz dominante (UNDP, 2010b). A redução da disponibilidade de estoques pesqueiros – decorrente da alteração de correntes marinhas, fenômeno esse que pode estar associado às mudanças do clima – traz um risco de insegurança alimentar ao povo santomense, que tem no peixe a principal fonte de proteína animal de sua dieta alimentar (PETRERE JR., 2010). As mulheres, no contexto comunitário e familiar santomense, são as responsáveis pela comercialização do pescado nas zonas urbanas, sendo conhecidas nessa ocupação como *palaiês*; a captura é realizada predominantemente pelos homens (DIEGUES, 2010). O risco de colapso da pesca incide na potencial desorganização da vida econômica das comunidades pesqueiras desse pequeno país insular africano cuja cultura, até então, visibilizava a equidade de gênero nas conexões entre as práticas produtivas tradicionais no meio rural e as práticas de comercialização tradicionais no meio urbano.

As diferentes gradações de sucesso dos africanos na busca de alternativas de sobrevivência, como por meio da emigração para centros urbanos de países desenvolvidos, também apresentam viés de gênero. Mulheres migrantes estão sistematicamente em desvantagem no exercício de habilidades no mundo público no contexto europeu, havendo desconfianças arraigadas em torno de sua competência, o que as impede de colher a contento os frutos positivos do desenvolvimento nas cidades em que se inserem. Assiste-se a um considerável aumento da discriminação das mulheres, expresso não apenas na reafirmação de sua subalternidade nas tarefas domésticas mal remuneradas, dentro de um mercado informal de trabalho (UNDP, 2010b), como também por sua inserção nas cidades europeias por via do tráfico humano, controlado por homens, voltado para a exploração sexual, suprimindo-as de sua capacidade de decidir sobre o seu corpo e seu destino social.

Os imigrantes são a primeira força de trabalho descartável no contexto econômico recessivo em todo o mundo. As cidades europeias – em que os grupos nacionais e étnicos africanos mais amiúde se inserem, interagem e reforçam o convívio de seus membros com práticas e signos de uma identidade não moderna – não querem arcar com a convivência gradualmente incômoda com esses grupos, vistos como estranhos e prescindíveis. Constitui-se, então, um ambiente propício à difusão do racismo. Para evitar interações que suscitem estranhamento e na tentativa de conter a discriminação e preconceito contra si, muitos africanos buscar renegar seu arcabouço cultural de origem, buscando mimetizar hábitos locais o que, além de ineficaz, apenas corrói as tradições e os valores ancestrais, sem assegurar a mobilidade social (VALÊNCIO, 2010). Outro aspecto do desemprego dos migrantes, que a crise financeira gerou, foi a incapacidade deles em transferir recursos para suas famílias no país de origem, o que piorou as condições de vida dessas famílias, que ficaram sem condições de adquirir no mercado os bens fundamentais para a sobrevivência em um contexto simultâneo de comprometimento da produção alimentar de autoconsumo (UNDP, 2009). Quando a recessão interfere no fluxo de transferência de recursos, desencoraja, nas duas pontas (na que produz a riqueza e na que a recebe), as iniciativas de empreendedorismo.

> Pour les pays les plus pauvres, l'inconvénient majeur posé par leur petitesse est, entre autres, la surdépendance à une seule matière première ou à un seul secteur et la vulnérabilité aux chocs exogènes. Les petits pays ne peuvent pas facilement tirer parti des économies d'échelle dans l'activité économique et dans la fourniture de biens publics et doivent souvent supporter des coûts de production et des prix à la consommation élevés. Dans le cas des petits États insulaires, l'isolement est un facteur supplémentaire qui augmente les coûts et les délais de transport et rend difficile de se faire une place sur les marchés extérieurs. Ces facteurs sont autant d'incitations à l'émigration (UNDP, 2009, p. 89).

Grupos de deslocados oriundos da Somália, Eritreia, Tunísia e Líbia, que fogem da violência e falta de perspectiva econômica em seus países de origem, buscam em território italiano uma oportunidade de sobrevivência e reinserção social. No início de 2011, na ilha de Lampedusa, Itália, os moradores locais formaram uma barreira de barcos para impedir a entrada de imigrantes e, ainda, reviraram latas de lixo próximo aos acampamentos para insultar os imigrantes ali provisoriamente instalados, tendo havido rumores quanto à possibilidade de repatriação de parte deles (BBC BRASIL, 2011b), atentando contra o princípio do *non-refoulement*.

A legitimidade que propostas políticas anti-imigração vem alcançando em demais países europeus, como a Finlândia, a Holanda, a Suíça, a Dinamarca, a Suécia e a França, refletem o alastramento da xenofobia, estreitando o horizonte de possibilidades de sobrevivência dos imigrantes de origem africana (BBC BRASIL, 2011c). O combate à imigração ilegal do norte da África – como Argélia, Marrocos, Mauritânia e Senegal – para países da União Europeia, vem sendo duramente coibida pelas autoridades de fronteira, de tal forma que o interesse central europeu de ajustamento da mão de obra disponível ao mercado de trabalho transgride e faz retroceder os padrões dos direitos humanos consagrados ao longo do século XX. Tal violência é ilustrada pela iniciativa de interceptação de embarcações e "devolução" de seus ocupantes ao território africano, o que atenta contra o direito à vida e a livre circulação, entre outros (CERNADAS, 2009). A produção jurídica da legalidade de práticas de repatriação involuntária aumenta os riscos potenciais à vida dos imigrantes irregulares, posto que o fracasso da fuga e o retorno compulsório a uma circunstância socioespacial adversa e limitante predispõem o grupo aos ataques e achaques em seu país de origem.

Por seu turno, os conflitos atuais no contexto africano desenvolvem-se sem consideração aos não combatentes e ao cumprimento das normas mínimas para a assistência humanitária (PROJECTO ESFERA, 2004) como ainda solapam quaisquer estratégias comunitárias de estabilização em seus meios e modos vida.

A problemática socioambiental subjacente às estratégias adaptativas que se venha adotar para reduzir os efeitos adversos do clima está intimamente atrelada ao contexto sociopolítico acima que imiscui intolerância, abandono e violência contra os grupos empobrecidos. Como reporta O'Brien (2009), as implicações das mudanças do clima não têm sido bem avaliadas nas suas dimensões humanas e sociais, concernentes os aspectos objetivos e subjetivos, incluindo aí os valores que regem as práticas dos múltiplos atores que decidem e atuam no espaço suscetível e a responsabilidade compartilhada das instituições, desde o âmbito multilateral ao local. Ilustra a autora: não foi apenas a força do furacão Katrina aquilo que afetou grupos afrodescendentes nos Estados Unidos, mas um desastre oculto envolvendo as políticas de habitação, saúde, assistência social e educação. Em última instância, esse desastre e os tantos outros que envolvem africanos e afrodescendentes são indícios da crescente incapacidade da sociedade global em difundir o bem-estar e garantir em bases democráticas os direitos territoriais dos grupos mais vulneráveis.

7.2.1 Refugiado/deslocado ambiental: os sujeitos supérfluos do século XXI

Os cenários de incremento dos desastres hidrometeorológicos no continente africano indicam a elevação substancial do contingente humano que será compelido à migração. A perda ou danificação severa dos sistemas de objetos característicos de um lugar de pertencimento e vivência, decorrente do impacto de fenômenos naturais adversos, cuja recuperação é economicamente inviável é um dos principais fatores que incidem sobre a decisão de mobilidade dos grupos sociais empobrecidos. Estes procurarão alhures, muitas vezes, além das fronteiras nacionais, novas oportunidades para recompor as condições de sua sobrevivência.

Contudo, o uso da designação refugiado/deslocado ambiental para descrever a situação supra é ainda fonte de controvérsias no debate do direito internacional, não tendo sido consubstanciada uma definição terminológica efetiva e uma instrumentalização jurídica válida internacionalmente para o caso.

Mais do que um problema puramente objetivo e material, a privação do seu território de pertencimento, entendido como "lugar", se revela como uma fonte de sofrimento associada, muitas vezes, à deterioração do caráter identitário do indivíduo ou grupos afetados. A busca de refúgio em outro território é apenas um paliativo para tal mazela. O termo refúgio (do latim *refugium*) significa o lugar seguro no qual alguém busca proteção, ou o asilo para aquele que foge ou se sente perseguido, condição esta sempre presente na história da humanidade (BUENO, 2007). A desproteção que um dado grupo vivencia na terra de origem ou no local em que reside – e no qual há vínculos socialmente significativos – e a baixa expectativa de sobrevivência em caso de permanência é o que torna a partida um tanto inevitável e dolorosa. A Universidade das Nações Unidas estima que o número de pessoas refugiadas/deslocadas no mundo até o ano de 2050, em virtude, principalmente, dos problemas ambientais nas regiões em que vivem, poderá chegar a 200 milhões de pessoas (PENTINAT, 2006).

Segundo o Alto Comissariado das Nações Unidas para Refugiados (ACNUR), no final do ano 2009 havia aproximadamente 43,3 milhões deslocadas em todo o mundo, em decorrência de conflitos e perseguições, incluindo 15,2 milhões de refugiados, 27,1 milhões de deslocados internos e quase um milhão de indivíduos cujas solicitações de refúgio ainda não haviam sido julgadas até o final do período abrangido pelo relatório (ACNUR, 2009). Tais números tenderão a aumentar nas próximas décadas, em virtude dos novos fluxos de refugiados/deslocados ambientais.

As Nações Unidas não se encontram preparadas, tanto estruturalmente como subsidiariamente, para atender aos grandes fluxos de refugiados/deslocados ambientais que poderão advir de todas as regiões do planeta, particularmente, do continente africano, o que torna o grupo mais vulnerável às violações dos direitos humanos, em especial, no que tange à dignidade humana. O afastamento compulsório do lugar, a destruição de meios econômicos e as restrições máximas ao modo de vida de grupos afetados em desastres hidrometeorológicos compõem progressivas rupturas objetivas e subjetivas no mundo destes, as quais evoluem para uma situação de anomia social.

A reconstituição da vida cotidiana em território alheio, sem as condições objetivas de autodeterminação, força tais grupos a negociar opções por novos estilos de vida, colocando em "xeque" sua própria *narrative*, ou seja, o "enredo" dominante por meio do qual foi inserido na história como ser portador de um passado definitivo e um futuro previsível; isto é, como portador de uma identidade. A realidade existencial dos refugiado/deslocados apresenta-se como uma *narrative* mutilada, pois a importância tanto individual quanto do coletivo é diminuta e os aniquila enquanto ser humano, constituindo-se como uma forma de violência velada; no dizer de Souki,

> [...] não se pertencer ao mundo, que é uma das mais radicais e desesperadas experiências que o homem pode ter. É a perda de si mesmo. O eu e o mundo, a capacidade de pensar e de sentir, perdem-se ao mesmo tempo. Converte-se o indivíduo à condição de superfluidade (SOUKI, 1998, p. 21).

Esses sujeitos supérfluos, que os desastres ajudam a produzir, veem rompida sua ancoragem social em níveis muito profundos de sua sociabilidade cotidiana e de tal sorte que o reconhecimento da condição de refugiado – ora é contestada – sequer seria amplamente compensatório em termos do direito à dignidade humana. Tal circunstância é inerentemente humilhante aos que se veem à mercê da piedade da comunidade internacional. A cidadania ausente e buscada, então, coloca-se em choque com a própria ideia de civilidade, considerada como um processo contínuo de construção da ordem pública e cuja base consiste na capacidade de se relacionar com o outro de forma plena e com respeito (RIUTORT, 2007). Se a nacionalidade corresponde ao grupo de indivíduos que partilham a mesma língua, raça, religião e um "querer viver em comum", possuindo um vínculo jurídico-político com o Estado, os desastres hidrometeorológicos tendem a premir milhões de pessoas a viver fora do exercício rotineiro da nacionalidade, longe do seu território, desvinculado de sua gente e dos seus costumes.

Nesse universo de fragmentação e negação de direitos, os povos africanos se destacam. Nas cidades deste continente, em que os assentamentos humanos miseráveis são uma realidade corrente, os eventos extremos do clima produzirão inumeráveis afetados, muitos dos quais necessitarão imperiosamente do arejamento da dogmática internacional do direito das mudanças climáticas ou do direito ambiental das mudanças climáticas. Esse é um importante desafio sociopolítico da contemporaneidade, que precisa ser enfrentado.

7.3 MUDANÇAS CLIMÁTICAS COMO DESAFIO PARA A CIVILIDADE

Embora a comunidade científica apresente evidências de que o continente africano será a região mais afetada pelos eventos relacionados às mudanças do clima, suscitando preocupações que incidem sobre o teor dos recentes documentos multilaterais, os clamores da localidade continuam sistematicamente olvidados.

As mudanças do clima e seus efeitos sobre a base física e os ecossistemas naturais e construídos atravessam outros acontecimentos críticos no continente africano, tais como a pobreza e a desigualdade multidimensionais, os conflitos étnicos e religiosos, o baixo acesso às novas tecnologias e a constante instabilidade política. A mescla desses fatores tende a inviabilizar que medidas pontualmente voltadas para a adaptação frente às ameaças naturais logrem êxito, a começar pelo fato que os deslocamentos involuntários, que extensivos grupos empobrecidos tenderão a fazer, voltar-se-ão, em princípio, à busca de uma segurança mínima frente às hostilidades sociais. As alternativas escasseiam em razão do viés de classe e étnico que suscita a intolerância ao diferente no âmbito local como internacional. Os *gaps* de educação formal, de qualificação profissional, de acesso ao crédito e à propriedade da terra são desvantagens comuns à maioria dos africanos compelidos aos deslocamentos involuntários, o que tornam consideravelmente instáveis as tentativas de garantia da sobrevivência e reprodução das práticas socioeconômicas, tanto dentro como fora dos lugares originais em que as identidades coletivas foram moldadas.

As migrações podem se revelar uma estratégia de adaptação falha, uma vez que as barreiras aos pobres do mundo tendem a aumentar, o que indica que os países de menor desenvolvimento humano podem ver reiterados, nos anos subsequentes, o quadro de perdas desproporcionais em termos econômicos e de vidas.

A impossibilidade dos grupos mais vulneráveis socioambientalmente de se fazerem ouvir na afirmação dos direitos de permanência no contexto local e regional africano, como no externo, é sinal da incongruência dos discursos e ações governamentais, não governamentais e das agências multilaterais no propósito de proteger os modos de vida fragilizados – os quais, por fim, se desintegram – e da própria vida da pessoa, que se esvai. A sujeição que as crises financeiras impõem, no plano concreto, aos compromissos assumidos multilateralmente nas Conferências das Partes, em torno do apoio às estratégias de adaptação aos PMAs, indica que a vulnerabilidade dos grupos empobrecidos multidimensionalmente tende a se ampliar nos anos vindouros. Ao mesmo tempo, as formas restritivas e, por vezes, fracamente desumanas de recepção dos imigrantes africanos pelas nações desenvolvidas tornam vazios de sentido os discursos em torno do bem-estar da pessoa entendida como diferente, cuja condição de refugo humano lhe é imposta desde o primeiro instante.

Não obstante, é imperativo insistir na necessidade de fortalecimento das arenas locais, regionais e multilaterais de discussão da problemática supra, pois é daí que, paulatinamente, as diferenças poderão se manifestar, romper estranhamentos até o ponto em que consigam galgar compromissos efetivamente concretizáveis. Um esforço na direção da equidade dos direitos seria, para as nações africanas, a elaboração e execução de Planos de Ação Nacional à Adaptação (NAPAs, na sigla em inglês) que incorporassem a perspectiva de gênero e garantia da diversidade cultural, comprometendo-se a encontrar meios para reduzir igualmente a vulnerabilidade de homens e mulheres e dos vários grupos étnicos por meio do controle partilhado do poder e dos recursos do meio, garantindo a todos os seus direitos e oportunidades, conforme recomenda a UNDP.

O desafio que se apresenta ao novo quadro da comunidade política internacional e das Nações Unidas será o de proporcionar um debate entre as nações, cujo foco principal seja a garantia plena dos direitos dos grupos afetados multidimensionalmente nos desastres por meio do amparo Declaração Universal dos Direitos Humanos. Nesse aspecto, torna-se urgente o aprofundamento do debate da comunidade internacional em torno do tema dos refugiados/deslocados ambientais, a fim de retirar amplos contingentes, presentes e futuros, da lacuna do direito internacional. A persistência dessa incivilidade cotidiana reforça a concepção de superfluidade da vida humana, o pior dos desastres sociais e que, a todo custo, devemos evitar.

7.4 REFERÊNCIAS

AHMED, S. A.; DIFFENBAUGH, N. S.; HERTEL, T. W. Climate volatility deepens poverty vulnerability in developing countries. *Environmental Research. Letters*, v. 4, n. 3, 8 p., 2009.

Alto Comissário das Nações Unidas para Refugiados (ACNUR/UNHCR). *Background on the Executive Committee*. 2009. Disponível em: <http://www.unhcr.org>. Acesso em: 18.08.2009.

AU – AFRICAN UNION. Communique 265th Meeting. *Peace and Security Council*. Addis Ababa. 2011d. Disponível em: <http://au.int/en/dp/ps/sites/default/files/ 2011_mar_11_psc_265theeting_libya_communique_en.pdf>. Acesso em: 04.2011.

AU – AFRICAN UNION. Communique 266th Meeting. *Peace and Security Council*. Addis Ababa. 2011c. Disponível em: <http://au.int/en/dp/ps/sites/default/files/ COMMUNIQUE_EN_16_MARCH_2011_PSD_266TH_MEETING_THE_PEACE_AND_SECURITY_COUNCIL_COUNCIL_SITUATION_NIGER_0.pdf>. Acesso em: 04.2011.

AU – AFRICAN UNION Communique 271st Meeting. *Peace and Security Council*. Addis Ababa. 2011a. Disponível em: <http://au.int/en/dp/os/sites/default/files/FINAL%20%20PSC%20   Communique%20-%20Sudan%208%20April%202011%20EN%20_2_.pdf>. Acesso em: 04.2011.

AU – AFRICAN UNION. Press statement. 270th Meeting. *Pace and Security Council*. Addis Ababa. 2011b. Disponível em: <http://au.int/en/dp/ps/sites/default/files/270%20th%20PSC%20Press%20Statement%20EN_0.pdf>. Acesso em: 04.2011.

BAUMAN, Z. *Vidas desperdiçadas*. Rio de Janeiro: Jorge Zahar Ed. 2005.

BBC BRASIL. *Confrontos pós-eleições deixam 48 mil refugiados na Nigéria, diz ONG*. 2001a. Disponível em: <http://www.bbc.co.uk/portuguese/noticias/2011/04/110420_nigeriaviolencia_pai.shtml>. Acesso em: 20.04.2011.

BBC BRASIL. *Número de imigrantes africanos em ilha italiana já supera o de habitantes*. 2001b. Disponível em: <http://www.bbc.co.uk/ portuguese/noticias/2011/03/110328_lampedusa_libios_fn.shtml>. Acesso em: 28.03.2011.

BBC BRASIL. *Nacionalismo avança e conquista eleitores na Europa*. 2011c. Disponível em: <http://www.bbc.co.uk/portuguese/noticias/2011/04/110418_ nacionalismo_europa_mdb.shtml>. Acesso em: 19.04.2011.

BUENO, S. *Minidicionário da Língua Portuguesa*. São Paulo: FTD. 2007.

CERNADAS, P. C. Controle migratório europeu em território africano: a omissão do caráter extraterritorial das obrigações de direitos humanos. *SUR*, ano 6, n. 10, p. 188-214, 2009.

DIEGUES, A. C. S. Nota de viagem sobre a pesca artesanal em São Tomé e Príncipe. In: VALENCIO, N.; RODRIGUES, J. B. (Orgs.). *São Tomé e Príncipe, África*: desafios socioambientais no alvorecer do séc. XXI. v. II. São Carlos: RiMa Editora, p. 71-88, 2010.

EMERGENCY EVENTS DATABASE (EM-DAT). Centre of Research of epidemiology of disasters – CRED. *The international disaster database*. Disponível em: <http//www.emdat.be>. Acesso em: 05.2011.

ESTRATEGIA INTERNACIONAL PARA LA REDUCCIÓN DE DESASTRES (EIRD). *Riesgo y pobreza em um clima cambiante*. Naciones Unidas. Genebra. 2009. Disponível em: <http://www.preventionweb.net/english/hyogo/gar/report/index.php?id=1130>. Acesso em: 04.2011.

ESTRATEGIA INTERNACIONAL PARA LA REDUCCIÓN DE DESASTRES (EIRD). Conferencia Mundial sobre la reducción de los desastres. *Marco de acción de Hyogo para 2005-2015*: aumento de la resiliencia de las naciones y las comunidades ante los desastres. Kobe, Hyogo, Japón: EIRD, 2005.

GUHA-SAPIR, D. et al. *Annual Disaster Statistical Review 2010* – the numbers and trends. 2011. Disponível em: <http://reliefweb.int/sites/reliefweb.int/files/resources/fullreport_37.pdf>. Acesso em: 05.2011.

INTERGOVERNMENTAL PANEL ON CLIMATE CHANGE (IPCC) Fourth Assessment Report (AR4). PARRY, M. L. et al. (Eds.). *Contribution of Working Group II to the Fourth Assessment Report of the Intergovernmental Panel on Climate Change*. Cambridge: Cambridge University Press, 2007b.

INTERGOVERNMENTAL PANEL ON CLIMATE CHANGE (IPCC). Fourth Assessment Report (AR4). *Mudança do Clima 2007*: A base das Ciências Físicas – contribuição do Grupo de Trabalho I ao Quarto Relatório de Avaliação do Painel Intergovernamental sobre Mudança do Clima. Genebra: OMM/Pnuma. 2007a.

MAFUTA, C. et al. (Eds). *Green hills, blue cities*: an ecosystems approach to water resources management for African cities. A Rapid Response Assessment. United Nations Environment Programme, GRID-Arendal, 2011.

MAPLECROFT – Risk, responsibility and reputation. *Haiti and Mozambique most vulnerable to economic losses from natural disasters.* 2010. Disponível em: <http://www.maplecroft.com/about/news/economic_losses.html>. Acesso em: 05.2011.

MARCELINO, E. O.; NUNES, L. H.; KOBYIAMA, M. Banco de dados de Desastres Naturais: análise de dados globais e regionais. *Caminhos de Geografia*, v. 7, n. 19, p. 130-149, 2006. Disponível em: <http://www.ig.ufu.br/revista/caminhos.htm>. Acesso em: 05.2011.

NICHOLSON, S. Climatic and environmental change in Africa during the last two centuries. *Climate Research*, v. 17, p. 123-144, 2001.

NUNES, L. H. Compreensões e ações frente aos padrões espaciais e temporais de riscos e desastres. *Territorium*, v. 16, n. 1, p. 181-189, 2009. Disponível em: <http://www1.ci.uc.pt/nicif/riscos/Territorium16.htm>. Acesso em: 05.2011.

O'BRIEN, K. The social, institutional and human context: a missing chapter of the IPPCC Fourth Assessment Report? *IPCC Working Group II Scoping Meeting on Extreme Events and Disaster Risk Reduction*. Oslo. 2009. Disponível em: <http://www.ipcc-wg2.gov/AR5/extremes-sr/ScopingMeeting/abstracts/Obrien_Abstract.pdf>. Acesso em: 04.2011.

PENTINAT, S. B. Refugiados Ambientales: El Nuevo desafio del dereho internacional del medio ambiente. *Rev Derecho* (Valdivia). 2006. Disponível em: <http://scielo.cl/scielo.php>. Acesso em: 04.2011.

PETRERE JR., M. Descrição da pesca de pequena escala na ilha de São Tomé. In: VALENCIO, N.; RODRIGUES, J. B. (Orgs.). *São Tomé e Príncipe, África*: desafios socioambientais no alvorecer do séc. XXI. v. II. São Carlos: RiMa Editora, p. 88-97, 2010.

PROGRAMA DAS NAÇÕES UNIDAS PARA O DESENVOLVIMENTO (PNUD). *Relatório de Desenvolvimento Humano 2010* – A Verdadeira Riqueza das Nações: vias para o desenvolvimento humano. 2010. Disponível em: <http://hdr.undp.org/en/media/HDR_2010_PT_Complete_reprint.pdf>. Acesso em: 05.2011.

PROJECTO ESFERA. *Carta humanitária e as normas mínimas de resposta humanitária em situações de desastre*. Genebra, 2004. Disponível em: <http://www.sphereproject.org/portugues/handbook_index.htm>. Acesso em: 04.2011.

RIUTORT, B. *Indagaciones sobre la ciudadania* – transformaciones em la era global. Barcelona: Icaria Editorial S.A., 2007.

SCHUBERT, R. et al. *German Advisory Council on Climate Change*. Climate change as a secutity risk. London: Earthscan, 2007.

SILVA, J. A.; ERIKSEN, S.; OMBE, Z. A. Double exposure in Mozambique's Limpopo River Basin. *The Geographical Journal*, London, v. 176, n. 1, p. 6-24, 2009.

SLINGO J. M. et al. Introduction: food crops in a changing climate. *Philosophical Transactions of the Royal Society, Series B* 360, p. 1983-1989, 2005.

SOUKI, N. *Hannah Arendt e a Banalidade do Mal*. Belo Horizonte: Ed. UFMG. 1998.

UNITED NATIONS DEVELOPMENT PROGRAMME (UDNP). Rapport mondial sur le developpment humanin 2009. *Lever le barrières*: mobilitè et développment humains. New York: Human Development Report Office, 2009.

UNITED NATIONS DEVELOPMENT PROGRAMME (UNDP). *Gender, climate change and community-based adaptation*. 2010b. New York: UNDP. Disponível em: <http://www.generoracaetnia.org.br/publicacoes/Gender%20Climate%20Change%20and%20Community%20Based%20Adaptation.pdf>. Acesso em: 04.2011.

UNITED NATIONS DEVELOPMENT PROGRAMME (UNDP). *Human Development Report*. New York: UNDP. 2010a. Disponível em: <http://hdr.undp.org/en/reports/global/hdr2010>. Acesso em: 04.2011.

UNITED NATIONS ENVIRONMENT PROGRAMME (Unep)/GRID-Arendal. *People affected by natural disasters in Africa from 1971 to 2001. 2002*. Unep/GRID-Arendal Maps and Graphics Library. Disponível em: <http://maps.grida.no/go/graphic/people-affected-by-natural-disasters-in-africa-from-1971-to-2001>. Acesso em: 05.2011.

UNITED NATIONS ENVIRONMENT PROGRAMME (Unep)/GRID-Arendal. *Climate change vulnerability in Africa*. 2005. Disponível em: <http://maps.grida.no/go/graphic/climate_change_vulnerability_in_africa>. Acesso em: 05.2011.

UNITED NATIONS ENVIRONMENT PROGRAMME (Unep). *Africa Environment Outlook: Past, present and future perspectives. 2002*. Disponível em: <http://www.unep.org/dewa/africa/publications/aeo-1/032.htm>. Acesso em: 05.2011.

UNITED NATIONS FRAMEWORK CONVENTION ON CLIMATE CHANGE (UNFCCC). *Bali Action Plan*. COP 13. 2008. Disponível em: <http: // unfccc.int/ files/ meetings/ cop_13 / application/ pdf / cp_bali_action.pdf>. Acesso em: abr. 2011.

UNITED NATIONS HUMAN SETTLEMENTS PROGRAMME (UN-HABITAT) *State of the world's urban 2008-2009* – harmonious cities. 2008. Disponível em: <http://www.un-habitat.org/pmss/listItemDetails.aspx?publicationID02562>. Acesso em: 05.2011.

VALÊNCIO, N. Desafios de proteção à pessoa humana no contexto de mudanças climáticas: um caso insular africano. In: VALÊNCIO, N.; RODRIGUES, J. B. (Orgs.). *São Tomé e Príncipe, África*: desafios socioambientais no alvorecer do séc. XXI. v. II. São Carlos: RiMa Editora, p. 11-54, 2010.

VERSCHUREN, D.; LAIRD, K. R.; CUMMING, B. F. Rainfall and drought in equatorial East Africa during the past 1100 years. *Nature*, v. 403, p. 410-414, 2000.

WORLD BANK INDEPENDENT EVALUATION GROUP. *Hazards of nature, risks to development* – an IEG evaluation of World Bank Assistance for natural disasters. Washington, 2006. Disponível em: <http://www.worldbank.org/ieg/naturaldisasters/docs/natural_disasters_evaluation.pdf>. Acesso em: 05.2011.

8
INDICADORES TERRITORIAIS DE VULNERABILIDADE SOCIOECOLÓGICA: UMA PROPOSTA CONCEITUAL E METODOLÓGICA E SUA APLICAÇÃO PARA SÃO SEBASTIÃO, LITORAL NORTE PAULISTA

Tathiane Mayumi Anazawa
Flávia da Fonseca Feitosa
Antônio Miguel Vieira Monteiro

Com a divulgação do quarto relatório do Intergovernamental Panel on Climate Change (IPCC) em 2007, que apontou o aquecimento global como inequívoco, a problemática das mudanças climáticas e ambientais assumiu um papel de destaque na agenda dos governos, comunidade científica e sociedade civil como um todo. Eventos climáticos, como chuvas intensas localizadas ou secas agudas e prolongadas, tendem a ocorrer com frequência e intensidade cada vez maiores, conforme revelam projeções dos modelos de clima global mais recentes e dos modelos ajustados para as escalas regionais (IPCC, 2007; MARENGO et al., 2009).

Para o debate urbano, a popularização da discussão sobre os impactos das mudanças climáticas trouxe à tona um novo olhar sobre antigas questões relativas à produção do espaço urbano brasileiro e às configurações desordenadas e desiguais historicamente geradas neste processo. Enquanto eventos climáticos capazes de desencadear processos naturais como escorregamentos e fluxos de massa passam a fazer parte de um quadro de possibilidades cada vez mais frequente, é somente sua associação a padrões desequilibrados de uso do solo e de distribuição das oportunidades oferecidas pelas cidades que gera catástrofes com as dimensões da ocorrida no Morro do Bumba em Niterói, em abril de 2010, ou na região serrana do Rio de Janeiro, em janeiro de 2011. Assim, as mobilizações por respostas urbanas às mudanças climáticas e ambientais podem – e devem – assumir o papel de novos e importantes catalisadores para o necessário debate sobre a necessidade de um modelo de desenvolvimento urbano mais inclusivo que também acomode nosso futuro climático (FEITOSA; MONTEIRO, 2011).

Avanços nesta direção, que deverão vir acompanhados de políticas urbanas compatíveis, demandam um entendimento cada vez mais apurado das cidades e do sistema urbano que elas suportam. As cidades tomadas como **sistemas socioecológicos** (OSTROM, 2007; DU PLESSIS, 2008; GROVE, 2009; OSTROM, 2009) contribuem nesse sentido ao possibilitar uma melhor observação do sinergismo existente entre os processos sociais e os ecossistemas sobre os quais se desenvolvem. Discutir a complexidade desse sistema torna-se tarefa ainda mais desafiadora, que exige o envolvimento e integração de profissionais de distintas áreas do conhecimento. Na tentativa de construir bases que facilitem o compartilhamento de ideias entre membros de diferentes comunidades, alguns conceitos podem assumir um papel mediador, que permite que várias partes discutam sobre a multidimensionalidade de questões de interesse comum. Já adotado por distintas tradições de pesquisa, o termo vulnerabilidade tem sido apontado como um conceito mediador promissor para a elaboração de respostas urbanas às mudanças climáticas, capaz de auxiliar na descrição de estados de suscetibilidade ao dano, impotência e marginalidade de componentes de sistemas socioecológicos, frente a eventos climáticos (HOGAN; MARANDOLA JR., 2005; ADGER, 2006; FEITOSA; MONTEIRO, 2011).

Buscando contribuir para a instrumentalização do debate sobre cidades e mudanças climáticas, propomos uma metodologia para a tradução do conceito de vulnerabilidade – aqui entendido como um conceito mediador – na forma de **objetos mediadores**, ou seja, operacionalizações que materializam conceitos, facilitando sua apreensão e o diálogo (MOLLINGA, 2008; FEITOSA; MONTEIRO, 2011). Estes objetos respondem à demanda cada vez maior por elementos capazes de subsidiar processos de tomada de decisão, mesmo em condições de incerteza e conhecimento incompleto. Neste capítulo, apresentamos a construção de representações numéricas e gráficas da vulnerabilidade socioecológica capazes de instrumentalizar e orientar estudos empíricos mais aprofundados. Os objetos propostos incluem medidas, sintetizadas pelo Índice de Vulnerabilidade Socioecológica (IVSE), que são acompanhadas por mapas de superfícies e gráficos que auxiliam na visualização de suas múltiplas dimensões.

A abordagem adotada na elaboração desse conjunto de representações atualiza e estende a caracterização de perfis de ativos (MOSER, 1998; KAZTMAN, 2000), aplicáveis a indivíduos ou conjuntos de indivíduos, para contemplar dimensões inerentes aos territórios em que estes vivem. Parte-se do argumento de que somente por meio de uma reconsideração explícita do território seja possível incorporar um viés socioecológico às operacionalizações que busquem materializar o conceito de vulnerabilidade. Para ilustrar a abordagem e permitir a realização de ajustes metodológicos necessários para sua utilização em uma cidade real, as medidas e representações gráficas propostas são aplicadas ao município de São Sebastião, no Litoral Norte de São Paulo.

8.1 CONSTRUINDO REPRESENTAÇÕES DA VULNERABILIDADE SOCIOECOLÓGICA: ARCABOUÇO TEÓRICO-CONCEITUAL

Diante do crescente debate sobre mudanças climáticas e ambientais, o termo vulnerabilidade, já tradicionalmente adotado em muitos meios acadêmicos, assumiu um papel central e estratégico nos estudos relacionados à questão da adaptação de sistemas socioecológicos frente a variações do clima (HOGAN; MARANDOLA JR., 2005). Dado o extensivo uso do termo e a crescente fertilização cruzada entre as distintas tradições de pesquisa que o adotam, inúmeros avanços na conceituação da vulnerabilidade vêm sendo observados (KELLY; ADGER, 2000; ADGER, 2006). Nota-se, por exemplo, que o conceito ganhou corpo e abrangência, deixando de significar uma situação de suscetibilidade proveniente apenas da exposição a um determinado perigo, e passando a incorporar também aspectos relativos à sensibilidade, resiliência, bem como à capacidade de enfrentamento e de adaptação diante da materialização do risco. Paralelamente, visões tecnocráticas da vulnerabilidade, que a compreendiam como um produto residual (impacto das mudanças climáticas menos adaptação), têm sido substituídas por visões mais integradas, que a consideram como um processo, uma propriedade ou estado dinâmico de um sistema socioecológico dotado de interações complexas e não lineares (KELLY; ADGER, 2000; O'BRIEN et al., 2004).

Embora a vulnerabilidade seja discutida sob pontos de vista cada vez mais integrados, suas formas de análise e operacionalização ainda carecem de estratégias capazes de traduzir e refletir esses avanços conceituais. Trabalhos preocupados em operacionalizar o conceito ainda apresentam distinções que estão estreitamente relacionadas a domínios disciplinares específicos, principalmente em relação à escala e objeto de análise. Por exemplo, nas abordagens mais próximas às ciências sociais, a vulnerabilidade tende a ser analisada em relação a indivíduos, famílias ou grupos sociais, geralmente de forma qualitativa e sem considerar dinâmicas dos sistemas biofísicos (DFID, 1999; LAMPIS, 2010). Por outro lado, operacionalizações mais relacionadas a estudos sobre riscos e desastres naturais, tendem a capturar a vulnerabilidade em termos territoriais (regiões e ecossistemas) e quantitativos (SULLIVAN; MEIGH, 2005; CUTTER; FINCH, 2008; HAHN et al., 2009; FURLAN et al., 2010).

Buscando avançar na conciliação entre estes diferentes enfoques metodológicos, o presente trabalho propõe uma operacionalização da vulnerabilidade que parte dos conceitos de ativos e estrutura de oportunidades (MOSER, 1998; KAZTMAN, 2000), mais próximos de análises com enfoque social, e a eles incorpora uma dimensão territorial explícita e de caráter socioecológico. Incorporada na literatura sociológica e antropológica do final dos anos 1980, a discussão sobre ativos tem sua gênese com Amartya Sen e sua teoria de *entitlements* (SEN, 1981; 1984), que constituiu a base para uma série de estudos sobre vulnerabilidade social. De acordo com Kaztman, o conceito de ativos refere-se a um "conjunto de recursos, materiais e imateriais, sobre os quais indivíduos e famílias possuem controle, e cuja mobilização permite melhorar sua situação de bem-estar, evitar a deterioração de suas condições de vida, ou diminuir sua vulnerabilidade" (KAZTMAN, 2000, p. 294).

Outro conceito importante introduzido por Kaztman (2000) é o de estrutura de oportunidades, ou seja, as fontes dos ativos: mercado (empregos e a condição de estabilidade), sociedade (as relações sociais), Estado (acesso aos serviços públicos ou outras formas de proteção social), e até mesmo a família, assim como os efeitos de suas ações (ou não ações), e as condições estruturais ou conjunturais que causam situações de vulnerabilidade. Sob essa perspectiva, a vulnerabilidade passa a ser compreendida como um desajuste entre ativos e estrutura de oportunidades, sendo conceituada como "a incapacidade de uma pessoa ou de uma família para aproveitar-se das oportunidades, disponíveis em distintos âmbitos socioeconômicos, para melhorar sua situação de bem-estar ou impedir sua deterioração" (KAZTMAN, 2000, p. 281).

Partindo da compreensão do "território como ator e não apenas como um palco, ou seja, o território no seu papel ativo" (SANTOS; SILVEIRA, 2001, p. 11), é importante enfatizar que a questão da vulnerabilidade envolve ainda conexões e relações socioecológicas que se dão na dinâmica cotidiana dos territórios. Neste caso, o território deixa de ser compreendido como um mero receptáculo dos processos que estabelecem distintas condições de vulnerabilidade, e passa a ser valorizado como constitutivo desses processos, capaz de interferir no acesso diferenciado das famílias a um conjunto de ativos fundamentais para seu bem-estar (KOGA, 2003; KOGA; NAKANO, 2006; CUNHA, 2009). Somente por meio de uma reconsideração do território, com suas dinâmicas e inter-relações, é possível incorporar uma visão socioecológica à tradução do conceito de vulnerabilidade na forma de medidas e expressões gráficas. É justamente esta a direção na qual este trabalho busca avançar ao propor um conjunto de representações da vulnerabilidade socioecológica.

A abordagem adotada para a construção deste conjunto de representações atualiza e estende a caracterização de perfis de ativos (KAZTMAN et al., 1999), relativos a conjuntos de indivíduos, para acomodar dimensões inerentes aos territórios em que estes vivem. A ideia de ativos utilizada neste trabalho, cujo acesso está diretamente relacionado à geração de condições diferenciadas de vulnerabilidade, inclui tanto os recursos que permitem que famílias tenham acesso a canais de mobilidade e integração social (KAZTMAN et al., 1999), quanto os que minimizam sua exposição a riscos e perigos ou podem ser mobilizados para o enfrentamento de situações geradas pela materialização do risco (MOSER, 1998).

Parte-se também de uma divisão analítica em tipos de ativos que, segundo Kaztman et al. (1999), introduz um maior rigor à ideia, pois evidencia as fontes, os usos e os atributos diferenciados de cada recurso a ser considerado. Para os autores, é importante encontrar pontos de corte relevantes que considerem, por exemplo, educação e habitação como tipos diferentes de ativos, dada a acentuada diferença que esses recursos apresentam em suas formas de uso, bem como em suas lógicas de produção e reprodução (KAZTMAN et al., 1999). A partir destas considerações, Kaztman e colegas adotam a seguinte divisão dos ativos: capital físico, capital humano e capital social. Dado o enfoque estritamente socioeconômico desta divisão de ativos, buscamos, para a construção de um conjunto de representações que operacionalizem o conceito de vulnerabilidade socioecológica, considerar o território de maneira ainda mais explícita, incluindo também algumas de suas características ambientais. Para tanto, uma quarta categoria de ativos é adicionada à divisão analítica já apresentada: o capital físico-natural. A seguir, a descrição de cada um dos tipos de ativos considerados:

a) *Capital Financeiro*: Equivale ao que Kaztman (2000) chama de capital físico. Compreende a disponibilidade de recursos de alta liquidez, como salários, proventos em geral e acesso a créditos, assim como de bens materiais de menor liquidez, como imóveis, meios próprios de transporte etc. (DFID, 1999; KAZTMAN, 2000; LAMPIS, 2010).

b) *Capital Humano*: Representa as habilidades, os conhecimentos, a capacidade de trabalho e a boa saúde que, juntos, permitem que os indivíduos aumentem suas possibilidades de produção e de bem-estar pessoal, social e econômico (DFID, 1999; KAZTMAN, 2000; LAMPIS, 2010). O trabalho é um dos mais críticos ativos ligado aos investimentos em capital humano (MOSER; SHRADER, 1999). Investimentos estes que envolvem, entre outros aspectos, a experiência dos indivíduos, bem como seus níveis de educação e condições de saúde. Do ponto de vista das famílias, o capital humano diz respeito, ainda, à quantidade de trabalho potencial (por exemplo, pessoas em idade economicamente ativa), a qualidade dessa mão de obra, bem como a capacidade de mobilização e articulação entre membros da família (KAZTMAN, 2000).

c) *Capital Social*: Compreende as habilidades desenvolvidas para a garantia de benefícios por meio de associações em redes de relações sociais ou outras estruturas sociais (COLEMAN, 1988; PUTNAM et al., 1993; PORTES, 1998). Envolve relações verticais (patrão/cliente) ou horizontais (entre indivíduos de interesses comuns, como, por exemplo, a organização familiar e a comunidade), na qual a confiança das pessoas pode aumentar a capacidade de trabalharem juntas e expandirem seus acessos a instituições, como órgãos políticos ou civis (DFID, 1999; KAZTMAN, 2000; LAMPIS, 2010). Para Bilac (2006), é o ativo de entendimento mais ambíguo, passível de ser produzido de formas diversas, em todas as camadas sociais, a partir da mobilização de sociabilidade forte e de redes sociais.

d) *Capital Físico-Natural*: Compreende os estoques de recursos relativos à "natureza da cidade", aqui entendida como uma produção histórica na qual a distinção entre objetos naturais e objetos fabricados se torna impossível (SANTOS, 2002). Inclui aspectos territoriais relevantes para a manutenção da segurança e bem-estar das famílias, como, por exemplo, a condição geotécnica do terreno em que vivem, a distância de elementos que possam representar alguma ameaça (indústrias ou qualquer outra atividade de alta periculosidade, mar, rios e córregos, barragens, áreas contaminadas etc.), qualidade do ar, sistema de drenagem, abastecimento de água, coleta e tratamento de esgoto e resíduos sólidos.

Partindo deste arcabouço conceitual, a elaboração de um conjunto de representações numéricas e gráficas da vulnerabilidade demanda o tratamento de questões que envolvem: (a) a seleção de variáveis para a construção de um indicador de vulnerabilidade, aqui denominado de Índice de Vulnerabilidade Socioecológica (IVSE); (b) a integração e processamentos de dados relevantes para o IVSE; (c) o método de cálculo do IVSE; e (d) estratégias de representação gráfica da vulnerabilidade socioecológica.

A primeira questão mencionada diz respeito à **seleção das variáveis** que deverão ser adotadas como *proxy* de cada tipo de capital. No caso de ativos intangíveis, como os que dizem respeito às relações sociais (CHAMBERS; CONWAY, 1992; MOSER, 1998), a seleção de representações adequadas torna-se uma tarefa muito delicada. Além disso, não existe um conjunto "universal" de variáveis, que possa ser aplicado aos mais distintos casos. Neste capítulo, as variáveis utilizadas para o cômputo do IVSE foram selecionadas a partir da realidade de São Sebastião (SP), uma cidade que enfrenta alguns dos desafios típicos das zonas costeiras brasileiras, conforme o apresentado na breve contextualização da Seção 8.2. Na Seção 8.3 será apresentado um quadro síntese das variáveis selecionadas para a caracterização da vulnerabilidade de São Sebastião. Este quadro, embora sirva como um ponto de partida para outros estudos, deve ser adequado às peculiaridades de cada região e aos riscos aos quais estão suscetíveis. No caso de São Sebastião, por exemplo, são incluídos alguns aspectos relacionados à realidade particular da área, como os perigos associados à proximidade do mar (ressacas e aumento no nível do mar) e à proximidade de um parque de tanques de armazenamento de petróleo e derivados instalado na região central da cidade (explosões, vazamentos e contaminações).

A segunda questão, ainda muito relacionada à primeira, diz respeito às necessidades de **integração e processamento** de dados para o cômputo do IVSE. O IVSE é composto tanto por variáveis socioeconômicas que dizem respeito às condições das famílias, geralmente obtidas por meio de dados censitários, quanto por variáveis relacionadas ao lugar, que incluem a organização espacial dessas famílias, as condições do ambiente em que vivem, e os possíveis riscos que estes podem oferecer. Esse conjunto de variáveis é obtido a partir de distintas fontes de dados, o que envolve uma complicação adicional, que é a de tornar comparáveis dados diversos, produzidos a partir de escalas distintas, com cobertura e distribuição espacial diversas. Com o intuito de facilitar essa compatibilização e permitir a construção de "superfícies de vulnerabilidade", o IVSE adota a célula como sendo a menor unidade espacial de análise, transpondo a área urbanizada e todas as variáveis que a caracterizam para o espaço celular. Além disso, muitas variáveis utilizadas no cômputo do IVSE demandam uma série de pré-processamentos, geralmente para construir aproximações que representem um determinado aspecto relevante para a análise da vulnerabilidade a partir de outros dados relacionados. Estes processamentos podem envolver o cômputo de distâncias e densidades, classificações de imagens de satélite ou mesmo cálculos mais complexos, como os de índices espaciais de segregação. Para acomodar essas necessidades, torna-se fundamental a utilização de geotecnologias diversas para o tratamento de dados da paisagem físico-natural e de dados socioeconômicos desagregados territorialmente, como sistemas de informações geográficas (SIG), banco de dados geográficos, técnicas de análise espaço-temporal e processamento digital de imagens de sensoriamento remoto orbital. Algumas considerações sobre o processamento dos dados necessário para o cômputo do IVSE de São Sebastião são apresentadas na Seção 8.3.2.

Uma terceira questão fundamental a ser discutida na construção de representações da vulnerabilidade diz respeito ao **cômputo do IVSE** em si, ou seja, de que forma o conjunto de variáveis selecionado para a caracterização da vulnerabilidade será convertido em uma expressão numérica, uma medida. O IVSE é composto por índices simples e/ou compostos combinados internamente para a representação numérica de cada tipo de capital, que novamente combinados, compõe o IVSE sintético. Os detalhes deste procedimento são apresentados na Seção 8.3.3. O IVSE representa uma síntese dos capitais acessados pelas populações localizadas nos distintos pontos da área urbana analisada. Parte-se do pressuposto, portanto, de que a vulnerabilidade está diretamente relacionada ao acesso a ativos: quanto maior o acesso das famílias a esses ativos, menor será seu grau de vulnerabilidade.

A fim de viabilizar uma visão mais integrada do conceito de vulnerabilidade socioecológica, propomos ainda a associação do IVSE a algumas **formas de representação gráfica**, cujos detalhes são apresentados na Seção 8.3.4. Uma dessas formas são os mapas de superfícies de vulnerabilidade socioecológica, construídos a partir da espacialização do IVSE e dos índices que o compõe. Essa representação é constituída por uma série de mapas que mostram diferenciais intraurbanos no acesso a cada categoria de capital, bem como por um mapa sintético que agrega informações contidas nesse conjunto de mapas. Outra técnica de representação adotada foi o estabelecimento de polígonos que descrevem os perfis de ativos associados a cada célula, no qual cada vértice representa o grau de acesso das famílias ali localizadas a alguma categoria de ativos. Essa estratégia de representação é complementar à leitura dos mapas de vulnerabilidade sintéticos, permitindo, por exemplo, verificar como células que possuem graus semelhantes de vulnerabilidade diferem em termos do perfil de ativos das famílias que lá vivem.

8.2 VULNERABILIDADE SOCIOECOLÓGICA DE ZONAS COSTEIRAS: O CASO DE SÃO SEBASTIÃO, LITORAL NORTE PAULISTA

As aglomerações urbanas litorâneas brasileiras são particularmente vulneráveis a mudanças climáticas e ambientais, tanto pela exposição a eventos climáticos que atingem regiões próximas ao oceano, quanto pela fragilidade de seus ecossistemas e pela velocidade e volume dos seus processos de ocupação urbana. Entre os riscos ambientais costeiros que tendem a acentuar-se com as mudanças climáticas, destacam-se os associados à elevação do nível dos oceanos e alterações dos padrões de ventos e precipitação, que provocam o aumento na intensidade e frequência de eventos extremos, como tempestades, ressacas, deslizamentos de terra, inundações e enchentes (MCGRANAHAM et al., 2007; NICHOLLS et al., 2007; MCGRANAHAM et al., 2008; CARMO; SILVA, 2009).

Os problemas característicos da produção do espaço urbano brasileiro, que vêm resultando em configurações urbanas caóticas e repletas de injustiças sociais (KOWARICK, 1979; MARICATO, 1979; ROLNIK, 1997; VILLAÇA, 1998; SPOSATI, 2000), também se manifestam na urbanização das zonas costeiras. Entretanto, as vantagens locacionais proporcionadas pela interface terra-mar diferenciam esse sistema socioecológico e tornam o ritmo do processo de urbanização no litoral ainda mais acelerado do que o da média das cidades brasileiras. De acordo com Moraes (2007), tais vantagens locacionais estão relacionadas a uma série de atividades e usos que são próprios do litoral, entre eles a exploração dos recursos marinhos, a circulação de mercadorias e pessoas por intermédio do transporte marítimo e a apropriação da orla marítima como espaço de lazer e turismo. Essas características ímpares da zona costeira, associadas ao fato dos terrenos próximos ao mar serem relativamente raros em relação ao conjunto de terras emersas, exponencializa as tendências da urbanização brasileira, gerando um mercado de terras ávido, que consolida uma situação fundiária tensa e excludente (SIQUEIRA, 1984; MORAES, 2007).

O caso do município de São Sebastião, área de estudo do presente trabalho, ilustra e evidencia desafios enfrentados pelas cidades litorâneas brasileiras. Com uma área de 473 km² e população de 73.942 habitantes (IBGE, 2010), São Sebastião se localiza em uma região de expressiva diversidade ecológica, que abrange praias, a Serra do Mar e a Mata Atlântica (SMA, 2005). Os recursos paisagísticos da região apresentam um forte apelo à implantação de empreendimentos voltados para o turismo, incluindo residências secundárias. Além das atividades relacionadas à indústria do turismo, a cidade também abriga equipamentos que reforçam seu caráter estratégico para o desenvolvimento econômico do Estado de São Paulo, como o Porto de São Sebastião, administrado pela DERSA, e o terminal marítimo Almirante Barroso (TEBAR), operado pela Petrobrás e especializado na carga e descarga de petróleo e derivados. Recentemente, o aumento dos investimentos na indústria do petróleo e

Indicadores territoriais de vulnerabilidade socioecológica   191

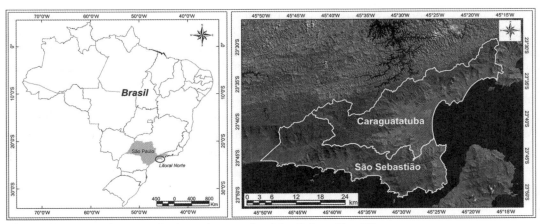

Figura 8.1 – Localização da área de estudo: São Sebastião, SP.
Fonte: INPE e IBGE.

do gás natural tem contribuído para impulsionar o crescimento populacional da cidade, que foi de 2,4% a.a. no período entre 2000 e 2010, bem acima da média nacional (1,2%) e estadual (1,1%).

No processo de urbanização de São Sebastião, a exploração das atividades relacionadas ao turismo e energia e a progressiva periferização das camadas de baixa renda destacam-se como elementos determinantes do estilo de uso e ocupação do solo no município. Enquanto as atividades econômicas, por meio do aumento da demanda pela construção de equipamentos e residências, impulsionam a competitividade e a especulação no setor imobiliário, populações excluídas e sem acesso ao mercado formal de terras alojam-se espontaneamente em áreas impróprias à ocupação, sem infraestrutura, muitas vezes de proteção ambiental, como encostas íngremes e zonas sujeitas a inundações. São essas populações as mais vulneráveis às mudanças climáticas e ambientais, não apenas pela fragilidade dos lugares que ocupam, pela precariedade de suas habitações e consequente exposição a perigos ambientais, mas também por sua incapacidade de reação e dificuldade de adaptação (HARDOY; PANDIELLA, 2009; HOGAN. MARANDOLA JR., 2009). Estatísticas oficiais revelam que cerca de 45% das residências do município permanecem vazias ou com uso ocasional (por exemplo, como segunda residência), totalizando mais de 19 mil unidades (IBGE, 2010), ao passo que o déficit habitacional da cidade estimado pela atual administração municipal é de, aproximadamente, 5 mil unidades habitacionais (PMSS, 2011).

Do ponto de vista ambiental, a expansão de assentamentos fora dos padrões legais de regulamentação de uso e a deficiência na infraestrutura de saneamento básico produzem impactos significativos que incluem a poluição e degradação das praias, rios e córregos, a destruição dos manguezais e restingas, e o desmatamento da mata nativa. Este conjunto de práticas que desconsidera as especificidades dos processos físicos costeiros provoca um desajuste do sistema socioecológico em questão, sendo capaz de produzir prejuízos de forma generalizada. Entre esses prejuízos está o aumento da vulnerabilidade de populações, lugares, serviços e infraestrutura, frente a eventos extremos decorrentes de variações climáticas, que podem estar relacionados, por exemplo, à maior frequência de problemas relacionados ao abastecimento de água e energia, inundações, erosões e deslizamentos, bem como o comprometimento de atividades econômicas, como o turismo e a pesca (HOGAN; MARANDOLA JR., 2009). Também relevante para a análise da vulnerabilidade da região são os riscos tecnológicos associados ao terminal petrolífero TEBAR, incluindo seu parque de tanques de armazenamento de petróleo e derivados na área central da cidade. Tais riscos incluem explosões, emissões, vazamentos e contaminação das águas e solos (SANTOS, 2011).

8.3 O ÍNDICE DE VULNERABILIDADE SOCIOECOLÓGICA (IVSE)

8.3.1 Seleção das variáveis

Considerando as peculiaridades do município de São Sebastião e o arcabouço conceitual apresentado na Seção 8.2, a composição do Índice de Vulnerabilidade Socioecológica (IVSE) considerou os indicadores descritos na Tabela 8.1 para representar o estado de cada categoria de capital no ano 2000.

As variáveis selecionadas como *proxies* dos capitais financeiro e humano foram obtidas a partir de dados censitários. No caso do capital financeiro, os indicadores refletem os níveis de renda do chefe de família e as condições de propriedade do domicílio. Já as variáveis que representam o capital humano estão relacionadas ao nível de escolaridade do chefe de família, à alfabetização dos filhos, bem como ao grau de dependência econômica.

Os indicadores do capital físico-natural, que buscam considerar a natureza da cidade, envolvem aspectos locacionais relacionados à ocorrência de desastres crônicos, como condições de saneamento básico, que podem facilitar a proliferação de doenças, ou catastróficos, como a localização em áreas passíveis de inundação ou escorregamento (PELLING, 2003). Assim, as variáveis selecionadas refletem a qualidade da infraestrutura domiciliar e do bairro, as condições geotécnicas dos terrenos, e a proximidade de elementos que possam representar algum tipo de ameaça, como os corpos d'água passíveis de transbordamento ou os tanques de armazenamento do TEBAR. Para a composição desta categoria de ativo, foram utilizados dados censitários e dados obtidos por meio de sensoriamento remoto, o que demandou a integração de informações de diferentes fontes e escalas.

Por envolver uma maior complexidade de representação e captura das relações, o capital social impõe dificuldades de operacionalização a partir de dados do Censo, como Cunha et al. (2004) relataram. Embora cientes das limitações desta abordagem, buscamos avançar na representação desse capital, por meio da seleção de algumas variáveis censitárias que descrevem características familiares que podem atuar como *proxies* de relações familiares e entre conjuntos de indivíduos. Para a representação dessa categoria de ativo, foi computado ainda um indicador indireto com características relacionais, o índice espacial de isolamento de famílias de baixa renda (FEITOSA et al., 2007), uma medida de segregação que analisa a concentração da pobreza nas distintas vizinhanças da cidade.

8.3.2 Quadro metodológico geral dos processamentos

Para a construção do IVSE (Figura 8.2) foram utilizados dois conjuntos de dados: (1) dados provenientes do Censo Demográfico (Agregados por Setores Censitários – IBGE) do ano 2000[1]; (2) dados de sensoriamento remoto. Para o segundo conjunto de dados, foi utilizada a imagem de satélite LANDSAT 5 TM, cena 218/76 de 29 de abril de 1999 (bandas 1, 2 e 3), data próxima a coleta de dados censitários. A utilização da imagem de 1999 foi necessária em virtude da presença de nuvens nas imagens adquiridas no ano 2000. Foram utilizados também dados SRTM (Shuttle Radar Topography Mission), de fevereiro de 2000, para a construção do indicador de declividade.

O indicador de proximidade a corpos d'água foi construído a partir do descritor de terrenos HAND – Height Above the Nearest Drainage, que relaciona hidrologia e geomorfologia por meio de normalização de dados topográficos (RENNÓ et al., 2008), obtidos na forma de Modelos Digitais de Superfície (conjunto de dados SRTM). A partir da rede de drenagem extraída do dado topográfico, a diferença entre cada elemento da grade do modelo digital de superfície e o ponto mais próximo associado à rede de drenagem dá origem ao modelo de superfície HAND, onde o valor do atributo altitude de um determinado ponto é definido pela posição em que este se encontra em relação ao corpo d'água, iniciando a contagem a partir de zero (na drenagem) e aumentando na medida em que se distancia da drenagem.

O presente trabalho adota o espaço celular como unidade espacial de análise. Estas células, associadas a um banco de dados geográficos, estabelecem uma nova base para a distribuição dos indicadores considerados na análise. As ideias sobre o mundo celular (COUCLELIS, 1985; 1991; 1997) e uma geografia celular (TOBLER, 1979) apoiam o debate teórico sobre as perspectivas de representação de espaços geográficos.

Dados censitários e dados obtidos por meio do Sensoriamento Remoto foram integrados a partir de um banco de dados geográficos no Terraview[2] (TERRAVIEW,

---

1 Para o presente trabalho foram considerados apenas os setores censitários urbanos.
2 Neste trabalho, todas as geotecnologias usadas são livres e disponíveis na internet. Envolvem o SPRING e TerraView que são produtos do INPE.

Tabela 8.1 – Painel de indicadores composto pelas cinco capitais

Dimensão do IVSE	Indicador	Descrição /Fórmula de cômputo	Procedência
Capital Humano	Grau de escolaridade do chefe de família	Porcentagem de domicílios cujos responsáveis: não são alfabetizados ou com menos de 1 ano de estudo; de 1 a 4 anos de estudos; de 5 a 8 anos de estudos; de 9 a 12 anos de estudos; com mais de 12 anos de estudos	Censo IBGE
	Alfabetização dos filhos com mais de 5 anos	Porcentagem de filhos não alfabetizados com mais de 5 anos	Censo IBGE
	Razão de dependência	Razão entre: "População 0 a 14 anos" + "População 65 ou mais" pelo total de "População de 15 a 64 anos"	Censo IBGE
Capital Social	Incidência de domicílios chefiados por mulheres sem instrução	Percentual de domicílios chefiados por mulheres sem instrução	Censo IBGE
	Incidência de domicílios chefiados por idosos	Percentual de domicílios chefiados por idosos	Censo IBGE
	Incidência de domicílios cujos responsáveis são jovens com até 29 anos	Percentual de domicílios cujos responsáveis são jovens com até 29 anos	Censo IBGE
	Índice de Isolamento da Pobreza	Grau de concentração de famílias com renda de até 4 salários mínimos	Censo IBGE
Capital Financeiro	Renda do chefe de família	Porcentagem de domicílios cujos responsáveis não têm renda; de 1 a 3 salários mínimos; mais de 3 salários mínimos	Censo IBGE
	Domicílios próprios	Porcentagem de domicílios próprios	Censo IBGE
Capital Físico-Natural	Incidência de domicílios com destinação inadequada de esgoto	Porcentagem de domicílios com destinação inadequada de esgoto	Censo IBGE
	Incidência de domicílios sem água encanada	Porcentagem de domicílios sem água encanada	Censo IBGE
	Incidência de domicílios sem coleta de lixo	Porcentagem de domicílios sem coleta de lixo	Censo IBGE
	Risco Tecnológico	Percentual das áreas próximas ao TEBAR	Landsat 5
	Grau de declividade	Grau de declividade do terreno	SRTM
	Risco de inundação/ressacas/aumentos do nível do mar	Percentual de áreas próximas a corpos d'água	SRTM

Fonte: Autores

Justificativa para o uso do indicador na linha de base do Projeto

Indica que a não alfabetização ou alfabetização precária do chefe de família reduz as chances de inclusão e acesso ao mercado de trabalho (NEPSAS – Núcleo de Estudos e Pesquisas sobre Seguridade e Assistência Social).

Integrantes da família em idade laboral com baixa escolaridade reduzem as chances de inclusão e acesso ao mercado de trabalho, não contribuindo para o rendimento familiar (NEPSAS).

Famílias com elevado grau de dependência econômica e envelhecimento podem apresentar dificuldades no processo de reprodução social (Cunha et al., 2004).

A presença de mulheres sem instrução na chefia do domicílio indica estrutura familiar complexa e redução do capital social dos filhos por apresentar dificuldades de acesso ao mercado de trabalho (Cunha et al., 2004).

A presença de idosos na chefia do domicílio indica situação mais segura de suporte familiar (seguridade social e Benefício de Prestação Continuada, que garante um salário mínimo mensal a todos os idosos com mais de 65 anos ou pessoas com deficiência com renda per capita inferior a 1 SM, e maior tempo de vida para a aquisição de bens) (NEPSAS).

Necessidade de proteção pela responsabilidade familiar jovem. Responsável jovem apresenta mais chances de ter filhos mais novos, e que exigem maior proteção. Também o responsável jovem tende a residir em territórios menos consolidados em função do preço da terra (NEPSAS).

Indica o contato potencial de grupos de indivíduos com diferentes rendas. Grupos de indivíduos isolados podem significar uma tendência a uma fraca relação de vizinhança, reduzindo seu capital social, consequentemente, sua capacidade de resposta frente a um contratempo (Feitosa et al., 2007).

Famílias com responsável sem renda podem afetar a capacidade de cobertura do orçamento doméstico (NEPSAS).

A presença de domicílios próprios indica maior estabilidade (posse de bens duráveis) (Cunha et al., 2004).

A presença de domicílios sem destinação adequada de esgoto indica maior exposição a riscos de saúde para o indivíduo, assim como de contaminação de solo e águas, para o território (Cunha et al., 2004).

A presença de domicílios sem água encanada indica maior exposição a riscos de saúde (Cunha et al., 2004).

A presença de domicílios sem coleta de lixo indica maior exposição a riscos de saúde para o indivíduo, e possível contaminação de solo e águas, para o território (Cunha et al., 2004).

A presença de domicílios, edificações em territórios localizados próximos ao TEBAR indica exposição a explosões, emissões, vazamentos e contaminação das águas e solos (Santos, 2011).

O grau de declividade do terreno indica sua exposição a possíveis desabamentos e deslizamento (Marcelino, 2004).

A presença de domicílios e edificações em territórios próximos a corpos d'água indica exposição a possíveis alagamentos e ressacas (Alves et al., 2009).

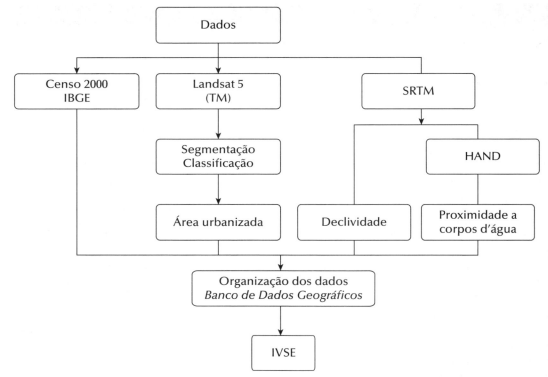

Figura 8.2 – Fluxograma da construção do IVSE.
Fonte: Autores.

2011) e redistribuídos em um espaço celular constituído por células regulares com dimensões de 100 m × 100 m. Cada célula foi preenchida com as variáveis indicadoras selecionadas por meio de operadores de síntese, conforme metodologia apresentada em Aguiar et al. (2008).

8.3.3 Cômputo do IVSE

O cômputo do IVSE utiliza os indicadores simples apresentados na Tabela 8.1, sobre os quais são aplicadas transformações lineares para a geração de escalas que variam de 0 a 1. A transformação linear produz índices adimensionais que permitem espacializar e observar a vulnerabilidade socioecológica por meio de uma escala de representação de natureza relacional, onde o "1" descreve a localização (célula) na qual as famílias residentes apresentam o melhor acesso ao ativo em questão. A transposição dos indicadores para essas escalas de representação utiliza como suporte matemático uma transformação linear ($y = ax + b$). Esta equação da reta tem como denominador a amplitude dos dados, ou seja, o valor máximo observado menos o valor mínimo observado referente aos percentuais de cada índice.

Enquanto para a maioria dos índices essa transformação é aplicada diretamente, os indicadores estratificados, como os de escolaridade e renda dos chefes de família, demandam um procedimento prévio adicional. No caso do indicador escolaridade do chefe de família (Tabela 8.2), por exemplo, essa estratificação é constituída por cinco agrupamentos que conformam um conjunto de dados complementares que indicam a proporção dos chefes com os seguintes níveis de escolaridade: (1) sem instrução ou com menos de 1 ano de estudo; (2) 1 a 4 anos de estudo; (3) 5 a 8 anos de estudo; (4) 9 a 12 anos de estudo e; (5) mais de 12 anos de estudo. Considerando que as famílias cujos chefes possuem melhores níveis de escolaridade potencializam o seu posicionamento na estrutura de oportunidades oferecidas na cidade, adotamos uma escala evolutiva para ponderar matematicamente cada agrupamento (Figura 8.3). Em seguida, os valores ponderados obtidos para cada grupo são somados e escalonados entre 0 e 1. Assim, o indicador "escolaridade dos chefes de família" apresentará números mais elevados – ou seja, que representam um melhor acesso ao ativo em questão – naqueles locais onde há uma porcentagem maior de famílias pertencentes aos agrupamentos caracterizados pela presença de chefes de famílias mais escolarizados, e vice-versa. A mesma lógica é aplicada ao cômputo do indicador "renda dos chefes de família".

Tabela 8.2 – Descrição da estrutura evolutiva do indicador escolaridade do chefe de família

Grupo	Variáveis	Fator de evolução	Indicador
1	CF* sem instrução ou com menos de 1 ano de estudo	*1	Escolaridade do Chefe de Família
2	CF com 1 a 4 anos de estudo	*2	
3	CF com 5 a 8 anos de estudo	*3	
4	CF com 9 a 12 anos de estudo	*4	
5	CF com mais de 12 anos de estudo	*5	

*CF – Proporção de Chefes de família.
Fonte: Autores.

Após as devidas transformações sobre os indicadores simples apresentados na Tabela 8.1, estes são somados e escalonados para compor índices compostos que representam cada uma das quatro categorias de ativos (capital humano, financeiro, social e físico-natural). Esses índices compostos, por sua vez, são também somados e escalonados para dar origem a um índice sintético final, o Índice de Vulnerabilidade Socioecológica (IVSE). A Figura 8.4 apresenta a estrutura de composição do IVSE.

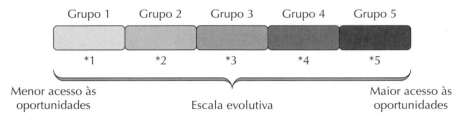

Figura 8.3 – Escala evolutiva da estrutura de oportunidades para o indicador de escolaridade do chefe da família.
Fonte: Autores.

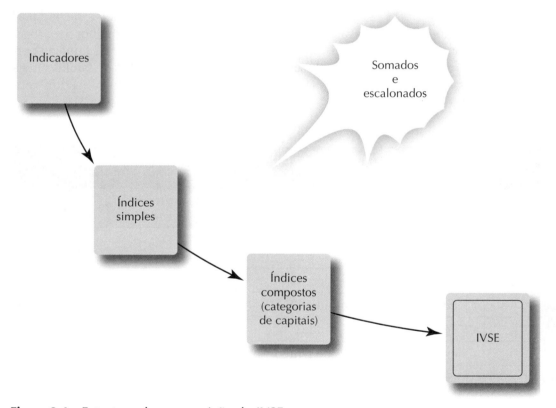

Figura 8.4 – Estrutura de composição do IVSE.
Fonte: Autores.

8.3.4 Análise dos resultados

O município de São Sebastião se encontra em uma região montanhosa, de geografia singular, na qual as áreas passíveis de ocupação humana são formadas por um conjunto descontínuo de planícies que faz com que a população se organize em bairros distantes e isolados, condicionando o modelo de ocupação vigente no litoral norte (SÃO PAULO, 1996). Em virtude dessa diferenciação geográfica, o município costuma ser dividido em três regiões que auxiliam a administração pública em sua gestão: costa norte, costa sul e centro (Figura 8.5). O índice sintético IVSE, apresentado na Figura 8.5 na forma de um mapa de superfície, permite a visualização da heterogeneidade das condições de vulnerabilidade nessas distintas regiões.

A partir deste mapa, é possível verificar a presença de grupos menos vulneráveis no centro e na costa norte do município. Em direção à costa sul, encontram-se áreas mais vulneráveis e heterogêneas, com maior variabilidade quanto ao acesso da população às várias categorias de ativos. É importante ressaltar, no entanto, que o mapa síntese do IVSE não nos permite distinguir os diferenciais de acesso a cada tipo de ativo separadamente. Assim, um olhar direcionado ao painel de observações apresentado na Figura 8.6, que apresenta os mapas dos indicadores compostos para cada categoria de capital, auxilia na obtenção de um diagnóstico mais apurado sobre as condições de vulnerabilidade da região.

As regiões da costa norte e do centro do município são mais consolidadas e apresentam condições de menor vulnerabilidade, sendo caracterizadas por ocupações de médio e alto padrão com condições adequadas de infraestrutura. Porém, enquanto o mapa sintético as apresenta como regiões muito similares em relação à vulnerabilidade, os mapas da Figura 8.6 revelam a existência de diferenças entre elas quanto ao acesso a cada tipo de capital. Na região da costa norte, onde a planície litorânea é estreita, alguns domicílios localizam-se nas encostas da Serra do Mar, em áreas de risco de deslizamento e desmoronamento, o que revela uma redução do acesso ao capital físico-natural. Já o centro, embora com condições superiores quanto ao capital físico-natural, também apresenta alguns problemas. Por exemplo, a existência de algumas ocupações muito próximas à linha marítima e áreas expostas a riscos tecnológicos proporcionados pela proximidade dos tanques de armazenamento do TEBAR. A região centro apresenta ainda bairros que se distinguem dos demais em função do acesso reduzido aos diferentes tipos de ativos, como é o caso dos bairros Topolândia e Itatinga, localizados próximos à região sul.

A costa sul de São Sebastião apresentou em geral, um menor acesso a todos os tipos de capitais, o que a posiciona como a região de maior vulnerabilidade socioecológica do município. Isto não significa, no entanto, que esse reduzido acesso seja distribuído de forma homogênea. Ao contrário, os mapas da Figura 8.6 revelam como o grau de acesso a cada tipo de ativo varia entre os diferentes bairros. Nessa região, destaca-se a presença de ocupações irregulares, cujo estabelecimento é facilitado pelas características físicas da área, que é fragmentada ao longo da extensão do município e servida por uma única rodovia principal. Estas ocupações, além de apresentarem condições precárias de moradia, normalmente situam-se em áreas com alto grau de declividade e/ou próximas a corpos d'água, e encontram-se sujeitas, portanto, ao risco de enchentes, inundações e deslizamentos.

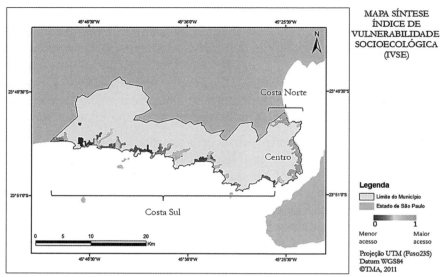

Figura 8.5 – Mapa de espacialização do IVSE de São Sebastião.
Fonte: Autores.

O processo de ocupação na costa sul apresenta ainda uma segunda face, que são as invasões da orla promovidas pelas empreendedoras de condomínios de alto padrão. Em bairros como Maresias e Baleia, por exemplo, só é possível o acesso à praia por meio de passagens entre as ocupações.

Embora todas as regiões do município apresentem ocupações em áreas de encostas, geralmente mais suscetíveis a deslizamentos e escorregamentos, as ocupações localizadas no centro e na costa norte são mais consolidadas, regularizadas e muitas vezes em condomínios fechados para a classe média. Já as ocupações em encostas localizadas na região sul são, em geral, fruto de ocupações não consolidadas, muitas delas recentes, com pouca infraestrutura e condições precárias de moradia.

Para identificar locais em que a distribuição dos valores do IVSE sintético apresenta padrão específico associado a sua localização geográfica, foi utilizado o Índice de Moran, uma medida de autocorrelação espacial capaz de detectar a existência de uma estrutura de dependência territorial no conjunto de dados analisado. O Índice Global de Moran (IGM) apresentou um valor alto e estatisticamente significativo para o IVSE (IGM = 0,98, p-valor < 0,001), revelando uma elevada autocorrelação espacial do índice de vulnerabilidade.

Para observar como esta estrutura de associação espacial ocorre localmente, um refinamento do IGM pode ser obtido com a utilização dos índices de associação espacial local (LISA) (CARVALHO et al., 2004; ANSELIN, 1995). Estes índices locais carregam a mesma ideia que o índice global, mas não utilizam a média dos valores da

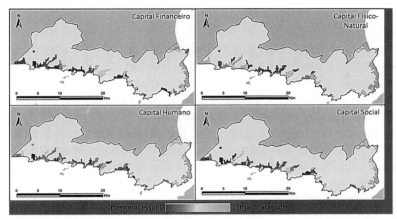

Figura 8.6 – Painel de observações: Capital Financeiro, Capital Físico-Natural, Capital Social e Capital Humano.
Fonte: Autores.

variável observada na cidade como um todo como referência, e sim os valores médios para uma vizinhança escolhida[3]. Com os índices locais calculados, é possível produzir um mapa conhecido como *BoxMap*, que verifica, com base nos valores LISA obtidos para cada célula e em um teste estatístico de pseudossignificância (ANSELIN, 1995), quais células apresentam associações espaciais locais estatisticamente significativas. O *BoxMap* espacializa classes que correspondem aos quatro quadrantes (Q1, Q2, Q3, Q4) de um gráfico de dispersão, conhecido como diagrama de espalhamento de Moran (Figura 8.7). Neste diagrama, cada quadrante representa um tipo diferente de associação entre o valor do atributo em uma dada área (z_i) e a média de seus vizinhos (Wz_i): os pontos que estão em Q1 são chamados *High-High* (HH), por indicarem que tanto o valor do atributo z_i, quanto o valor médio para seus vizinhos Wz_i, estão acima da média do conjunto; os pontos que estão em Q2 são chamados *Low-Low* (LL), por indicarem baixos valores para z_i e Wz_i, os pontos em Q3 e Q4 são chamados *High-Low* (HL) e *Low-High* (LH) respectivamente, por indicarem que para baixos (ou altos) valores de z_i, existem, na média, altos (ou baixos) valores de Wz_i. Estes são quadrantes interessantes, pois mostram áreas de transição.

Os resultados obtidos para a função de regressão de z em Wz para o IVSE caracterizam regimes espaciais bem definidos de vulnerabilidade socioecológica, apresentando uma alta concentração de células nos quadrantes Q1 (HH), admitindo que se trata de células menos vulneráveis, cercadas por outras células na mesma situação; e Q2 (LL), que se tratam de células mais vulneráveis, cercada por outras células na mesma situação. Por outro lado, foi verificada uma concentração muito baixa de

---

[3] Para o presente trabalho foram testados raios de abrangência de 250, 500, 750 e 1.000 metros, determinados a partir do centro de cada célula. A vizinhança delimitada pelos raios de abrangência comporta todas as células que estão contidas nas distâncias estabelecidas.

células nos quadrantes Q3 (HL) e Q4 (LH), que representam associações espaciais em transição, ou seja, células menos vulneráveis cercadas por células mais vulneráveis e vice-versa. Estes resultados são visualizados no *BoxMap* da Figura 8.7, que, reforçando as análises realizadas a partir do mapa síntese do IVSE (Figura 8.5), indicam uma alta concentração de células pertencentes ao quadrante Q1 (HH) na costa norte e centro do município. Já a costa sul apresenta a maioria de suas células classificadas como LL, embora muitas células HH também sejam identificadas, o que confirma a condição heterogênea da região. Foram identificadas algumas células de transição (HL e LH), como por exemplo, as encontradas no bairro de Juquehy, que ilustra a situação de disparidade em relação a sua vizinhança. Neste exemplo, uma ocupação irregular foi identificada ao lado da rodovia, enquanto o restante do bairro é marcado por ocupações de veraneio em condomínios fechados.

É importante ressaltar que, ao trabalhar com indicadores territoriais relacionais, a definição de vizinhança tem impactos sobre o cômputo dos índices, e principalmente sobre a caracterização de sua estrutura de dependência espacial. Ao trabalhar com a determinação de vizinhança em um plano de células, o espaço celular, com base em um raio de abrangência determinado a partir do centro de cada célula, imprimimos certa escala espacial de observação para o processo estudado. Dado o tamanho das células, uma avaliação de seu comportamento em relação ao tamanho e geometria dos setores é necessária. Neste trabalho adotamos uma abordagem empírica, com testes sistemáticos utilizando os raios de 250, 500, 750 e 1.000 metros para determinação do conjunto de células vizinhas. Para o caso de São Sebastião um raio de 750 metros produziu o balanço mais adequado entre o tamanho médio e a geometria dos setores censitários e o tamanho e geometria escolhidos para cada célula.

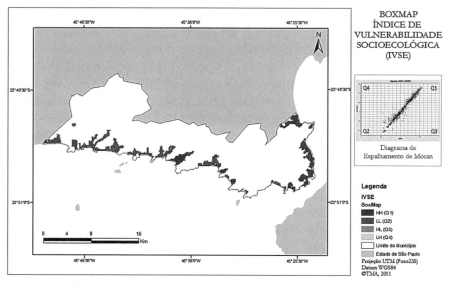

Figura 8.7 – Espacialização do *BoxMap* (IVSE).
Fonte: Autores.

Para ilustrar distintas situações de vulnerabilidade em São Sebastião, foram escolhidas algumas células, e observados, além de seu IVSE síntese, seus perfis de ativos. As células escolhidas ilustram como áreas que apresentam valores de índice sintético semelhantes podem possuir uma composição muito diferenciada quanto ao seu acesso aos quatro tipos de ativos considerados. Nosso argumento com este exercício é procurar evidenciar os riscos de simplificações de medidas associadas a um fenômeno com tamanha complexidade e suas implicações para decisões de planejamento. As Situações 1, 2 e 3, descritas a seguir, nos ajudam com o argumento.

Situação 1: As Figuras 8.8A e 8.8B apresentam áreas em situação de baixa vulnerabilidade. O perfil de ativo de cada uma delas, visualizado por intermédio de um losango no qual cada aresta representa o acesso a uma categoria de ativo, revela que estas áreas são semelhantes quanto aos capitais humano e social, porém diferenciadas em relação ao acesso aos capitais financeiro e físico-natural. As imagens de satélite que acompanham as Figuras 8.8A e 8.8B revelam características territoriais que justificam as diferenças quanto ao capital físico-natural: dada a proximidade a corpos d'água (oceano e rio Boiçucanga), as famílias localizadas na área A, encontram-se em um local com possibilidade de ocorrência de inundações e ressacas. Já as famílias da área B não se apresentam expostas a estes mesmos riscos, além de possuírem ocupações com padrão construtivo superior ao das famílias da área A, muitas delas em condomínios fechados (Figura 8.8B).

Situação 2: São áreas nas quais, de acordo com o mapa síntese do IVSE, localizam-se famílias com vulnerabilidade relativamente alta. Embora o mapa revele índices semelhantes para as localidades A e B (Figura 8.9), é possível verificar, no gráfico, como as populações situadas em cada uma destas áreas apresentam perfis de ativos diferenciados, especialmente em relação ao acesso ao capital físico-natural. As famílias da área da Figura 8.9A têm acesso reduzido a esse capital por apresentar ocupações com condições precárias, sem infraestrutura adequada. Já a situação das famílias localizadas na área da Figura 8.9B, também sujeitas a baixos níveis de acesso a saneamento básico e condições de moradia adequadas, é ainda agravada por tratar-se de uma localidade com alta declividade, suscetível a deslizamentos e escorregamentos.

Situação 3: Diferentes situações de vulnerabilidade são observadas nos dois grupos de famílias apresentados (Figura 8.10A e 8.10B). A localidade A, mais vulnerável, apresenta um perfil de ativos assimétrico, destacando-se o reduzido acesso ao capital físico-natural. Nesse local há o predomínio de ocupações de baixo padrão e condições precárias de saneamento básico. Por outro lado, o grupo de famílias B, menos vulnerável, apresentou um perfil de ativos que reflete maior acesso a todos os tipos de capitais. Esse grupo localiza-se no bairro Topolândia, que, após a chegada da Pe-

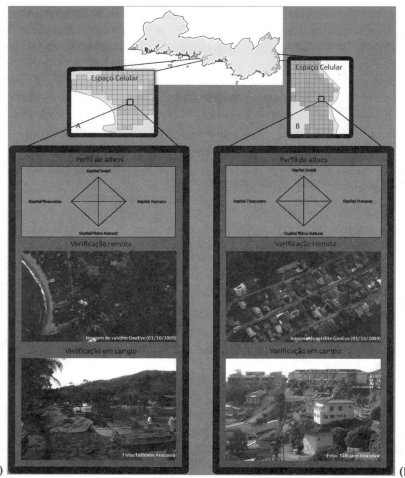

Figura 8.8 – Mapa síntese do IVSE, composição dos perfis de ativos das células escolhidas e verificações remota e em campo – Situação 1.
Fonte: Autores.

trobras (início dos anos 1960), foi ocupado por migrantes que vieram para trabalhar nas obras de instalação do terminal. Atualmente, o bairro se encontra consolidado, com ruas pavimentadas, padrão regular de ocupação, boa infraestrutura e presença de serviços de educação e saúde.

Indicadores territoriais de vulnerabilidade socioecológica   205

Figura 8.9 – Mapa síntese do IVSE, composição dos perfis de ativos das células escolhidas e verificações remota e em campo – Situação 2.
Fonte: Autores.

8.4 DE CONCEITO A OBJETO MEDIADOR: AVANÇOS E DESAFIOS NA REPRESENTAÇÃO DA VULNERABILIDADE

Partindo da compreensão da vulnerabilidade como um conceito mediador, facilitador da inclusão de múltiplas perspectivas ao debate sobre cidades e mudanças climáticas, este capítulo busca estabelecer uma ponte para o diálogo por meio da tradução deste conceito em um conjunto de objetos mediadores. A construção desse conjunto de objetos tem como objetivo facilitar a apreensão do conceito de vulnerabilidade e instrumentalizar estudos teóricos de base empírica, apoiados em dados com expressão nos

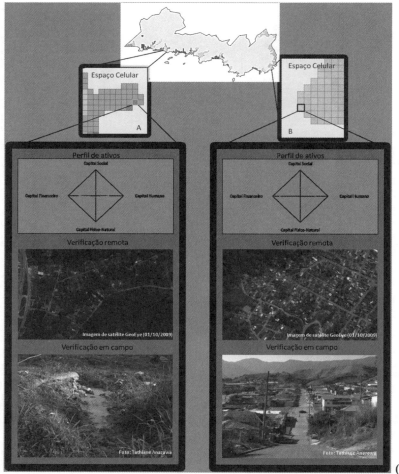

Figura 8.10 – Mapa síntese do IVSE, composição dos perfis de ativos das células escolhidas e verificações remota e em campo – Situação 3.
Fonte: Autores.

territórios das cidades, nos lugares da vida cotidiana. Para tanto, nossa abordagem procura construir uma representação multifacetada da vulnerabilidade, a partir de uma caracterização estendida dos perfis de ativos das famílias (MOSER, 1998; KAZTMAN, 2000), que incorpora uma dimensão territorial explícita e uma dimensão relacional. Enfatizando o caráter relacional da abordagem, adotamos uma perspectiva de contexto local e global, que permite observar variáveis representativas da vulnerabilidade e o seu estado em uma vizinhança próxima e o seu estado para toda a cidade.

Além de considerarmos as categorias de ativos que são representadas por variáveis de caráter socioeconômico – como os capitais financeiro, humano e social –, buscamos acentuar a natureza territorial e de viés socioecológico das medidas propostas ao incluirmos uma nova categoria que compreende os estoques de recursos relativos à "natureza da cidade", com seus objetos naturais e construídos: o capital físico-natural. Essa categoria de ativos inclui aspectos territoriais importantes para garantir o bem-estar das famílias e minimizar sua exposição a perigos, como, por exemplo, a qualidade dos serviços de saneamento ou a distância de elementos que possam, eventualmente, representar alguma ameaça, como rios e córregos passíveis de transbordamento.

Os objetos propostos para a representação da vulnerabilidade, a partir desta abordagem, incluem medidas, sintetizadas pelo índice de vulnerabilidade socioecológica (IVSE), bem como um conjunto de representações visuais, tais como mapas de superfície de vulnerabilidade e gráficos de perfis de ativos. Por envolverem o tratamento de dados da paisagem físico-natural e de dados socioeconômicos desagregados territorialmente, a construção dessas representações demanda a utilização de geotecnologias diversas, incluindo sistemas de informações geográficas (SIG), banco de dados geográficos, técnicas de análise espacial e processamento digital de imagens de sensoriamento remoto orbital.

Para ilustrar as opções de utilização das representações propostas, é apresentado um estudo da vulnerabilidade de São Sebastião. O estudo confirma e mostra como a construção desses objetos depende da seleção de um conjunto de variáveis que pode ser alterado de acordo com as particularidades da região analisada e dos perigos e riscos aos quais está submetida. Esperamos ter demonstrado, com este estudo preliminar, como a incorporação do território às medidas de vulnerabilidade nos permite observar a importância da localização residencial das famílias na caracterização da vulnerabilidade, e como uma mudança de endereço pode contribuir para a alteração do perfil de ativos de determinada família ou grupo.

A abordagem conceitual proposta, sua operacionalização e as análises apresentadas, ainda que em um estudo preliminar, evidenciam a necessidade de trabalhos que tratem da vulnerabilidade em um contexto de perigos de múltiplas naturezas e que são constitutivos de riscos diferenciados. Evitam-se, assim, análises que, ao considerar o risco a um perigo específico, associem esse risco e sua medida à vulnerabilidade, reduzindo sua complexidade e orientando a ação política para observar apenas a resposta a um perigo particular e imediato. Sem o debate apropriado, são estas concepções que passam a subsidiar políticas públicas, muitas vezes de maneira equivocada.

Um exemplo claro e atual desta situação inclui, por exemplo, políticas de remoção de famílias baseadas em análises específicas sobre o risco a um determinado perigo, como deslizamentos de terra, que podem alterar o perfil de ativos das populações removidas de forma a torná-las mais vulneráveis a perigos de outra natureza. Acreditamos que a abordagem conceitual e metodológica apresentada neste capítulo tem sua relevância na promoção do debate necessário para uma compreensão mais integrada das dinâmicas de vulnerabilidade, compreendendo seus diferenciais e suas trajetórias nos territórios das cidades. Essas trajetórias estão envolvidas diretamente na avaliação das escolhas de estratégias de adaptação. Com esta linha de trabalho, esperamos ampliar nossa capacidade de superar as limitações apresentadas pelo uso único de mapas sínteses e medidas integradoras, proporcionando novas perspectivas de leituras, embora mais complexas, aos estudos de vulnerabilidade de base empírica.

8.5 REFERÊNCIAS

ADGER, W. N. Vulnerability. *Global Environmental Change*, v. 16, n. 3, p. 268-281, 2006.

AGUIAR, A. P.; ANDRADE, P. R.; FERRARI, P. G. *Preenchimento de c*élulas. 2008. Disponível em: <http://www.dpi.inpe.br/terraview/docs/tutorial/Aula15.pdf>. Acesso em: 18.06.2010.

ALVES, C. D. et al. Caracterização intra-urbana das áreas de expansão periféricas e periurbanas da Região Metropolitana de São Paulo com o uso de imagens de alta resolução espacial visando espacializar as áreas de vulnerabilidade socioambiental. In: SIMPÓSIO BRASILEIRO DE SENSORIAMENTO REMOTO, 14, Natal. *Anais...* São José dos Campos: Inpe, 2009.

ANSELIN, L. Local indicators of spatial association – LISA. *Geographical Analysis*, v. 27, p. 93-115, 1995.

BILAC, E. D. Gênero, vulnerabilidade das famílias e capital social: Algumas reflexões. In: CUNHA, J. M. P. (Ed.). *Novas metrópoles paulistas: população, vulnerabilidade e segregação*. Campinas: Nepo/Unicamp, 616 p., 2006.

CARMO, R. L.; SILVA, C. A. M. População em zonas costeiras e mudanças climáticas: redistribuição espacial e riscos. In: HOGAN, D. J.; MARANDOLA JR., E. (Orgs.). *População e mudança climática*: dimensões humanas das mudanças ambientais globais. Campinas: Nepo/Unicamp; Brasília: UNFPA, p. 137-158., 2009.

CARVALHO, M. S. et al. Análise espacial e geoprocessamento. In: DRUCK, S. et al. (Eds.). *Análise espacial de dados geográficos*. Planaltina: Embrapa Cerrados, 2004.

CHAMBERS, R.; CONWAY, G. *Sustainable rural livelihoods*: practical concepts for the 21st century. Brighton: Institute for Development Studies, 33 p., 1992.

COLEMAN, J. Social capital in the creation of human capital. *American Journal of Sociology*, v. 94, n. 1, p. 95-120, 1988.

COUCLELIS, H. Cellular worlds: a framework for modelling Micro-Macro Dynamics. *Environment and Planning A*, v. 17, n. 1, p. 585-596, 1985.

_____. Requirements for planning-relevant GIS: a spatial perspective. *Papers in Regional Science*, v. 70, n. 1, p. 9-19, 1991.

_____. From cellular automata to urban models: new principles for model development and implementation. *Environment and Planning B*, v. 24, n. 1, p. 165-174, 1997.

CUNHA, J. M. P. D. *Mobilidade espacial, vulnerabilidade e segregação socioespacial*: reflexões decorrentes de uma experiência concreta. 2009. Disponível em: <http://www.produccion.fsoc.uba.ar/aepa/xjornadas/pdf/93.pdf>. Acesso em: 13.06.2011.

CUNHA, J. M. P. et al. A vulnerabilidade social no contexto metropolitano: o caso de Campinas. In: ENCONTRO NACIONAL DE ESTUDOS POPULACIONAIS, 14, 2004, Caxambu. *Anais...* Campinas: Abep, 2004.

CUTTER, S. L.; FINCH, C. Temporal and spatial changes in social vulnerability to natural hazards. *Proceedings of the National Academy of Sciences*, v. 7, n. 105, p. 2301-2306, 2008.

DFID, D. F. I. D. *Sustainable livelihoods guidance sheets*. London: DFID, 1999. Disponível em: <http://www.dfid.gov.uk>. Acesso em: 1°.06.2011.

DU PLESSIS, C. Understanding cities as social-ecological systems. In: *World Sustainable Building Conference – SB'08*, 2008. Melbourne, Australia. 21-25 Set.

FEITOSA, F. F.; MONTEIRO, A. M. V. Compartilhando ideias frente a um futuro climático incerto: Vulnerabilidade e modelos de simulação como estratégias mediadoras. Artigo submetido à *Revista Geografia*, jun. 2011.

FEITOSA, F. F. et al. Global and local spatial indices of urban segregation. *International Journal of Geographical Information Science*, v. 21, n. 3-4, p. 299-323, 2007.

FURLAN, A.; BONOTTO, D. M.; GUMIERE, S. J. Development of environmental and natural vulnerability maps for Brazilian coastal at São Sebastião in São Paulo State. *Environ Earth Science*, p. 1-11, 2010.

GROVE, J. M. Cities: Managing densely settled social-ecological systems. In: CHAPIN, F. S.; KOFINAS, G. P.; FOLKE, C. *Principles of ecosystem stewardship. Resilience-based natural resource management in a changing world*. New York, NY: Springer, p. 281-294, 2009.

HAHN, M.; RIEDERER, A. M.; FOSTER, S. O. The Livelihood Vulnerability Index: A pragmatic approach to assessing risks from climate variability and change – A case study in Mozambique. *Global Environmental Change*, v. 19, n. 1, p. 74-88, 2009.

HARDOY, J.; PANDIELLA, G. Urban poverty and vulnerability to climate change in Latin America. *Environment and Urbanization*, v. 21, n. 1, p. 203-224, 2009.

HOGAN, D. J.; MARANDOLA JR., E. Towards an interdisciplinary conceptualization of vulnerability. *Population, Space and Place*, v. 11, p. 455-471, 2005.

_____. *População e mudança climática*: dimensões humanas das mudanças ambientais globais. Campinas: Nepo/Unicamp; Brasília: UNFPA, 292 p., 2009.

IBGE. *Sinopse do Censo Demográfico 2010*. 2010. Disponível em: <http://www.censo2010.ibge.gov.br/sinopse>. Acesso em: 10.06.2011.

IPCC. *Climate change 2007*: Synthesis report – summary for policymakers. Contribution of working groups I, II and III to the Fourth Assessment Report of the Intergovernmental Panel on Climate Change. IPCC. Geneva, Switzerland, 104 p., 2007.

KAZTMAN, R. Notas sobre la medición de la vulnerabilidad social. *Borrador para discusión. 5 Taller regional, la medición de la pobreza, métodos y aplicaciones. BID-BIRF-CEPAL*. Mexico, 2000. Disponível em: <http://www.eclac.cl/deype/mecovi/docs/TALLER5/24.pdf>. Acesso em: 2.06.2011.

KAZTMAN, R. et al. *Vulnerabilidad, activos y exclusión social en Argentina y Uruguai*. Oficina Internacional del Trabajo. Santiago de Chile, 111 p., 1999.

KELLY, P. M.; ADGER, W. N. Theory and practice in assessing vulnerability to climate change and facilitating adaptation. *Climatic Change*, v. 47, p. 325-352, 2000.

KOGA, D. *Medidas de cidades*: entre territórios de vida e territórios vividos. São Paulo: Cortez, 300 p., 2003.

KOGA, D.; NAKANO, K. Perspectivas territoriais e regionais para políticas públicas brasileiras. *Revista Serviço Social e Sociedade*, v. 27, n. 85, 2006.

KOWARICK, L. A espoliação urbana. Rio de Janeiro: Paz e Terra, 202 p., 1979.

LAMPIS, A. *Pobreza y riesgo medioambiental*: un problema de vulnerabilidad y desarrollo. 2010. Disponível em: <http://www.desenredando.org/public/varios/2010/2010-08-30_Lampis_2010_Pobreza_y_Riesgo_Medio_Ambiental_Un_Problema_de_Desarrollo.pdf>. Acesso em: 1º.06.2011.

MARCELINO, E. V. *Mapeamento de áreas susceptíveis a escorregamento no município de Caraguatatuba (SP) usando técnicas de sensoriamento remoto.* 2004. 230p. Dissertação (Mestrado em Sensoriamento Remoto) – Instituto Nacional de Pesquisas Espaciais, São José dos Campos, 2004.

MARENGO, J. A. et al. Future change of climate in South America in the late twenty-first century: intercomparison of scenarios from three regional climate models. *Climate Dynamics*, v. 35, n. 6, p. 1073-1097, 2009.

MARICATO, E. (Ed.). *A produção capitalista da casa (e da cidade) no Brasil industrial*. São Paulo: Alfa-Ômega, 166 p., 1979.

MCGRANAHAM, G.; BALK, D.; ANDERSON, B. The rising tide: assessing the risks of climate change and human settlements in low elevation coastal zones. *Environment and Urbanization*, v. 19, n. 1, p. 17-37, 2007.

_____. Risks of Climate Change for Urban Settlements in Low Elevation Coastal Zones. In: MARTINE, G. et al. (Eds.). *The new global frontier*: urbanization, poverty and environment in the 21st century. London: Earthscan, p.165-181., 2008.

MOLLINGA, P. P. *The rational organisation of dissent*: boundary concepts, boundary objects and boundary settings in the interdisciplinary study of natural resources management. Bonn: ZEF/University of Bonn, 46 p., 2008.

MORAES, A. C. R. (Ed.). *Contribuições para a gestão da zona costeira no Brasil*: elementos para uma geografia do litoral brasileiro. São Paulo: Annablume, 232 p., 2007.

MOSER, C. O. N. The asset vulnerability framework: reassessing urban poverty reduction strategies. *World development*, v. 26, n. 1, p. 1-19, 1998.

_____; SHRADER, E. *A conceptual framework for violence reduction*. The World Bank. Washington D.C. 22 p., 1999.

NICHOLLS, R. J. et al. Coastal systems and low-lying areas. In: PARRY, M. L. et al. (Eds.). *Climate change 2007*: Impacts, adaptation and vulnerability. Contribution of working group II to the fourth assessment report of the intergovernmental panel on climate change. Cambridge: Cambridge University Press, p. 315-356., 2007.

O'BRIEN, K. et al. *What's in a word?* Conflicting interpretations of vulnerability in climate change research. Oslo: Center for International Climate and Environmental Research (Cicero), 16 p., 2004.

OSTROM, E. A diagnostic approach for going beyond panaceas. *Pnas*, v. 104, n. 39, p. 15181-15187, 2007.

_____. A general framework for analyzing sustainability of social-ecological systems. *Science*, v. 325, n. 5939, p. 419-422, 2009.

PELLING, M. *The vulnerability of cities*. London: Earthscan, 212 p., 2003.

PMSS – PREFEITURA MUNICIPAL DE SÃO SEBASTIÃO. Disponível em: <http://www.saosebastiao.sp.gov.br>. Acesso em: 08.06.2011.

PORTES, A. Social capital: its origin and applications in modern sociology. *Annual Review of Sociology*, v. 24, n. 1, p. 1-24, 1998.

PUTNAM, R. D.; LEONARDI, R.; NANNETTI, R. Y. *Making democracy work: Civic traditions in modern Italy*. Princeton: Princeton University Press, 263 p., 1993.

RENNÓ, C. D. et al. A new terrain descriptor using SRTM-DEM: mapping terra-firme rainforest environments in Amazonia. *Remote Sensing of Environment*, v. 112, n. 9, p. 339-358, 2008.

ROLNIK, R. *A cidade e a lei:* legislação, política urbana e territórios na cidade de São Paulo. São Paulo: Studio Nobel/Fapesp, 272 p., 1997.

SANTOS, F. M. D. *Populações em situação de risco ambiental em São Sebastião, Litoral Norte de São Paulo*. 151p., 2011. Dissertação (Mestrado em Demografia) – Instituto de Filosofia e Ciências Humanas, Universidade Estadual de Campinas, Campinas, 2011.

SANTOS, M. *A natureza do espaço*: técnica e tempo, razão e emoção. São Paulo: Editora da Universidade de São Paulo, 384 p., 2002.

SANTOS, M.; SILVEIRA, M. L. *O Brasil*: território e sociedade no início do século XXI. Rio de Janeiro: Record, 471 p., 2001.

SÃO PAULO (ESTADO). Secretaria do Meio Ambiente. *Macro-zoneamento do Litoral Norte*: plano de gerenciamento costeiro. São Paulo: Secretaria do Meio Ambiente, 2. ed., 201p., 1996.

SEN, A. *Poverty and famines*: An essay on entitlement and deprivation. London: Oxford University Press, 257 p., 1981.

_____. *Resources, Values and Development*. Oxford: Basil Blackwell, 1984.

SIQUEIRA, P. *Genocídio dos caiçaras*. Massao ohno-Ismael Guarnelli/Editores, 1984.

SMA – SECRETARIA DO MEIO AMBIENTE DO ESTADO DE SÃO PAULO. *Zoneamento ecológico-econômico – litoral norte de São Paulo*. São Paulo: SMA/CPLEA, 2005.

SPOSATI, A. *Cidade em pedaços*. São Paulo: Brasiliense, 173 p., 2000.

SULLIVAN, C.; MEIGH, J. R. Targeting attention on local vulnerability using an integrated index approach: the example of the climate vulnerability index. *Water Science and Technology*, v. 51, p. 69-78, 2005.

TERRAVIEW 4.1.0. São José dos Campos, SP: Inpe, 2011. Disponível em: <http://www.dpi.inpe.br/terraview>. Acesso em: 1º.06.2011.

TOBLER, W. R. Cellular geography. In: GALE, S.; OLSSON, G. (Eds.). *Philosophy in geography*. Dordrecht: Reidel Publishing Company, p. 379-386, 1979.

VILLAÇA, F. *Espaço intra-urbano no Brasil*. São Paulo: Studio Nobel, 373 p., 1998.

III
ADAPTAÇÃO E MITIGAÇÃO

9
A PROTEÇÃO CIVIL E AS MUDANÇAS CLIMÁTICAS: A NECESSIDADE DA INCORPORAÇÃO DO RISCO DE DESASTRES AO PLANEJAMENTO DAS CIDADES

Carlos Mello Garcias
Eduardo Gomes Pinheiro

9.1 INTRODUÇÃO

Pode-se afirmar, via de regra, que os desastres ocorrem nos municípios. Com a experiência vivenciada pelo Brasil nos últimos cem anos, com o índice da população que vive nas cidades saltando de 10% para 84%[1] – o que seria suficiente para preocupar a gestão pública e, especialmente, a gestão das cidades em relação à segurança global da população – era de se testemunhar uma grande mobilização dos mais diversos setores, preocupados com os prováveis e comprovados reflexos que incidem sobre esses ambientes urbanizados sob a forma de danos humanos, materiais, ambientais, perdas econômicas e sociais: os desastres.

Os desastres não apenas estão mais frequentes, com impactos mais expressivos, mas, alguns desses eventos determinaram mudanças históricas para as atividades econômicas, para a sociedade, e continuarão a realizar essa alteração enquanto permanecerem as vulnerabilidades criadas ao longo do tempo e surgirem novas como fruto da ausência da incorporação da variável risco de desastre no planejamento das cidades.

O país como um todo apresenta graves problemas de organização e participação no sistema criado para a gestão de riscos de desastres, o que envolve desde a preparação à recuperação dos locais afetados até a resposta a esses eventos. O Sistema Nacional (e os Estaduais) de Proteção e Defesa Civil se esforçam para tentar reduzir a distância que os separa da possibilidade de reduzir os desastres, enquanto a dinâmica do planeta, associada a alguns fatores de intervenção antrópicos, vai preparando um novo panorama, diferente do atual, agravado pelas modificações do clima. Este é

---

1 Conforme medição realizada pelo IBGE, 84% dos brasileiros vivem em áreas urbanas – Censo 2010.

o cenário que convida à reflexão sobre a cidade, sob o aspecto da segurança global de sua população. As cidades vivem um momento de busca pela correção dos equívocos que as tornaram frágeis ante alguns eventos naturais e tecnológicos, presas fáceis para as ameaças que deflagram os eventos desastrosos, lhes causando impacto sobre o desenvolvimento. No entanto, esse panorama tende a se agravar quando se prevê que, sobre esse mesmo tecido urbano vulnerável, incidirão resultados de mudanças no clima, as quais tendem a intensificar a magnitude dos eventos adversos, ou surgirão eventos diferentes para regiões que, até então, não os experimentaram, colocando em cheque grande parte do esforço realizado para construir uma plataforma de gestão de riscos de desastres em nível local.

Este capítulo não adota uma teoria sobre o aquecimento global ou apoia os defensores de um suposto resfriamento (MOLION, 2007). Parte-se do pressuposto que haverá algum tipo de mudança e que sua manifestação ocorrerá com a intensificação ou variação e incremento das ameaças e sua magnitude, consequentemente, alterando a percepção de vulnerabilidades urbanas a desastres. Todavia, resolve-se trazer à discussão uma hipótese levantada pelo Banco Mundial, quando realiza uma projeção relacionada ao aquecimento global:

> O aquecimento global se manifesta, na biosfera, em muitas diferentes formas. As duas mais relevantes para o assunto deste trabalho são o aumento progressivo do nível do mar e o aumento da intensidade e frequência dos episódios climáticos, levando a desastres naturais. Ambas representam uma significativa ameaça para as áreas urbanas em países em desenvolvimento [...] A frequência e a intensidade de desastres naturais também estão crescendo rapidamente em todo o mundo. Uma análise recente de grandes catástrofes naturais, a partir de 1960, mostra um aumento, na década de 1990, por um fator de três, e isso parece estar diretamente relacionado com o aquecimento global (WORLD BANK, 2003, p. 92, tradução nossa).

No tocante à necessária preocupação sobre esse tema, percebe-se que os esforços do governo, em todos os níveis, estão aquém do necessário para o enfrentamento dessa realidade. Acrescenta-se como agravante que, tendo o objetivo do Sistema Nacional de Proteção e Defesa Civil (Sinpdec) – a redução dos desastres – sido consumido pela dinâmica imposta pelos acontecimentos, não tem contemplado o advento das mudanças climáticas, algo que impacta e tende a se intensificar diretamente sobre as cidades.

Entretanto, para que se atinja a necessária preparação, não apenas de um sistema de defesa ou proteção civil, mas da população como um todo, faz-se necessária uma análise que, partindo dos aspectos conceituais, possa propor alternativas capazes de trabalhar, de forma abrangente, as atualmente chamadas ações globais de proteção e defesa civil.

A antiga Política Nacional de Proteção e Defesa Civil previa, como instrumento que possibilitaria a inserção do tema risco de desastre nas cidades, o Plano Diretor de Defesa Civil. Recentemente, a Política Nacional de Proteção e Defesa Civil, além de revogar a antiga política, fez desaparecer esse instrumento, restringindo o planejamento local a algo menos abrangente e voltado à preparação para a resposta – planos de contingências e de obras. Como algo a ser comemorado, reparou-se uma incongruência derivada da Política Urbana Brasileira e expressa no Estatuto da Cidade, cuja lei não fazia menção à criação de áreas de risco de desastre. Além disso, a mesma lei que editou a Política Nacional de Proteção e Defesa Civil reparou, também, a Lei de Parcelamento do Solo Urbano, agregando conceitos de segurança ao seu conteúdo, que estava defasado desde o final da década de 1970.

Assim, a intenção deste capítulo é apresentar como alternativa ao enfrentamento das mudanças climáticas a proposta de estruturação de um planejamento para a gestão de riscos e desastres, como poderia ser considerado o Plano Diretor de Defesa Civil, dotado de fundamentos referenciais capazes de torná-lo um imprescindível instrumentalizador para a gestão das cidades não apenas, mas plenamente aplicável, ao panorama previsto a partir das mudanças climáticas. Para a proteção e defesa civil, as mudanças climáticas refletem-se diretamente no aumento dos desastres quanto à quantidade ou intensidade de seus danos e prejuízos, tornando esse instrumento – o planejamento local para a gestão de riscos e desastres – indispensável para o enfrentamento de seus impactos potenciais, em que pese a supressão desse tipo de planejamento no âmbito municipal na atual legislação vigente no país.

Para que isso ocorra, este capítulo inicia discutindo aspectos conceituais relacionados aos desastres e ao sistema que fora criado com a finalidade de reduzi-los e, por fim, realiza uma apresentação acerca das características desse planejamento, sem deixar, em alguns momentos, de estabelecer paralelos com o Plano Diretor Municipal, com o Estatuto das Cidades e com a própria Constituição Federal brasileira.

9.2 COMO O PAÍS SE RELACIONA COM OS DESASTRES

No Brasil, o conceito de defesa civil jaz em meio a sérias dificuldades que a população possui em construir o seu significado. Apesar disso, em um ponto existe convergência: a defesa civil tende a ser, para a população, um órgão destinado ao atendimento de desastres. Esse conceito-diagnóstico é resultado de uma pesquisa amostral realizada por estudantes do curso de pós-graduação *lato sensu* com Especialização em Defesa Civil[2], com a finalidade de comparar o conceito do plano

---

2 Pesquisa amostral realizada nos dias 14 e 15 de maio de 2010, na disciplina de Defesa Civil: organização, ações globais e voluntariado, ministrada no Curso de Especialização em Defesa Civil, na Pontifícia Universidade Católica do Paraná – PUCPR.

teórico estabelecido pela doutrina brasileira com aquele existente no senso comum, espontaneamente manifestado pela população. Acredita-se que a justificativa dessa constatação se encontre no fato de que os entrevistados recorrem à memória, onde se encontram lembranças de notícias sobre desastres. Nelas, normalmente, costumam se apresentar pessoas desabrigadas, áreas inundadas, voluntários trabalhando, enfim, uma movimentação não apenas do Estado, mas também da sociedade, para reparar estragos provocados, sobretudo, por eventos naturais. Essa percepção ajuda a formar não apenas na população, mas, por conseguinte, nos gestores públicos, a cultura de resposta aos desastres.

A defesa civil é recente no Brasil. Mesmo tendo algumas aparições terminológicas comumente relacionadas ao período de guerra desde o início da década de 1940, que compunha a trilogia de medos do passado associando-se à fome e às pestes (MARTINS; LOURENÇO, 2009), oficialmente, o seu surgimento ocorreu no ano de 1966, no atual Estado do Rio de Janeiro (ARAUJO, 2009). Enquanto o Brasil criava, por absoluta necessidade, um órgão para atuar na resposta aos desastres, em outros países, a temática estava inserida nas ações de planejamento voltado à redução desses eventos.

A pesquisa para a elaboração deste capítulo encontrou exemplos de planejamento como estudos publicados pelo Disaster Research Center da University of Delaware, Estados Unidos, datados de 1969, voltados à organização local da defesa civil em situações de desastres naturais, fornecendo amostras que em outros países o tema vem sendo, de longa data, tratado com mais atenção, principalmente, pelo contexto que relaciona um amplo histórico de acontecimentos desastrosos e a consequente necessidade de grandes e custosas mobilizações para a resposta.

A defesa civil é denominada, em algumas regiões, como *Protección Civil* (proteção civil). O tema intitula agências nacionais no Peru, no Chile e no México, entre outros países, deixando a percepção de que são países detentores de relevante desenvolvimento no que tange, obviamente, que não apenas pela existência desses órgãos, mas, especialmente, pela riqueza das publicações produzidas e perceptível preparação, inclusive de outras agências que integram o sistema, as quais possuem planos próprios para o enfrentamento de alguns desastres previsíveis. O Brasil, em 2012[3], alterou a denominação de defesa civil para proteção e defesa civil, sob as escusas de procurar, ao menos no termo, quebrar a passividade que costuma acometer a sociedade em relação ao tema, propondo a participação na autoproteção a partir da percepção de riscos de desastres.

Existem, entretanto, algumas divergências em relação à terminologia relacionada ao tema defesa civil. Trata-se da ausência de um acordo de nomenclatura. Enquanto *protección civil* é um termo amplamente utilizado, sobretudo na Europa, com a participação de 27 países da União Europeia, em outras regiões do globo, os esforços

---

3 Lei Federal nº 12.608, de 10 de abril de 2012.

organizados para lidar com ameaças coletivas são chamados "gestão de emergência" ou "planejamento de desastres", como nos Estados Unidos, por exemplo.

Há uma substancial, mas não completa sobreposição de referência entre esses três termos. Convém ressaltar a percepção quanto à relação entre o fenômeno chamado "*protección civil*" e "defesa civil", sendo o primeiro termo aplicado às preparações não militares e o último, na sua maioria, voltado para o envolvimento de civis em situações de guerra (QUARANTELLI, 1998). Percebe-se que a adoção da expressão defesa civil, no Brasil, seguiu em parte essa tendência, pois derivou do Serviço de Defesa Passiva Antiaérea (BRASIL, 1942). Porém, apesar do surgimento durante a Segunda Guerra Mundial, sua doutrina sinaliza ambas as possibilidades, em relação ao tempo de paz e a eventuais conflitos.

Mantendo a atenção voltada ao Brasil, o significado de proteção e defesa civil consiste em um sistema composto pelos órgãos e instituições públicas, privadas e a própria sociedade como um todo. A função da proteção e defesa civil é reduzir os desastres, sejam eles provocados por eventos naturais, ou os resultantes exclusivamente da ação ou omissão humana, ou ainda, a combinação desses. Conceitualmente, a doutrina em vigor estabelece: "Conjunto de ações preventivas, de socorro, assistenciais, reabilitadoras e reconstrutivas, destinadas a evitar ou minimizar desastres, preservar o moral da população e restabelecer a normalidade social." (CASTRO, 1999, p. 10).

Necessidade premente em relação ao tema planejamento para a gestão de riscos e desastres é, sem dúvida, a sedimentação conceitual do que é proteção e defesa civil, atualmente, muito precária em relação ao seu significado para a população, gestores públicos e, inclusive, estudiosos de diversas áreas que dela fazem parte, inclusive e com os devidos agravantes, a área de gestão urbana. Tão importante quanto haver o conhecimento acerca do significado de proteção e defesa civil é a relação entre o desenvolvimento local e a gestão de riscos de desastres. Naturalmente, instiga-se a curiosidade para verificar, após essa abordagem conceitual, como a proteção e defesa civil se organiza em meio à sociedade e instituições.

O Sinpdec apresenta sua atual configuração como resultado de uma transição construída nos últimos oito anos, a qual envolveu Decretos, Medidas Provisórias e Leis Federais. Sua constituição sistêmica estabelece níveis para que as ações globais sejam colocadas em prática.

O Conselho Nacional de Proteção e Defesa Civil (Conpdec) é constituído por Ministros de Estado e o Presidente da República, os quais definem as principais diretrizes na área em questão. A Secretaria Nacional de Proteção e Defesa Civil é o órgão de coordenação, responsável por diversas atribuições, entre as quais motivar e subsidiar, assessorando as regiões, as unidades da federação e os municípios para que possam colocar em prática as ações globais anteriormente citadas.

Apesar de haver a composição em vários níveis do sistema de proteção e defesa civil em relação aos seus órgãos de coordenação, o núcleo matricial para a realização das ações é o município. As principais atribuições são a ele conferidas pela legislação em vigor. Logicamente, os governos locais possuem maior oportunidade de contatar e trabalhar com a população. Entretanto a municipalidade reclama que, desde a promulgação da Constituição Federal de 1988, os municípios foram sobrecarregados, recebendo a responsabilidade de desencadear ações em diversas áreas, sob a justificativa do seu privilegiado contato com a população, sem, entretanto, receberem aporte proporcional de recursos como contrapartida para a realização dessas atividades (PEREIRA JUNIOR, 2007). Quem sabe, é por isso que a proteção e defesa civil, que também foi remetida à base municipal, está muito aquém do que precisaria para desenvolver suas atividades, cumprindo seus deveres afetos à segurança global da população.

Para subsidiar o planejamento voltado à redução dos desastres, se faz necessária uma prospecção relacionada aos desastres e suas características, quer seja na forma de Planos Diretores de Defesa Civil ou outra nomenclatura que o planejamento com a finalidade de reduzir desastres venha a ter, com seus planos de contingências ou emergências, de evacuação, operacionais, entre outros que dele derivam.

O termo desastre possui uma amplitude significativa. Trata-se do resultado de um processo mais amplo, por vezes, comparável aos sistemas complexos, mais em virtude da quantidade nem sempre conhecida de variáveis envolvidas do que em razão do peso da sua incidência sobre o resultado final. Os diversos fatores que deflagram esses eventos, bem como a intensidade dos dados e prejuízos decorrentes, influenciam na sua classificação, enquanto o comportamento ao longo do tempo define a sua evolução. Convêm apresentar os critérios de classificação prescritos no Glossário de Defesa Civil, Estudos de Risco e Medicina de Desastres (CASTRO, 2004), iniciando pela classificação dos desastres quanto à intensidade.

A intensidade do desastre pode ser avaliada de acordo com critérios relativos ou absolutos. Adota-se a classificação relativa que se baseia na relação entre a necessidade de recursos para o restabelecimento da normalidade na área afetada pelo desastre e a disponibilidade desses recursos nos escalões do Sinpdec.

Resumidamente, existem os eventos que, em função dos danos e prejuízos resultantes, estão dentro da capacidade de resposta do próprio município, restando a ele apenas o remanejamento orçamentário, aquisições emergenciais, mobilizações de recursos humanos e financeiros que proporcionarão – desde que bem geridos – condições para restabelecimento e recuperação. Haverá aqueles eventos nos quais as consequências ultrapassarão a capacidade de resposta e recuperação do município, exigindo apoio externo complementar e, por fim, aqueles desastres que, pela intensidade dos danos e prejuízos à própria estrutura de gestão do município será impactada de forma que a ajuda externa do estado e/ou do Governo Federal se torne condição para o restabelecimento. Apesar das divergências conceituais, os dois últimos tipos descritos são caracterizados, respectivamente, como Situação de Emergência e Estado de Calamidade Pública – expressões muito comuns nos noticiários após a ocorrência desses eventos, e muito conhecidas pela população.

Outra previsão para a classificação dos desastres versa sobre o seu comportamento ao longo do tempo: a evolução. Nesse aspecto, surgem três possibilidades de enquadramento: súbitos ou de evolução aguda, graduais ou de evolução crônica e aqueles denominados como somação de eventos parciais. Respectivamente, os primeiros possuem velocidade de evolução e resultados violentos, são, normalmente, inesperados e surpreendentes. Os graduais evoluem de forma diferente, normalmente permitindo mais tempo para o desencadeamento das ações preparatórias e resposta mais organizada. A soma de eventos parciais permite contabilizar danos e perdas, que se tornam significativos a partir do momento que se resolve ampliar o recorte temporal da sua análise, como as mortes decorrentes dos acidentes de trânsito, por exemplo, no intervalo de um ano, que certamente equivale a um desastre com milhares de perdas de vidas humanas, podendo, neste conceito, ser analisado como desastre propriamente dito (algo raro de ocorrer, mas que possui sustentação lógica, em que pese às alterações legais editadas em 2012 terem suprimido essa possibilidade sob o ponto de vista conceitual-doutrinário).

A terceira vertente de classificação se refere à origem dos desastres. A depender da natureza do evento adverso que produz, associado às vulnerabilidades, danos e prejuízos, os desastres podem ser classificados como sendo: naturais (quando motivados por eventos naturais de magnitude), humanos ou antropogênicos (quanto motivados por ações ou omissões humanas) e os desastres mistos (quando as ações ou omissões humanas contribuem para o agravamento dos desastres naturais). Outra classificação possível nesse sentido é a de desastres naturais e tecnológicos, adotada pelo órgão nacional de proteção e defesa civil brasileiro, em substituição à anterior tipologia dos naturais, antropogênicos e mistos.

9.3 AS CIDADES SOB O PRISMA DA SEGURANÇA

As cidades brasileiras são seguras em relação aos desastres? Elas foram concebidas levando-se em conta a geração ou a desejável mitigação de riscos? O planejamento urbano considerou o mapeamento de ameaças, as vulnerabilidades existentes, o histórico oficial e não oficial dos eventos que ocorreram no município? A microrregião e as bacias hidrográficas, bem como os riscos tecnológicos existentes dentro dos seus limites ou nas imediações, como barragens, rodovias, dutos que transportam produtos químicos perigosos, empresas com potencial para causar emergências ambientais e desastres, foram variáveis consideradas nesse processo? As dimensões do mapeamento de risco geológico-geotécnico, hidrometeorológico, biológico e tecnológico orientaram a lei de uso e ocupação do solo, o zoneamento? A definição dos locais para a instalação de escolas, hospitais, postos de saúde, cemitérios, igrejas, também foi influenciada ou revisada com base no conhecimento dessas informações? A resposta para todas essas questões, provavelmente, seja não para a maioria das mais de 5.500 cidades brasileiras.

Por que, apesar de parecer lógico, esse raciocínio não foi levado em conta? Apesar disso, algumas pessoas ainda parecem ser surpreendidas por notícias de desastres, mortes, perdas e tudo mais que se conhece relacionado às consequências e altos custos para a recuperação, durante e após esses eventos.

É consensual que as emergências, os desastres e os acidentes, derivam, predominantemente, da forma como o ser humano decidiu ou foi submetido a se ordenar nessa tentativa prevalente de viver em sociedade. Essa decisão humana não se deve exclusivamente apenas ao seu arbítrio. Diversos fatores influenciaram essas escolhas, entre eles, a adoção do modo de produção capitalista definiu alguns dos vetores que resultaram na criação e na própria expansão das cidades.

Sobre esse tema, a economista Norma Valêncio (2010) realiza uma abordagem na qual, apesar de considerar meritório o esforço atual de pesquisa social no Brasil visando cartografar a vulnerabilidade relacionada a ameaças naturais não é suficiente. A elaboração da configuração espacial da precariedade dos assentamentos humanos, sobretudo nas cidades brasileiras, não é passível de descortinar, por si só, as relações de poder subjacentes. Segue, ainda, o raciocínio crítico capaz de abalar a esperança depositada à elaboração e conclusão dos mapeamentos de risco – uma das metas atuais do Sistema Nacional Proteção e Defesa Civil:

> Devido, assim, a iniquidade distributiva da riqueza em geral, e da terra em particular, que faz o Brasil adentrar ao século XXI na irresolução nos problemas fundiários cujas raízes estão, além de um passado escravocrata, numa lógica espacial forjada há quase 160 anos, a cartografização da vulnerabilidade dirá pouco ao sistema sociotécnico de defesa civil, uma vez que prescinde da necessária visão sócio-histórica, dinâmica e relacional. Em última instância, dirá "ali estão os que padecem" contra o quê há, na cultural nacional e institucional, a convivência com a expropriação e com áreas seguras à custa da insegurança alheia (VALÊNCIO, 2010, p. 755).

A ocupação de um espaço e sua utilização extrema em termos da exploração e do consumo de seus recursos e, ainda, somando-se o adensamento populacional resulta nas vulnerabilidades. Essas vulnerabilidades, ao mesmo tempo em que condicionam determinada população à ocorrência de tipos específicos de desastres, passaram, com a revolução industrial, a apresentar características próprias que trouxeram consigo os desastres humanos de natureza tecnológica.

Ocorre que, enquanto nem bem as vulnerabilidades resultantes desse processo chegaram a ser conhecidas, fatores externos oriundos das alterações no clima são impostos sobre o mesmo cenário, agravando-o.

Habitualmente, quando se aborda a temática dos desastres baseando-se no seu conceito (resultado do evento adverso sobre o ecossistema vulnerável resultando em danos humanos, e/ou materiais e/ou ambientais e/ou prejuízos econômicos e/ou sociais), costuma-se tratar como única a possibilidade de intervenção sobre a vulnerabilidade, deixando-se de lado a interferência antrópica sobre o evento adverso. Sob esse prisma, caberia aos gestores urbanos e públicos a percepção das vulnerabilidades existentes, seu tratamento ou extinção para que os desastres fossem menos impactantes. Considerando as mudanças climáticas, essa forma de enxergar os desastres nas cidades se altera, porque precisam ser contabilizadas as alterações também na ocorrência desses eventos adversos. Isso aumenta a complexidade natural da gestão de riscos e desastres nas cidades.

Destarte, locais que até então eram considerados pouco vulneráveis – "seguros" – a determinados tipos de fenômenos passam a ser acometidos por situações consideradas atípicas e muitas vezes desconhecidas, capazes de surpreender população, governos e, logicamente, resultam em danos e perdas.

A própria eficácia dos Fóruns de Mudanças Climáticas torna-se contestável a partir da análise técnica de sua composição. Ocorrem, normalmente, dois panoramas distintos: no primeiro, não existe a participação de integrantes dos órgãos de coordenação do Sistema de Proteção e Defesa Civil, resultando na ausência da inserção da variável risco de desastres decorrentes das alterações climáticas nos temas abordados; em outro, quando há a participação de representantes dos órgãos de coordenação de defesa civil desprovidos da necessária visão holística para compreender o que se passa e qual o papel que lhes cabe enquanto gestores ligados diretamente aos desastres, resultando em uma participação inócua. Participar desconhecendo a amplitude da sua competência é pior que não participar, porque passa a existir o endosso às margens de fundamentos e conceitos que poderiam disparar ações necessárias para o adequado enfrentamento e, principalmente, a preparação para os eventos seguintes.

Todavia, torna-se perfeitamente possível atribuir a esse resultado da ocupação humana, ao raciocínio manifestado por Bernardi. Ressalta-se que o entendimento imperativo acerca da sobreposição do social perante o espaço urbano, antes mesmo do espaço físico, conforme apresenta:

> Antes de ser um espaço físico, o urbano é um espaço social. O ambiente onde vivem seres humanos que têm suas necessidades, seus sonhos, seus projetos de vida. Um ambiente modificado, alterado, construído, que muitas vezes faz esquecer o ambiente natural por onde milhões de anos a espécie humana percorreu para chegar a civilização. Pode-se dizer que a cidade transformou o homem; ou, então, que o homem foi se transformando à medida que foi edificando o ambiente em urbano (BERNARDI, 2006, p. 16).

Quiçá essa transformação do homem pela cidade, aventada pelo autor, não o tenha desviado dos conceitos que preliminarmente e basilarmente desenvolveu desde a sua primitividade, quando, orientado pelo instinto de proteção, ou algo que se poderia denominar inteligência preventiva, primava pela segurança para escolher seu habitáculo.

Incida-se sobre esse cenário o aspecto social, econômico e as suas mazelas. Diferenças geradas em relação às oportunidades, à exploração e expropriação do capital humano, de seu trabalho, em uma espécie de escravização consensual, na qual o trabalho não recebe justa contrapartida se comparado ao que lucra o detentor dos meios, avalizado pelo Estado. Tal ciclo rege as relações entre as pessoas e, de forma análoga, com o meio ambiente, despreocupando-se até agora com os reflexos desse desrespeito agressivo e inconsequente. Alerta-se que esse ciclo se desencadeia de forma cega e perigosa, porque a aparente lucratividade auferida à custa da geração de vulnerabilidades (social, cultural, física, econômica e política, entre outras), fragiliza a segurança da permanência com tais recursos, uma vez que, ocorrido o desastre, passam a ser necessários para custear a reabilitação e a reconstrução – o que possui preço traduzido em prejuízo, em desinvestimento. As vidas das vítimas fatais, todavia, jamais poderão ser recuperadas, no máximo, terão seus custos estimados pelas companhias de seguros, transformando-se em indenizações. O que era lucro aparente se traduz em prenúncio de prejuízo iminente.

Obviamente, o adensamento dos núcleos urbanos e o crescimento da população incidiram diretamente sobre tais pontos, fazendo surgir o que se poderia definir como feridas, vistas por todos nas cidades, vivenciadas por seus ocupantes, as áreas de risco. Chega a incomodar alguns que, ao pretenderem negar sua existência, afastam-se das contribuições que poderiam fazer chegar à viabilidade expressa por meio de alternativas exequíveis. Porém, faz-se mister o desenvolvimento de instrumentos capazes de gerir tais características, uma vez que delas, como se comprova a cada novo desastre, decorrem perdas e danos, inclusive relacionados à vida humana.

As cidades crescem e os grandes centros urbanos ainda mais. Resultado da convergência da concentração populacional em busca de melhores condições de vida, as cidades se agigantam, incham, e, por conseguinte, precisam encontrar meios para administrar as consequências desse fenômeno, muitas vezes comparáveis ao caos. Não é raro se deparar com notícias de que algumas grandes metrópoles, em algum momento, tiveram superada a capacidade prevista no seu planejamento, em razão da recepção desse fluxo acelerado de migrações.

Nota-se, na Figura 9.1, que a onda expansiva do crescimento é adiantada em relação às necessidades de infraestrutura e, mais atrás, e sem velocidade expansiva constante, a concêntrica onda do aporte da segurança, sempre à montante das necessidades criadas, enquanto, à jusante, estão aquelas frutificadas em progressão geométrica pelo fenômeno urbano expansivo.

A proteção civil e as mudanças climáticas   225

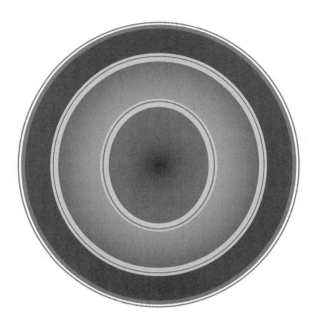

Figura 9.1 – Ondas expansivas concêntricas de desenvolvimento: ocupação urbana, infraestrutura e segurança global da população.
Fonte: Adaptado de Pinheiro, 2011.

Esta figura apresenta, graficamente, essa forma de raciocinar, permitindo, ao menos, interpretá-la de duas formas, convencionando-se:

a) Do centro para os limites da expansão:

O centro do gráfico significa o ponto de origem da cidade. A área correspondente ao núcleo, os bairros ou regiões dotadas de maior infraestrutura e segurança global. Em coloração mais escurecida a periferia, o subúrbio das cidades ou as manchas que se referem às áreas degradadas. Entre o núcleo e a área escura um setor em transição, intermediário.

b) Dos limites da expansão para o centro:

A linha externa representa o avanço do vetor expansivo da ocupação urbana. A região mais escura, as áreas entre as quais predominam os riscos e vulnerabilidades existentes e não analisados, não conhecidos e, se conhecidos não propagados, difundidos.

A segunda linha representa a expansão da infraestrutura que, é motivada pela administração pública, que atua sob a demanda da população, a qual ocupou as áreas marginais e, agora, precisa de transporte, saneamento, educação e saúde.

A camada intermediária corresponde aos setores que receberam tal aporte, porém, permanece sem a presença maciça das ações de segurança na dimensão pública, isso porque a onda arrastada pelo vetor segurança é a que chega apenas após as duas primeiras, normalmente motivada pelas consequências da sua ausência. Ao contrário das outras linhas, o vetor segurança, movido apenas pelo ente público, não possui velocidade contínua e, ao mover-se, jamais consegue alcançar os dois primeiros.

Essa espécie de *delay*[4] provoca as tragédias e torna desproporcional e injusta a tentativa de se prover segurança à população.

Na realidade, esse modelo se apoia em uma generalidade quanto ao formato das cidades citado na Carta de Atenas, em 1933: "A cidade era de formato incerto, mais frequentemente em círculo ou semicírculo" (IPHAN, 1933, p. 4). Todavia, a regularidade dessa forma de apresentar o desenvolvimento da cidade é contestável porque não existe essa concentricidade e regularidade na expansão e entre as ondas as quais se referiu.

O crescimento real, prático, é irregular. O subúrbio poderia ser uma das principais características dessa irregularidade, considerado área sem traçado definido, em que são jogados os resíduos, onde se arriscam todas as tentativas. O subúrbio é considerado, ao mesmo tempo, símbolo do fracasso e da tentativa. Uma espécie de onda batendo nos muros da cidade (IPHAN, 1933).

Entende-se que dois sistemas definem o processo de conformação da rede urbana brasileira – um baseado em polarizações e outro, do desenvolvimento espacial em forma de eixos. Neles se encontra o reforço dos desequilíbrios da rede de cidades, tornando agudos os problemas sociais, urbanos e ambientais dos grandes centros, sobretudo porque os investimentos feitos ou programados nesses eixos também não levam em conta os danos ambientais recorrentes (BEZERRA; FERNANDES, 2000), muito menos em relação aos desastres, permite-se acrescer ao original.

Logo, as ondas expansivas possuem perímetro variável e irregular e ainda, nota-se a existência de pontos que se caracterizam como manchas de retardo, conforme demonstra a Figura 9.2. São áreas degradadas próximas ou inseridas nos bairros mais centrais, nas quais as ondas passaram sem produzir efeito, em razão dos mais variados fatores.

É possível realizar tal afirmação ainda sem levar em conta as várias dimensões que a segurança possui. A mais em voga, por ser consequência da própria natureza humana, a relacionada ao incremento da violência, provoca clamor público permanente. Não é dela que se pretende tratar nesta abordagem, apesar de o tema ser tentador pela potencialidade de múltiplas avaliações e apontamentos que poderiam colaborar nessa área tão importante e significativa para a sociedade, mesmo se apre-

---
4 Palavra do idioma inglês, que significa atraso.

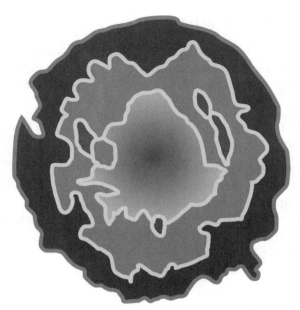

Figura 9.2 – Ondas expansivas de desenvolvimento: ocupação urbana, infraestrutura e segurança global da população.
Fonte: Adaptado de Pinheiro, 2011.

sentando o incremento dos índices de criminalidade geral e dos assaltos como um dos desastres humanos de natureza social[5].

A dimensão de segurança da qual se quer tratar refere-se à segurança global da população. Dessa forma, é substancial adotar a seara da defesa proteção civil, da gestão de riscos de desastres, como norteadora desse processo. É necessário partir de sua fundamentação doutrinária para encontrar, em associação com a política urbana da qual trata a Constituição Federal brasileira, subsídios capazes de propiciar, ao gestor urbano, um instrumento auxiliar ao planejamento urbano, capaz de fomentar a ocupação e o ordenamento dos espaços urbanos, tornando-os mais seguros.

Para isso, pressupõe-se a carência conceitual do que vem a ser defesa civil, quais são seus objetivos, estrutura, metodologia de trabalho, elementos de integração, instrumentos e fundamentação legal, justificando a aparição e abordagem conceitual realizada. No Brasil entende-se que a defesa civil ou proteção civil engloba a gestão de risco de desastres e a gestão dos desastres.

---

5   Na antiga Codificação de Desastres, Ameaças e Riscos (Codar), esse desastre se apresenta como HS.CIC – 22.211. Após a edição da Instrução Normativa nº 001/12, pelo Ministério da Integração Nacional, a Codificação Brasileira de Desastres (Cobrade) restringiu, de 157 tipos para pouco mais de 20, os desastres codificados, eliminando essa possibilidade de enquadramento, gerando uma contradição conceitual com o que a legislação brasileira exprime como desastre.

9.3.1 O planejamento urbano

O título singular abriga conteúdo pluralizado à medida que se percebe a quantidade de planos relacionados com a gestão urbana. Independentemente da área, o planejamento surge como instrumento para auxiliar e permitir à gestão o alcance dos objetivos.

Anotando-se um a um, logo se constrói uma lista com cerca de 20 diferentes tipos de produtos do planejamento, voltados para as cidades:

- Plano Diretor Municipal - PDM
- Plano Diretor de Defesa Civil – PDDC
- Plano Plurianual – PPA
- Plano Municipal de Gestão dos Recursos Hídricos – PMGRH
- Plano Municipal de Saneamento Básico
- Plano de Gestão dos Resíduos Sólidos
- Agenda 21
- Plano de Gestão Ambiental
- Plano Municipal de Saúde
- Plano Municipal de Educação
- Plano Municipal de Assistência Social
- Plano Municipal de Cultura
- Plano Municipal de Erradicação do Trabalho Infantil
- Plano Municipal de Regularização Fundiária
- Plano Municipal de Desenvolvimento Rural
- Plano Municipal de Energia Elétrica
- Plano Municipal de Direitos Humanos
- Plano Municipal de Redução de Riscos – PMRR
- Plano Municipal de Vigilância Sanitária
- Plano Municipal de Transporte e Mobilidade.

No entanto, essa listagem constitui apenas uma parte daqueles que existem com o propósito de tentar apresentar, separadamente, em temas distintos, diretrizes para ordenamentos e soluções de problemas existentes ou que se pretende evitar que surjam. Questão sintomática da tentativa habitual e infrutífera de se tratarem problemas integrados de forma compartimentada, por órgãos que representam essa modalidade de conduzir o setor público segmentado. A questão dos desastres nas cidades é resultado dessa desintegração que precisa de tratamento integrado para ser resolvida.

Outra vertente que se pretende afastar do planejamento urbano, assim como seria perfeitamente aplicável a outras áreas do planejamento é a forma cartesiana de planejar, ignorando as características sistêmicas, interligadas e integradas, dos temas que se relacionam com a cidade. As linhas hierarquizadas de caixas componentes de organogramas precisam ceder espaço a espirais que permitam a integração necessá-

Figura 9.3 – Espiral representativa da inter-relação entre os planejamentos.
Fonte: Adaptado de Pinheiro, 2011.

ria para amealhar estratégias e recursos necessários para a consecução dos objetivos, como exemplifica graficamente a Figura 9.3.

A escolha pela adoção dessa forma mais adequada de planejar depende, principalmente, da administração pública. Ela precisaria ordenar tais planejamentos e verificar, entre eles, algumas coincidências como o planejamento urbano e o que compreendia o planejamento diretor de defesa civil, por exemplo. A legislação federal que alterou o Estatuto da Cidade propôs algumas modificações no Plano Diretor Municipal:

> [...] o plano diretor dos Municípios incluídos no cadastro nacional de municípios com áreas suscetíveis à ocorrência de deslizamentos de grande impacto, inundações bruscas ou processos geológicos ou hidrológicos correlatos deverá conter:
>
> I – parâmetros de parcelamento, uso e ocupação do solo, de modo a promover a diversidade de usos e a contribuir para a geração de emprego e renda;
>
> II – mapeamento contendo as áreas suscetíveis à ocorrência de deslizamentos de grande impacto, inundações bruscas ou processos geológicos ou hidrológicos correlatos;
>
> III – planejamento de ações de intervenção preventiva e realocação de população de áreas de risco de desastre;
>
> IV – medidas de drenagem urbana necessárias à prevenção e à mitigação de impactos de desastres; e
>
> V – diretrizes para a regularização fundiária de assentamentos urbanos irregulares, se houver, observadas a Lei nº 11.977, de 7 de julho de 2009, e

demais normas federais e estaduais pertinentes, e previsão de áreas para habitação de interesse social por meio da demarcação de zonas especiais de interesse social e de outros instrumentos de política urbana, onde o uso habitacional for permitido.

§ 1º A identificação e o mapeamento de áreas de risco levarão em conta as cartas geotécnicas.

§ 2º O conteúdo do plano diretor deverá ser compatível com as disposições insertas nos planos de recursos hídricos, formulados consoante a Lei nº 9.433, de 8 de janeiro de 1997.

§ 3º Os Municípios adequarão o plano diretor às disposições deste artigo, por ocasião de sua revisão, observados os prazos legais.

§ 4º Os Municípios enquadrados no inciso VI do art. 41 desta Lei e que não tenham plano diretor aprovado terão o prazo de 5 (cinco) anos para o seu encaminhamento para aprovação pela Câmara Municipal (BRASIL, 2012).

Desde o surgimento das primeiras aglomerações urbanas, por volta de 9 mil a 7 mil anos antes de Cristo o desenho urbano, ou planejamento urbano, passou a interferir na ocupação e ordenação dos espaços destinando-os para o atendimento das mais diversas necessidades. Planejar e por em prática o resultado dessa atividade se constitui ato necessário para a redução das vulnerabilidades urbanas, desde que o processo contemple as ameaças, as vulnerabilidades e, consequentemente, o risco de desastres. A ordem estabelecida nos grandes agrupamentos humanos cooperou, por meio de grupos de trabalho disciplinados, dirigidos por um comando central, em situações adversas. As populações urbanas originais da Mesopotâmia, do Egito e do vale do Indo, controlaram as enchentes, repararam os danos causados pelas tempestades e remodelaram paisagens (MUMFORD, 1998).

O processo de urbanização foi acelerado pela revolução industrial, o planejamento tem se esforçado em alcançar essa expansão que houve e, preferencialmente, antecipar-se ante a potencialidade do crescimento contínuo que se aponta – que seria o ideal. Pode-se atribuir, em parte, esse ritmo às indústrias, quando delas se aproximaram, no seu advento, as pessoas em busca da mão de obra, formando alguns dos adensamentos populacionais e os consequentes problemas de infraestrutura (IPHAN, 1933). Para tanto, passou-se a oferecer infraestrutura para sua instalação, e esse mesmo conjunto de melhorias, fruto dessa política pública para atrair novos empregos e gerar aumento do capital, impulsionava as atividades comerciais, resultando na abertura do horizonte para as ocupações motivadas pela expansão do mercado imobiliário (BENEVOLO, 2005).

Logicamente, o interesse dos funcionários dessas indústrias em morar o mais próximo possível da fábrica, bem como daqueles que mesmo não empregados foram atraídos pelas oportunidades diretas e indiretas vislumbradas, fizeram com que as ocupações se acelerassem nas imediações dessas instalações industriais. Pode-se acrescentar ainda que a existência da indústria visa um mercado consumidor que a concentração urbana atrai – o consumismo – a busca incessante pelo lucro, características que contribuem para a manutenção desse modo desfavorável para a percepção do surgimento dessas consequências, e contribui para o surgimento das desigualdades.

Todavia, a atividade industrial era e continua sendo geradora potencial de acidentes, desastres, criando um círculo de vulnerabilidade capaz de impactar as pessoas e os recursos naturais que estiverem a sua volta. A partir de então, com a valorização dessas áreas pelo aumento da procura e existência dessa política de infraestrutura comentada, estavam caracterizadas vulnerabilidades urbanas e consequentes áreas de ameaça e risco.

É a partir dessa síntese histórica que se devem concentrar as preocupações para que o planejamento urbano possa ser efetivamente seguro, como quer a lei federal que o cria e lhe dá sentido, rompendo as barreiras tradicionais e conhecidas da forma atual de se elaborar o Plano Diretor Municipal (PDM). Isso significa o atendimento ao conceito de eliminação ou redução das vulnerabilidades existentes.

No Brasil, ao final da década de 1980, uma das conquistas mais comemoradas foi a inserção, na Constituição Federal, da política urbana. A partir desse marco, ocorreu a legalização do planejamento urbano que, entre outras políticas, objetiva ordenar o pleno desenvolvimento das funções sociais da cidade, garantindo o bem-estar de seus habitantes (BRASIL, 1988).

O plano diretor aparece no primeiro parágrafo do artigo 182, sendo responsabilidade do município a sua elaboração, obrigatória para cidades com população com mais de 20 mil habitantes. Alguns Estados como o Paraná, por exemplo, estabeleceram dispositivos legais que associam a existência do Plano Diretor Municipal como critério para a obtenção de financiamento, praticamente obrigando os municípios a elaborarem seus planejamentos (NIGRO, 2009).

Mais tarde, a legislação federal brasileira criou o cadastro nacional de municípios com áreas suscetíveis à ocorrência de deslizamentos de grande impacto, inundações bruscas ou processos geológicos ou hidrológicos correlatos (BRASIL, 2012). Esses municípios, obrigatoriamente e independentemente de atingirem aquele patamar estabelecido pela Constituição Federal (20 mil habitantes), compulsoriamente passaram a necessitar de Planos Diretores Municipais[6].

Ocorre que essas práticas, ao mesmo tempo em que fazem aumentar a elaboração dessa modalidade de planejamento extremamente relevante para as cidades,

---

6 É importante esclarecer que a Lei Federal nº 10.257/01, no artigo 41, havia ampliado o patamar estabelecido como a população de 20 mil habitantes, acrescentando outros critérios para a necessidade de elaboração do Plano Diretor Municipal, como ser o município parte integrante de uma região metropolitana, integrante de áreas de especial interesse turístico, estar inserido na área de influência de empreendimentos ou de atividades com significativo impacto regional ou nacional.

às obrigam – na necessidade emergencial de obtenção desse condicionante para o desenvolvimento de suas operações de crédito, ou apenas para cumprimento legal – a elaborarem esse planejamento sem o seguimento dos critérios indispensáveis para que suas finalidades sejam atingidas. Produz-se apenas o cumprimento de um requisito para o financiamento, correndo o risco de serem elaborados planos que apenas atendam a necessidade formal de haver um plano e que, assim, deixam a desejar quanto a sua eficiência no planejamento dos municípios. Com base nessa leitura, pode-se afirmar que o Plano Diretor Municipal pode gerar riscos, potencializar desastres e, se bem conduzido e levando em conta a análise resultante da gestão de risco integrada, um potente instrumento de prevenção de desastres, conferindo um dos importantes elementos de sustentabilidade para o desenvolvimento do município.

9.4 OS DESASTRES, AS MUDANÇAS CLIMÁTICAS E A GESTÃO URBANA

Baseando-se no conceito de desastre apresentado, por analogia, pode-se deduzir que quando o tema se volta àqueles que ocorrem nos aglomerados urbanos, existem possibilidades de interferência do planejamento em relação a algumas causas e sobre a vulnerabilidade, procurando localizá-la, reduzi-la e, principalmente, não criá-las. O município é o responsável pelo início e pela manutenção do ciclo da gestão de risco, conhecendo, monitorando e trabalhando para a redução dos riscos – o que não ocorre sem a participação dos órgãos setoriais.

Desastres urbanos seriam aqueles com maior prevalência nesse meio, a se considerar a delimitação da análise, em relação à localidade avaliada. Sendo assim, sem querer citar com exatidão tais ocorrências, pode-se ao menos definir, dentro da Codificação de Desastres, Ameaças e Riscos (Codar)[7] ou da Codificação Brasileira de Desastres (Cobrade), tais grupos considerados prováveis. É importante salientar que, dos 153 tipos diferentes de desastres contidos nessa codificação, alguns possuem probabilidade remota de ocorrer, em razão de vários fatores, como o caso das tempestades de neve em muitas das regiões brasileiras.

Credita-se à gestão urbana a busca das alternativas e soluções para a redução dos desastres ocorridos nas cidades, até porque a criação das vulnerabilidades e a geração de riscos também são decorrentes dela. Logo, volta-se a gestão urbana para as suas ações, direcionando-as quaisquer que sejam suas áreas, à redução dos desastres.

Considerando ser o objetivo da defesa civil a redução dos desastres, a forma como se pretende atingi-lo apresenta-se inserida na legislação federal. Assim a Política Nacional de Proteção e Defesa Civil – PNPDEC apresenta:

---

[7] A Codificação de Desastres, Ameaças e Riscos (Codar) está inserida na Política Nacional de Defesa Civil (BRASIL, 2004, p. 69) como um dos seus anexos (ANEXO B).

Art. 3º A PNPDEC abrange as ações de prevenção, mitigação, preparação, resposta e recuperação voltadas à proteção e defesa civil.
Parágrafo único. A PNPDEC deve integrar-se às políticas de ordenamento territorial, desenvolvimento urbano, saúde, meio ambiente, mudanças climáticas, gestão de recursos hídricos, geologia, infraestrutura, educação, ciência e tecnologia e às demais políticas setoriais, tendo em vista a promoção do desenvolvimento sustentável. (BRASIL, 2012).

É importante frisar que o momento que se pretende analisar compreende um período de transição. Isso porque o Sistema Nacional de Proteção e Defesa Civil, composto e existente atualmente em termos estruturais – com base no revogado Decreto Federal nº 5.376/2005[8] passa a sofrer os efeitos de alterações que culminaram com na Lei Federal nº 12.608/12, a qual revogou a legislação anterior. Dessa forma, a abordagem que se dará pretende concentrar-se na estrutura existente balizando-se pelas alterações impostas pela citada legislação.

Na realidade, a modificação preserva a base conceitual na qual, por exemplo, as ações globais norteadoras da defesa civil receberam a adição da mitigação – a possibilidade da adoção de medidas para atenuar, suavizar os riscos.

Ao surgir uma indagação sobre qual dessas ações globais seria a mais importante, o posicionamento para que seja elaborada a devolução da sentença dependerá do momento que se estiver atravessando. Logicamente, pois, a prevenção seria o ideal a ser respondido, porém, caso a pergunta seja feita logo após ou durante a ocorrência de um desastre, a ação de resposta passa a ser prioritária, precedendo, portanto, qualquer outra. As cidades precisam estar preparadas para a realização de todas essas ações.

A Figura 9.4 ilustra essas ações diante de uma linha de evolução temporal. Antes, porém, para destacar a importância da prevenção, apresenta-se uma citação buscada na doutrina praticada no México como comparativo:

> La estrategia de la prevención establece tres pasos fundamentales. Primero, conocer los peligros y amenazas para saber dónde, cuándo y cómo nos afectan. Segundo, identificar y establecer en el ámbito nacional, estatal, municipal y comunitario, las características y los niveles actuales de riesgo ante esos fenómenos. Por último, diseñar acciones y programas para mitigar y reducir oportunamente estos riesgos a través del reforzamiento y adecuación de la infraestructura, mejorando normas y procurando su aplicación, y finalmente, preparando e informando a la población para que sepa cómo actuar antes, durante y después de una contingencia (GUEVARA et al., 2006, p. 6).

---

8   Decreto Federal nº 5.376, de 17 de fevereiro de 2005: Dispõe sobre o Sistema Nacional de Defesa Civil (Sindec) e o Conselho Nacional de Defesa Civil e dá outras providências. Apesar de revogado, ingressou na história como uma importante base legal que conferiu a formatação do Sistema de Defesa Civil.

Uma leitura dessa abordagem permite verificar a nítida possibilidade apresentada de se trabalhar com o pré-desastre, algo fundamental quando relacionado ao trinômio: cidades – mudanças climáticas – desastres.

O planejamento figura como um dos principais instrumentos para isso. Ele está inserido na primeira etapa do que seriam as ações preventivas. Mas é importante referenciar que planejar para atender emergências, a partir das hipóteses mais prováveis ou projeções de maior gravidade, são atribuições do planejamento contingencial ou de emergência, conforme reza a doutrina quando define tais planos. Mesmo assim, dentro dos critérios de planejamento em proteção e defesa civil, os planos de contingência apresentavam-se em conjunto com os Planos Diretores de Defesa Civil e os Planos Plurianuais de Defesa Civil, como instrumentos da defesa civil no país (BRASIL, 2008). No entanto, após as modificações na legislação, esses instrumentos desapareceram. Ao menos o Plano Diretor de Defesa Civil fora substituído pelo Plano de Proteção e Defesa Civil. Porém, essa modificação desconfigurou uma questão importante, uma vez que determinou ao município apenas o planejamento contingencial, enquanto anteriormente era necessário elaborar o Plano Diretor de Defesa Civil. E, agora, qual o instrumento para a gestão de riscos e desastres, com alternativas para evitar que os desastres ocorram ou que se reduzam seus efeitos? A Figura 9.4 apresenta os aspectos globais de proteção e defesa civil.

Tais aspectos globais eram conhecidos como 2P2R[9] antes da inserção da mitigação, fazendo referência às iniciais de cada uma daquelas ações. "A prevenção, a mitigação e a preparação compõem o período que antecede os desastres, conhecido como normalidade" (PINHEIRO, 2008, p. 11). Após a ocorrência e enquanto permanecerem as consequências desastrosas, impera a anormalidade, momento reservado para a realização das ações de resposta, reconstrução e recuperação dos cenários[10]. A previsão das consequências das mudanças climáticas precisa figurar, prioritariamente, na aplicação dessas ações prévias no planejamento das cidades, integrando-se com aqueles de abrangência regional, como de outros níveis dos quais sofra alguma influência.

Apresentadas as ações balizadoras da atuação da proteção e defesa civil no território nacional, resta saber a quem se destina fazê-las aplicar. Cada órgão integrante do Sistema Nacional de Proteção e Defesa Civil possui responsabilidades específicas e complementares, mas, a especial atenção se volta à Coordenadoria Municipal de Proteção e Defesa Civil – ou outra denominação que venha a ter o órgão de coordenação municipal – que se reporta diretamente a administração municipal e seus gestores. Dessa forma, cada prefeitura é integrante do Sistema Nacional de Proteção

---

9 A inserção da Mitigação de Desastres ocorreu entre a prevenção e a preparação, isso porque é a diminuição ou a limitação dos impactos adversos das ameaças e dos desastres afins (UN/ISDR, 2009, p. 21).

10 A publicação Defesa Civil para Prefeitos apresenta esta denominação que tem por objetivo delimitar em grupos essas ações, ou seja, a prevenção e preparação (e a mitigação) como ações desenvolvidas no período da normalidade e a resposta e reconstrução como ações desenvolvidas na anormalidade (PINHEIRO, 2008, p. 9).

Figura 9.4 – Aspectos globais de proteção e defesa civil.
Fonte: Autores.

e Defesa Civil e possui, por conseguinte, a responsabilidade de implantar as ações globais de defesa civil dentro da sua esfera de atuação.

Muito se fala na prevenção de desastres, poucas são as realizações a se contemplar. A prevenção de desastres compreende um conjunto de ações destinadas a reduzir a ocorrência e a intensidade de desastres naturais ou humanos, visando à redução dos prejuízos socioeconômicos e os danos humanos, materiais e ambientais (CASTRO, 2004). É perfeitamente possível perceber, em uma rápida comparação entre o conceito brasileiro e aquele há pouco apresentado com referencial mexicano, algumas importantes diferenças. O conceito mexicano desenvolve, de forma mais profunda, elementos preventivos, inserindo, entre eles, o planejamento. Mesmo assim, ambos deixam a dúvida em relação a como atingir esses objetivos.

Pode ser construído um paralelo entre as ações globais de proteção e defesa civil conhecidas e a necessidade de se realizar a gestão de riscos de desastres nas cidades. Enquanto a primeira tem por objetivo a redução dos desastres, a segunda, além disso, pretende concentrar esforços em torno do desenvolvimento, sendo uma das variáveis que o compõem. Com isso, pode ser feita a afirmação de que é importante que os municípios e, sobretudo, os núcleos urbanos estejam preocupados com o desastre e, mais ainda, com as características desses eventos considerando-se as mudanças climáticas, mas, tão importante quanto é admitir que o desafio seja, além de fazer surgir a cultura da gestão de riscos de desastres no município, que ela passe a agregar a variável das alterações do clima, antecipando-se aos resultados dessa tendência.

O caráter urbano dos desastres que se pretende abordar pode parecer pouco abrangente quando se observa a área urbanizada dos municípios interioranos ou razoavelmente abrangente ao se deparar com o grau de urbanização das metrópoles e megalópoles, entretanto, convém registrar que são as pequenas áreas, que conferem a tecitura urbanizada das cidades, que correspondem à convergência urbana. Logo, essa tipicidade exige a concentração dos estudos para que, nessas localidades, não sejam inseridas as probabilidades acentuadas da ocorrência de eventos desastrosos.

9.4.1 Os desastres e a gestão urbana

A cidade bem pensada é aquela que fez o seu desenho urbano adequado à conjunção das características físicas do espaço a ser ocupado com aquele que o ocupa, nessa sobreposição imposta pelo desenvolvimento urbano ao meio. Essa forma de relação normalmente impacta de forma desproporcional o meio ambiente, agredindo-o.

Torne-se conveniente trazer à discussão outro trecho da Carta de Atenas, elaborada em novembro de 1933, a qual, nas conclusões, atribui aos interesses privados o início do processo de crescimento desordenado, predador e às margens de planejamento aos quais algumas cidades foram submetidas:

> A base desse lamentável estado de coisas está na preeminência das iniciativas privadas inspiradas pelo interesse pessoal pelo atrativo do ganho. Nenhuma autoridade consciente da natureza e da importância do movimento do maquinismo interveio, até o presente, para evitar os danos pelos quais ninguém pode ser efetivamente responsabilizado. As empresas estiveram, durante cem anos, entregues ao acaso. A construção de habitações ou de fábricas, a organização das rodovias, hidrovias ou ferrovias, tudo se multiplicou numa pressa e numa violência individual, da qual estavam excluídos qualquer plano preconcebido e qualquer reflexão prévia. Hoje, o mal está feito. As cidades são desumanas e, da ferocidade de alguns interesses privados nasceu a infelicidade de inúmeras pessoas (IPHAN, 1933, p. 28).

É possível destacar no conteúdo da Carta de Atenas, apesar de transcorrido longo tempo, a ausência da preocupação com o planejamento prévio e a frase referente ao mal-estar feito. Deveras, ao se confrontar o processo de crescimento que levou o burgo à urbe com o que a natureza houvera, com o seu equilíbrio, estabelecido para a ocupação do espaço antes pouco impactado pelo ser humano, agora violentado pela imposição dessa onda de crescimento, surgiram consequências indesejadas e ainda de difícil prevenção e administração pelos gestores urbanos.

Epidemias, pestes, incêndios, alagamentos, deslizamentos, vendavais, entre outras consequências habitualmente são enumeradas pela população como se fosse o próprio desastre. No senso comum, os culpados pela ocorrência dos desastres costumam ser, por exemplo, os eventos naturais: a chuva, o vento, o calor, ou até mesmo entes naturais, como rios e árvores. Raramente associa-se o acontecimento – que tecnicamente se chama evento adverso – a sua consequência. Não raramente, a simples existência ou ocorrência do evento, sem a cidade, não se tornaria desastre.

Não custa aproveitar essa abordagem com a possível conexão com os problemas conceituais que demonstram a necessidade de nivelamento conceitual no país desde os técnicos setoriais, estendendo-se problemas de comunicação e interpretação aos mais diversos participantes. Basta ver que muitos insistem em afirmar que um mapeamento que aponte locais em que pode haver deslizamentos em razão de uma propensão de relevo ou tipo de solo, entre outros fatores, por exemplo, acaba sendo denominado "Mapa de Risco de Deslizamentos". Conceitualmente, porém, para haver risco deve haver ocupação humana nessa área, logo, o mapeamento que prevê a probabilidade da ocorrência de deslizamento não é de risco, mas, sim, de ameaça. E o país tem elaborado vários mapas de ameaças sendo alguns chamados, por muitos, mapas de risco – um engano que não deve ser propagado.

Surgem as formas pontuais e isoladas de se tentar resolver problemas integrados, abrangentes. O trânsito precisa ser planejado, deve-se dar ênfase para a mobilidade urbana... os resíduos? Ah sim! Eles precisam de uma correta destinação. Políticas públicas não podem ficar de fora, infraestrutura, habitação, saneamento básico. Tudo isso é importante e, às voltas de cada um desses e de tantos outros temas que permeiam a gestão urbana, estão centenas de autores, estudiosos, pesquisadores, profissionais imbuídos no surgimento de novas teorias e aplicação daquelas que se acreditam ser adequadas para o contexto, para o momento, para a preparação voltada aos próximos anos.

Os estudos, a produção de conhecimento, costumam ser induzidos pela motivação das projeções de institutos respeitados que apontam o crescimento da população, da economia, enfim, as tendências para o futuro. Porém, quando ocorre essa materialização, surge o evento adverso. O que fora construído, com a incidência desses eventos ou grande parte disso se reduz a destroços, ruínas da aplicação de planejamento parcial, da ausência da visão periférica que prejudica o gestor urbano, do esquecimento da variável risco de desastre.

O resultado é frustrante: além de se perder o que fora elaborado, principalmente tempo e credibilidade do poder público, o impacto dos danos e prejuízos soma-se à necessidade de se refazer tudo em pouco tempo, deixando-se de lado o que se acreditava ser o adequado para aquele cenário. É o momento de consertar o equívoco, de reconstrução e, consequentemente, de gastos e endividamento. Considera-se o valor destinado às obras de reconstrução como sendo o chamado desinvestimento.

A aplicação do planejamento em relação às cidades deveria ser de início, preferencialmente, anterior a sua própria fundação, ou, no mais tardar, logo que ela houvesse surgido – caso isso fosse possível, mas não foi. Não é o que se observa ao se lançar o olhar sobre as cidades atuais, evidentemente, por uma série de motivos. O que se percebe é o resultado da ausência do planejamento, ou a sua concepção equivocada, ou ainda, a falta de atualização do que precisa acompanhar o crescimento das cidades – a gestão integrada dos riscos de desastres.

Pode o ser humano viver em meio a vários fatores que influenciam sua vida sem que tenha sobre eles poder de organização para atingir seus objetivos, viver melhor? Pois é o que parece acontecer. Os planejamentos que existem alcançam diversos resultados quanto a sua eficácia. Normalmente cumprem as formalidades necessárias, e ainda com algumas ressalvas, porque nem sempre são elaborados valendo-se da melhor e mais indicada metodologia, eivados do sentido de pertencimento, de ligação com o local, portanto, contestáveis. Outros atingem um grau metodologicamente satisfatório, tornando-se adequados para a aplicação prática, mas estacionam, inertizam-se dentro das mais diversas gavetas que os costumam abrigar por muito tempo, até que sejam encontrados, já obsoletos, para assistirem iniciar-se novo ciclo. Outros, por sua vez, foram incorporados pela ganância que os tornaram mercadores de planos – desvirtuando, em essência a sua finalidade desde o processo conceptivo ao resultado inútil que costumam produzir.

Por outro lado, a sobreposição antrópica sobre o ecossistema natural – característica típica do meio urbano – apresenta consequências cada vez mais severas, entre as quais culminam os desastres. Nesse contexto, planejar proteção e defesa civil é realizar prevenção, mitigação e preparação, diante não apenas da realidade que assusta, mas da percepção das mudanças que estão ocorrendo e tendem a se intensificar. O que surgiu como o Plano Diretor de Defesa Civil e, depois de extinto, poderia se denominar Plano de Gestão de Riscos e Desastres pode viabilizar, quando bem elaborado, gerido e, principalmente, integrado com transversalidade às diversas áreas adjacentes ao tema, a desejável redução dos desastres.

9.4.2 A gestão de riscos de desastres e as cidades

Parece que, para quem não estava acostumado a pensar sobre a possibilidade de ocorrerem desastres ou sobre os porquês que levam a sua deflagração, entre outros pontos de vista, ao ser iniciado um processo de contato com os conceitos, com as metodologias do tema, tendem a julgá-las como complicadas, os resultados como demorados, cedendo à tentação da impaciência e ansiedade pela resolução do aparente problema. Não! Ninguém tem o direito de, sob as escusas de apresentar rápidas e "pseudossoluções", sob qualquer argumento técnico ou político, tentar reduzir a complexidade intrínseca do tema gestão de riscos de desastres. É complicado? Aparentemente e inicialmente, sim! Principalmente para quem não conhece ou não tem interesse em conhecer o tema, e apenas busca soluções. Os processos são demorados e envolvem estudos, conceitos, a necessidade de produção de conhecimento? A população e os seus representantes que ocupam os cargos de direção, técnicos, são sensíveis ao tema e pretendem colaborar, deixando a zona de conforto para alterar o panorama desfavorável? Não, raramente teremos panorama diferente desse. São apenas algumas reflexões ilustrativas que demonstram um pouco das resistências peculiares a essa empreitada.

Também é importante esclarecer que, ao contrário do que muitos defendem, o Plano Diretor Municipal não é o único planejamento responsável pela redução dos desastres nas cidades. Ele possui papel relevante e precisa ser elaborado – algo que não se tem percebido – sobre a desejável base chamada Segurança Global da População. Isso eleva o seu custo? Não, eleva a quantidade necessária de investimento num planejamento adequado, poupando arcar com montantes exponencialmente superiores quando, pela falta dessa iniciativa prévia, restar contar mortos e levantar dados sobre outros danos e prejuízos no que restou da cidade.

Outros planos voltados à cidade também possuem papel fundamental para a redução dos desastres, mas não são abrangentes o suficiente para conseguir atingir tal feito, tampouco foram concebidos como elementos de integração, pois são decorrentes de políticas que também não se integram. O Plano Diretor de Defesa Civil tratava do planejamento com a abrangência necessária para influenciar e ser influenciado pelos aspectos técnicos pertinentes aos demais planejamentos setoriais, com o diferencial de possuir, segundo as características que lhe foram concebidas, características que o tornavam uma espécie de lugar comum das áreas que integram, em termos de influência, a temática dos desastres.

Quem sabe, um dos erros graves capaz de explicar a coleção de riscos que se tornaram as cidades, esteja relacionado à concepção da comemorada Política Urbana Brasileira. A política urbana e, por conseguinte, a sua gestão, nem sempre levaram em conta aspectos que pudessem resultar em desastres. Basta analisar o capítulo que trata da política urbana no país, presente na Constituição Federal, a partir do seu artigo 182, para perceber que a segurança não figura de forma satisfatória no teor apresentado na referida Carta Magna. Encontra-se, no *caput* do artigo citado a expressão "garantir o bem-estar de seus habitantes" como parte dos objetivos da política de desenvolvimento urbano. O outro seria ordenar o pleno desenvolvimento das funções sociais da cidade (BRASIL, 1988, p. 32).

> No primeiro parágrafo desse artigo, descortina-se a que serve de instrumentalização o Plano Diretor: "§ 1º O plano diretor, aprovado pela Câmara Municipal, obrigatório para cidades com mais de vinte mil habitantes, é o instrumento básico da política de desenvolvimento e de expansão urbana (BRASIL, 1988, p. 32).

Não se pode abstrair, com base na Constituição Federal, que o Plano Diretor Municipal – o rol em que precisariam estar inseridas as ações preventivas voltadas ao que já fora construído e desenvolvido no município – teria responsabilidade direta relacionada aos desastres nas cidades. Mas é clara a importância desse instrumento e percebe-se que, para essa responsabilidade de orientar os vetores do desenvolvimento e da expansão urbana, tal planejamento deveria cercar-se de informações das mais diversas áreas. O Estatuto da Cidade, que surgiu com o condão de regulamentar o capítulo da Política Urbana contido na Constituição Federal, se manifesta a respeito da aplicação das diretrizes gerais da política urbana: "As diretrizes gerais da política urbana estabelecidas no Estatuto da Cidade como normas gerais de direito urbanístico são, em especial para os Municípios, as normas balizadoras e indutoras da aplicação dos instrumentos de política urbana regulamentados na lei" (BRASIL, 2001, p. 34).

O Estatuto das Cidades apresentava ainda, no seu segundo artigo, diretrizes gerais as quais classificava como orientadoras para a construção da política urbana, em todas as instâncias do poder público. Ao todo, são 16 diretrizes, entre as quais, chama-se a atenção para uma, especialmente, ligada à distribuição espacial da população e das atividades econômicas do município "de modo a evitar e corrigir as distorções do crescimento urbano e seus efeitos negativos sobre o meio ambiente" (BRASIL, 2001, p. 36).

Era possível, com esforço, associar a intenção dessa diretriz apresentada quando, ao se referir ao meio ambiente e seus efeitos negativos, que ali poderiam estar inseridos os desastres, em que pese ainda, na sua classificação definida na doutrina de defesa civil em vigor, haver a necessidade de análise não apenas em relação aos naturais, mas também a atenção ser voltada àqueles antrópicos e de igual forma aos mistos (CASTRO, 2004).

Entretanto, por não estar clara essa intenção – e a segurança referente aos desastres precisaria estar de forma muito clara – uma afirmação com certo tom acusatório pode ser realizada: será considerado que as diretrizes do Estatuto das Cidades, de certa forma, foram omissas em relação à segurança global da população, o que permite afirmar que a política urbana vigente até pouco tempo atrás, pode ser considerada, sob este prisma, potencializadora ou indutora de desastres. Destarte, a Medida Provisória nº 547/2011, posteriormente ratificada pela edição da Lei Federal nº 12.608/12, propôs a inserção, no inciso VI do art. 2º da Lei 10.257/2001, da alínea "h" no rol das diretrizes gerais da política urbana, sendo seu conteúdo dedicado à ordenação e controle do uso do solo, de forma a evitar "a exposição da população a riscos de desastres naturais". E quanto aos antrópicos ou tecnológicos?

As esperanças quanto a alguma referência entre as diretrizes se esvaziava até então completamente quando, em outra abordagem que poderia contemplar aspectos mitigatórios dos riscos – a que se refere à regularização fundiária – apresentam-se questões ligadas à habitação:

> "Com esta diretriz, o Estatuto da Cidade aponta para a necessidade da constituição de um novo marco legal urbano que constitua uma proteção legal ao direito à moradia para as pessoas que vivem nas favelas, nos loteamentos populares, nas periferias e nos cortiços, mediante a legalização e a urbanização das áreas urbanas ocupadas pela população considerada pobre ou miserável" (BRASIL, 2005, p. 38).

De fato, a regulamentação para a aplicação dessa prática apresenta-se sob a forma de Lei a qual complementa a Lei 10.257/2001 – Estatuto das Cidades, incutida no mesmo grupo de deliberações que acompanham o programa "Minha casa, minha vida" – instituído pelo Governo Federal. A Lei 11.977/2009 apresenta, em um capítulo específico, sob o título "Da regularização fundiária de interesse social", aspectos voltados à concessão dos títulos de legitimação de posse, e eis que surge, na sua redação, a preocupação com a concessão desse título a áreas de risco. Assim define o art. 51:

> Art. 51. O projeto de regularização fundiária deverá definir, no mínimo, os seguintes elementos:
>
> I – as áreas ou lotes a serem regularizados e, se houver necessidade, as edificações que serão relocadas;
>
> II – as vias de circulação existentes ou projetadas e, se possível, as outras áreas destinadas a uso público;
>
> III – as medidas necessárias para a promoção da sustentabilidade urbanística, social e ambiental da área ocupada, incluindo as compensações urbanísticas e ambientais previstas em lei;
>
> IV – as condições para promover a segurança da população em situações de risco; e
>
> V – as medidas previstas para adequação da infraestrutura básica. (BRASIL, 2009, grifos nossos)

Subentende-se ser a referência feita ao risco de desastres naturais e antrópicos, mas falta a necessária clareza e explicitude. Torna-se inevitável comparar a ausência desse tratamento adequado à segurança na Política Nacional de Desenvolvimento Urbano e no próprio Estatuto das Cidades, principalmente se, ao observar o inciso IV – destacado há pouco, no qual se nota como fundamental a preocupação com a base apoiada na segurança dessas ocupações – o que fora corrigido em 2012. Porém, os planos existentes precisam ser revisados e corrigidos.

O próprio Estatuto das Cidades, quando se refere ao Plano Diretor Municipal não insere um diagnóstico prévio necessário para subsidiar as definições que se propõe a estabelecer, por meio das suas diretrizes. A conciliação dos diversos fatores que compõem o PDM apresenta-se a seguir:

> Para satisfazer e conciliar as várias necessidades locais para os diversos usos de habitação, comercial, serviços e mesmo industrial, além da Agenda 21 Local, elabora-se o Plano Diretor Municipal, que determina áreas específicas para cada tipo de atividade, combinando eficientemente as

diversas funções da cidade. Esses estudos, parte do processo de planejamento, permitem prover aos cidadãos um crescimento e um desenvolvimento econômico e social, ao mesmo tempo, minimizando outras consequências negativas, típicas do processo de urbanização atual (PEREIRA JUNIOR, 2007, p. 70).

O que manifestar sobre a Política Nacional de Ordenamento Territorial (PNOT) quanto ao aspecto da segurança? Na introdução de uma das publicações do Ministério da Integração Nacional, derivada do teor contido no Inciso IX do art. 21 da Constituição Federal, encontram-se os seguintes elementos como motivadores para as transformações desse ordenamento: "No entanto, e principalmente em razão da ação de processos como a globalização, os avanços tecnológicos, a reestruturação produtiva e mudanças culturais, a presença de atores privados e da sociedade civil se faz cada vez mais evidente, como agentes de transformação territorial". (BRASIL, 2006, p. 12)

Considerando que tais agentes sejam os transformadores, como se poderiam incutir nessa política os aspectos ligados à segurança global da população? Afinal, entende-se por ordenamento territorial:

> Ordenamento territorial é a regulação das tendências de distribuição das atividades produtivas e equipamentos no território nacional ou supranacional decorrente das 18 ações de múltiplos atores, segundo uma visão estratégica e mediante articulação institucional e negociação, de modo a alcançar os objetivos desejados (BRASIL, 2006, p. 17).

Sendo assim, a proposta de ordenamento acerca da ocupação territorial incide, diretamente, sobre o incremento das vulnerabilidades ligadas aos desastres humanos de natureza tecnológica mesmo que se considere, implicitamente, a ideia de organizar a ocupação, o uso e a transformação do território com o objetivo de satisfazer as demandas sociais, econômicas e ambientais (BRASIL, 2006, p.18), mas, indubitavelmente, a segurança global não tem balizado essas ações.

Parece difícil acreditar que a ausência da variável risco de desastre ocorra em um plano setorial vinculado à mesma pasta que a defesa civil nacional, curiosamente chamado Ministério da Integração Nacional, que poderia, ao menos, integrar as políticas diretamente relacionadas às suas responsabilidades. Isso retrata como o país tem tratado a gestão de riscos de desastres, paradoxalmente, querendo sugerir que ela seja inserida nos planejamentos setoriais nos níveis estadual e municipal.

É interessante mencionar que, apesar da tipologia fazer referência aos desastres humanos de natureza tecnológica e, em uma análise estrita não ser possível para todos a construção de uma relação nítida entre esses eventos e o desequilíbrio do clima, o exemplo que mais enfatiza essa clara e existente relação e suas consequências está nos episódios ocorridos em Fukushima, no Japão, envolvendo reatores de uma das Usinas Nucleares. Nesse evento um fenômeno natural desencadeou diversos desastres tecnológicos.

Porém, outra análise se faz necessária neste momento. Atualmente, a estrutura de proteção e defesa civil nas cidades está extremamente aquém do que precisaria para fazer frente aos desastres que acontecem. Isto é o mesmo que escrever que a gestão urbana municipal está despreparada para atuar em relação à resposta aos desastres. Mas o mais grave é que esse panorama não leva em conta a incidência das mudanças climáticas. Logo, mesmo que não tenha havido – principalmente pela ausência da cultura de planejamento durante longos anos manifestada na própria organização da Secretaria Nacional de Proteção e Defesa Civil – o incentivo para a elaboração do Plano Diretor de Defesa Civil ou, que com a sua extinção a legislação tenha se omitido quanto à necessidade de serem elaborados Planos de Gestão de Riscos de Desastres, seus fundamentos precisam permear a elaboração ou revisão dos Planos Diretores Municipais, impedindo-os, ao menos, de potencializarem desastres como resultados do regime de revelia a esses fundamentos conceituais durante seu processo de concepção.

Tendo sido o Plano Diretor de Defesa Civil um dos instrumentos da antiga Política Nacional de Defesa Civil, há, ainda, que se desvendar alguns entraves que culminaram nas escusas para sua não elaboração. Habitualmente, acredita-se que a ação de planejar seria um ponto de partida para a consecução dos objetivos. Porém, antes dela, há muito que ser obtido, organizado, avaliado e preparado.

O que se percebe na Figura 9.5 são aspectos anteriores à ação de planejar que poderiam ser comparáveis aos ingredientes necessários para a elaboração de uma receita. Sem eles, o processo de planejamento não se sustenta, pois deixaria de ser elaborado de forma adequada à realidade local.

Porém, se o planejamento em proteção e defesa civil figura entre os instrumentos da Política Nacional de Proteção e Defesa Civil, sendo composta pelos Planos (Nacional e Estadual) de Proteção e Defesa Civil, Planos de Contingência ou Emergência (ao nível municipal), essa é uma falha grave, pois contraria a necessidade do tratamento da questão do surgimento ou tratamento das vulnerabilidades a partir da ativação do nível local.

Entretanto, por vários motivos que demandariam outras abordagens específicas, esse trabalho não ocorre por um simples motivo: a proteção e defesa civil nas cidades raramente saem do papel. Quando essa façanha acontece, a concentração dos trabalhos, por escassez de conhecimentos técnicos, de pessoal e razões intuitivas, tende para a resposta: o atendimento ao desastre. Por conseguinte, certifica-se a dedução de que o planejamento tardará a fazer parte desse roteiro, desde que mantidas as atuais características dos atores desse processo.

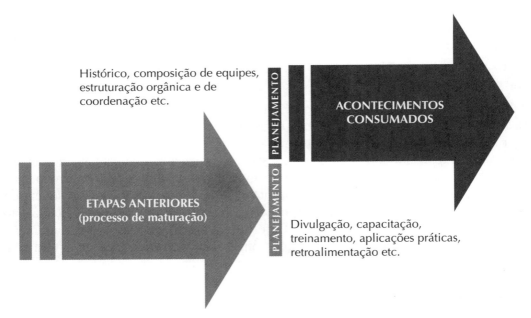

Figura 9.5 – Análise do planejamento quanto à sua origem.
Fonte: Adaptado de Pinheiro, 2011.

Uma pesquisa, realizada em 2011 com a finalidade de avaliar se o Plano Diretor de Defesa Civil seria o instrumento adequado para o gestor urbano fazer frente à busca pela redução dos desastres nos municípios, encontrou resquícios de uma tentativa interessante. Houve a localização de um Termo de Referência, no Estado do Paraná, desenvolvido em 2004 pela Coordenadoria Estadual de Defesa Civil em parceria com a Secretaria de Estado do Desenvolvimento Urbano. Essa parceria rendeu ao PDDC, a partir do seu termo referencial, a condição de anexo ao Plano Diretor Municipal – algo que o reduziu a integrar um dos aspectos que o deveria compor como parte integrante.

Esse documento integrava o rol de arquivos disponíveis no sítio da defesa civil paranaense na internet[11]. Sua constituição despertou a curiosidade pelas características que apresenta – assemelhava-se a um *checklist*[12]– contendo dados que são redundantes com alguns dos que compõem o próprio Plano Diretor Municipal. Como resultado, a não previsão da elaboração desses planos considerados anexos no Termo de Referência principal do PDM de forma explícita, resultou em diversos resul-

---

11 O sítio da Coordenadoria Estadual de Defesa Civil do Paraná na internet é o www.defesacivil.pr.gov.br.

12 Expressão da língua inglesa que pode ser entendida, neste caso, como um rol com itens a serem preenchidos, restringindo o pensamento e a abertura de ideias para a inserção de termos e associações necessárias para que o Plano Diretor de Defesa Civil deixasse de ser o cumprimento de uma formalidade que não se exige no país – apesar de prevista – passando a ser um plano vivo e integrado com outros que precisam existir para balizar o desenvolvimento dos municípios e, especialmente, das cidades.

tados, mas nenhum deles comparável ao que o pretenso instrumento para a redução dos desastres precisava apresentar.

É de suma importância registrar que Plano Diretor de Defesa Civil não era um planejamento contingencial ou de emergência, confusão percebida em um dos poucos planos localizados pela pesquisa em questão que recebem o título de diretor de defesa civil arquivado na Coordenadoria Estadual de Defesa Civil do Paraná.

Não que o plano de contingência não possa ser considerado um instrumento de proteção e defesa civil voltado às ações de resposta aos desastres no município, região ou até mesmo para o estado e o país como resultado do processo preparatório, até porque assim ele figura dentro do mesmo referencial que na Política Nacional de Defesa Civil apresenta no Plano Diretor de Defesa Civil (BRASIL, 2004), mas definitivamente, o PDDC seria um tipo de planejamento e os planos contingenciais ou de emergência seriam outra modalidade, inserida dentro do PDDC com o objetivo de controlar e minimizar os efeitos previsíveis de um desastre específico (CASTRO, 2004).

O revogado Decreto Federal n° 5.376/2005, no seu art. 13, incisos III e X, previa a elaboração e implementação de planos diretores, planos de contingências e planos de operações de defesa civil, bem como projetos relacionados ao assunto. Ainda, no mesmo documento, imputava-se aos municípios a responsabilidade de analisar e recomendar a inclusão de áreas de riscos no plano diretor estabelecido pelo § 1° do art. 182 da Constituição (BRASIL, 2005). A nova legislação sequer menciona a existência desse plano, que precisou se contentar em permanecer na extinta Política Nacional de Defesa Civil e nos manuais de planejamento, sem muita expressividade. Sem planejamento, quais são as diretrizes que definem as ações de proteção e defesa civil atualmente, inclusive relacionada às consequências das mudanças climáticas? Há, em cumprimento à Constituição Federal, sequer algum planejamento envolvendo prevenção, preparação, resposta e reconstrução, diante dos desastres que explicitamente figuram no texto constitucional brasileiro, ao menos voltado às secas e inundações?

Como a resposta aos questionamentos aventados tende a ser negativa, ao menos, caso existam, não são documentos de domínio público – ferindo inclusive o processo conceptivo de planejamento, o qual precisa contemplar, para aumentar a probabilidade da sua eficácia, com a participação dos envolvidos (diversas instituições e da própria comunidade). É possível concluir que os órgãos de coordenação da proteção e defesa civil não estão cumprindo seu papel nesse quesito, no entanto, como a facilidade da elaboração da crítica não é capaz de suprir essa necessidade, outra mea-culpa pode ser apresentada: a passividade dos atores sociais e do poder público local.

Pode partir da cidade a mobilização para fazer cumprir essa imprescindível necessidade e referência legal, buscando contatos com os gestores do Sinpdec para formar conjuntos voltados à discussão e desenvolvimento desse tipo de planejamento, inclusive abrindo espaço para o tema dessa abordagem, as mudanças climáticas, integrando políticas e construindo resultados conjuntos, sem os quais nada mudará (para melhor).

Além do planejamento voltado para a gestão de riscos de desastres no nível local, outras modalidades se fazem necessárias para que, de igual forma, o momento da resposta seja antecedido pela necessária preparação. Esses seriam os planos de contingência ou de emergência, os quais, apesar de elaborados a partir da perspectiva da ocorrência de eventos desastrosos baseando-se nos riscos conhecidos, possuem como objetivo se antecipar a eventuais necessidades de resposta, prevendo ações, mobilização de recursos e estabelecendo uma prévia da cadeia de comando e gerenciamento do desastre. O plano de contingência ou emergência é o principal subsídio para a elaboração dos planos de operação do ciclo de planejamento operacional.

A consecução desse objetivo passa pelo planejamento e pela adoção de medidas preventivas (estruturais e não estruturais) encontra-se com os planos de emergência ou de contingência, conforme se percebe:

> Um plano municipal de emergência de protecção civil é um documento formal que define o modo de actuação dos vários organismos, serviços e estruturas a empenhar em operações de protecção civil a nível municipal. Deverá também permitir antecipar os cenários susceptíveis de desencadear um acidente grave ou catástrofe, definindo a estrutura organizacional e os procedimentos para preparação e aumento da capacidade de resposta à emergência (ANPC, 2009, p. 1).

Em que pese à preocupação demonstrada na preparação e organização prévia para a resposta, a gestão dos riscos de desastre continua sendo meta principal. No entanto, a realização de obras preventivas requer intervenções nessas áreas, consideradas degradadas – questão polêmica de longa data. Tem-se um impasse descrito, envolvendo várias áreas que compõem externalidades ligadas ao tema.

Fica clara, nesse sentido, a alternativa do planejamento como solução viável para que ocorra a atuação diante dessas necessidades:

> Para reducir al mínimo la posible pérdida de activos físicos y capital ambiental es fundamental aplicar prácticas de planificación informadas y coherentes. Ellas comprenden el uso de herramientas y documentos guía. A manera de ejemplo, cabe citar los planes maestros, los planes de desarrollo, de gestión de los recursos hídricos, de recreación y de turismo, así como otros instrumentos de planificación, tales como los planes detallados de uso o zonificación de la tierra, y los reglamentos de ordenamiento territorial. (EIRD/ONU, 2004, p.348)

Paralelamente, percorre-se uma construção conceitual analítica a partir de autores e percepções ligadas à realidade. A relação entre a gestão de riscos de desastres/proteção e defesa civil e o município traduziu-se na ausência de uma política pública específica para essa área por muitos anos e, agora existindo, pela abordagem incompleta manifestada pela Política Nacional de Proteção e Defesa Civil ao tangenciar apenas a gestão de riscos e desastres, ignorando, principalmente, o papel do município nesse processo.

No entanto, no momento em que se discute no país a regulamentação de uma política pública de proteção e defesa civil, não se pode esquecer que, seja ela como for editada, não poderá deixar de compreender e comportar as dimensões diferentes que nela se encontram por ser de origem sistêmica. As soluções não dependem da proteção e defesa civil unicamente como um sistema composto por órgãos governamentais, mas da integração entre elementos da estrutura existente e com a própria comunidade, a partir da percepção dos riscos e do seu papel diante deles.

> Um estudo apresentado pelo Programa Asiático de Gestão e Redução de Riscos de Deslizamentos demonstrou, em 2004, estratégias para reduzir a vulnerabilidade aos desastres envolvendo esse tipo de ocorrência nos assentamentos humanos, infraestrutura e instalações críticas nos países considerados alvo, como Índia, Nepal, Butão, Sri Lanka, Indonésia e Tailândia. Interessante ressaltar algumas das dificuldades encontradas na consecução desse objetivo, a falta de diálogo e consequente ausência de integração de práticas adequadas: "Falta de diálogo suficiente entre os planejadores de desenvolvimento e instituições técnicas pode ter sido uma das razões para a falta de integração de práticas adequadas de redução de deslizamentos em processos de planejamento global de desenvolvimento". (ADPC, 2008, p. 2)

Esta descrição, infelizmente, não traduz uma exclusividade daquela região do globo. Panoramas idênticos são reproduzidos entre os técnicos que se dedicam a planejar, inclusive o fora em relação ao Plano Diretor de Defesa Civil.

> No tocante à aplicação do Planejamento Diretor de Defesa Civil, faz-se necessário recorrer ao Manual de Planejamento em Defesa Civil, volume I, o qual apresenta como uma das ferramentas básicas de planejamento da defesa civil o PDDC, e realiza em relação à necessidade dos níveis de elaboração o seguinte apontamento: "Os **Planos Diretores de Defesa Civil**, que devem ser elaborados em nível municipal, estadual, macrorregional e federal". (CASTRO, 1999, p. 22)

Destarte, o Plano Diretor de Defesa Civil não constituía apenas um dever dos municípios – atualmente deixados de fora quanto à exigência legal nessa amplitude – mas tanto os estados quanto os organismos regionais e a própria União estiveram pendentes em relação à elaboração desses planos, encontrando-se aquém do necessário para a realização das ações de planejamento, uma vez que não houve ainda motivação institucional prática, sequer no campo da retórica, para a sua elaboração em nenhum desses níveis.

Pode-se concluir que, com a ausência de estruturas de proteção e defesa civis específicas nas cidades, somadas à carência de conhecimento conceitual, inexistem planejamentos voltados aos desastres na maioria das cidades brasileiras, mesmo havendo o Termo de Referência para a sua elaboração e a tentativa de associá-lo ao Plano Diretor Municipal, enquanto praticamente todas as cidades o elaboravam.

Os eventos que têm ocorrido não apenas no Brasil, mas em vários outros países, permitem algumas conclusões: os sistemas de monitoramento, alerta e alarme, quando existem, não são eficazes em muitas dessas regiões, em outras, no entanto, os alertas de Tsunamis provaram que podem salvar muitas vidas. As pessoas, em geral, vivem em uma zona de conforto sem enxergar ou admitir que existam *riscos a sua volta*[13] e que, quando estes são detectados, precisam de monitoramento para que sua dinâmica seja acompanhada. O clima está sofrendo mudanças e elas estão impactando diretamente as cidades. Localidades que, política e culturalmente, não se deram conta da oportunidade ainda possível – a de reduzir os efeitos daquilo que ainda não ocorreu, mas é previsível, o desastre – ainda possuem tempo para a implantação da gestão de riscos de desastres.

Diante dessas sintéticas conclusões, baseadas em fatos e enriquecidas por teorias, convém reiterar o quão aquém o ente público e a comunidade – vivendo um estado de inércia entre os eventos que estão mais frequentes e destruidores – estão do necessário combustível para a tomada de atitude. A manifestação dessa atitude faz disparar à consciência preventiva, suas ações, a preparação, acreditando que o que está ocorrendo no qual antes não ocorria, pode ocorrer em outros locais também. A proteção e defesa civil como sistema que permite e necessita da participação de todos, precisa da motivação e da liderança dos seus órgãos de coordenação em todos os níveis e, para realizar suas atividades dentro das ações globais (prevenção, mitigação, preparação, resposta e reconstrução). Essa frente de trabalho não substitui a necessidade de se iniciar o desenvolvimento da gestão de riscos de desastres nas cidades, havendo a variável risco de desastre inserida nos planos setoriais e como elemento de integração entre as principais políticas públicas.

A ilustração apresenta uma equação simples, previsível e conhecida a partir das constatações que as divulgações de estatísticas sobre ocorrência de desastres têm demonstrado ano após ano.

---

13 Essa expressão pode ser entendida como a população pode estar mergulhada no risco, porque sem a presença da população ali localizada, não haveria conceitualmente como alegar a existência de risco, então o risco não é algo à volta, mas algo em que se está imerso, dele fazendo parte.

Figura 9.6 – Equação da influência das mudanças climáticas sobre as cidades.
Fonte: Autores.

Aos gestores urbanos deixamos a mensagem que é certa essa previsão do aumento e diversificação dos desastres sobre a população urbana mundial. Integrar as áreas setoriais, balizar ações pautando-as na produção de conhecimento útil e aplicável, expandir a visão reacionista relacionada aos desastres e fortalecer com o desenvolvimento de capacidades os gestores de risco e de desastres no município, convocar a população, a sociedade organizada e as entidades e instituições de classe a discutir o problema e participar da busca pela solução, são apenas as ações mais importantes que precisam ser pensadas, adotadas como premissas e metas. Isso se faz com a adoção do planejamento como processo conceptivo para elaboração de um instrumento adequado para lograr êxito no enfrentamento desse desafio para o qual estamos atrasados desde sempre.

O despertar para o planejamento, além de representar um avanço, possibilitará a inserção das mudanças climáticas nesse processo, tornando seus resultados mais abrangentes e eficazes diante da ameaça imposta a toda população brasileira e ao desenvolvimento do Brasil no tocante ao enfrentamento dos desastres.

9.5 REFERÊNCIAS

ADPC – ASIAN DISASTER PREPAREDNESS CENTER. *Proceedings of the International Seminar on Landslide Risk Management*. Colombo, 2008.

ANPC – AUTORIDADE NACIONAL DE PROTECÇÃO CIVIL. *Planos municipais de emergência*: perguntas e respostas. Portugal: ANPC, 2009.

ARAUJO, S. B. *Administração de desastres* – conceitos fundamentais. Rio de Janeiro: Sygma, 2009.

BATES, B. et al. *El cambio climático y el agua*. Documento técnico del Grupo Intergubernamental de Expertos sobre el Cambio Climático, Secretaría del IPCC, Ginebra, 224 p. Ed. 2008.

BENEVOLO, L. *História da cidade*. 4. ed. São Paulo: Perspectiva, 2005.

BERNARDI. J. L. *Funções sociais da cidade*: conceitos e instrumentos. 2006. Dissertação (Mestrado em Gestão Urbana) – Centro de Ciências Exatas e Tecnologia, Pontifícia Universidade Católica do Paraná, Curitiba, 2006.

BEZERRA, M. C.L.; FERNANDES, M. A. *Cidades Sustentáveis:* subsídios à elaboração da Agenda 21 brasileira. Ministério do Meio Ambiente. Instituto Brasileiro do Meio Ambiente e dos Recursos Naturais Renováveis. Consórcio Parceria 21 IBAM-ISER-REDEH. Brasília, 2000.

BRASIL. Constituição Federal. 1988. Constituição da República Federativa do Brasil. Brasília: 1988.

BRASIL. Decreto-Lei n° 4.098, de 6 de fevereiro de 1942. Define, como encargos necessários à defesa da Pátria, os serviços de defesa passiva antiaérea.

BRASIL. Decreto n° 5.376, de 17 de fevereiro de 2005. Dispõe sobre o Sistema Nacional de Defesa Civil – Sindec e o Conselho Nacional de Defesa Civil. Disponível em: <https http://www.planalto.gov.br/ccivil_03/_Ato2004-2006/2005/Decreto/D5376.htm>. Acesso em: 29.06.2009.

BRASIL. Estatuto das Cidades: guia para implementação pelos municípios e cidadãos. 4. ed. Brasília: Senado Federal/Ministério das Cidades/Caixa Econômica Federal/Instituto Polis, 2005.

BRASIL. Lei Federal n° 10.257, de 10 de julho de 2001. Regulamenta os atts. 182 e 183 da Constituição Federal, estabelece as diretrizes gerais da política urbana e dá outras Providências. Estatuto das Cidades. *Diário Oficial [da] República Federativa do Brasil*, Poder Executivo, Brasília, 11 jul. p. 1-1, 2001.

BRASIL. Lei Federal n° 11.977, de 7 de julho de 2009. Dispõe sobre o programa Minha Casa, Minha Vida – PMCMV e a regularização fundiária de assentamentos localizados em áreas urbanas; altera o Decreto-Lei 3365, de 21 de junho de 1941, as Leis n°s 4.380, de 21 de agosto de 1964, 6.015, de 31 de dezembro de 1973, 8.036, de 11 de maio de 1990, e 10.257, de 10 de julho de 2001, e a Medida Provisória 2.197-43, de 24 de agosto de 2001; e dá outras providências. Disponível em: <http://www.leidireto.com.br/lei-11977.html>. Acesso em: 30.09.2010.

BRASIL (2010a). Lei Federal n° 12.340, de 1° de dezembro de 2010. Dispõe sobre o Sistema Nacional de Defesa Civil – Sindec, sobre as transferências de recursos para ações de socorro, assistência às vítimas, restabelecimento de serviços essenciais e reconstrução nas áreas atingidas por desastre, e sobre o Fundo Especial para Calamidades Públicas, e dá outras providências. Disponível em: <http://www.defesacivil.ce.gov.br/index.php?option=com_phocadownload&view=cate-

gory&id=23:leis&download=231:12.340&Itemid=15 lei federal 12340>. Acesso em: 4.10.2010.

BRASIL. Lei Federal n° 12.608, de 10 de abril de 2012. Institui a Política Nacional de Proteção e Defesa Civil – PNPDEC; dispõe sobre o Sistema Nacional de Proteção e Defesa Civil – SINPDEC e o Conselho Nacional de Proteção e Defesa Civil - CONPDEC; autoriza a criação de sistema de informações e monitoramento de desastres; altera as Leis n°s 12.340, de 1º de dezembro de 2010, 10.257, de 10 de julho de 2001, 6.766, de 19 de dezembro de 1979, 8.239, de 4 de outubro de 1991, e 9.394, de 20 de dezembro de 1996; e dá outras providências. Disponível em: http://www.jusbrasil.com.br/legislacao/1031606/lei-12608-12 Acesso em: 13.05.2012.

BRASIL. Medida Provisória n° 547, de 11 de outubro de 2011. Altera a Lei nª 6.766, de 19 de dezembro de 1979; a Lei n° 10.257, de 10 de julho de 2001, e a Lei n° 12.340, de 1° de dezembro de 2011. Disponível em: <http://www.planalto.gov.br/ccivil_03/_ato2011-2014/2011/mpv/547.htm>. Acesso em: 14.02.2012.

BRASIL. Ministério da Integração Nacional. Secretaria Nacional de Defesa Civil (SEDEC). Política Nacional de Defesa Civil. Brasília: 2008.

BRASIL. *Política Nacional de Defesa Civil*. MINISTÉRIO DA INTEGRAÇÃO NACIONAL. Secretaria Nacional de Defesa Civil Brasília, 2004.

BRASIL. *Subsídios para a definição da Política Nacional de Ordenamento Territorial*. MINISTÉRIO DA INTEGRAÇÃO NACIONAL. Brasília, 2006.

CASTRO, A. L. C. *Glossário de defesa civil* – estudos de riscos e medicina de desastres. Brasília: Ministério da Integração, Secretaria Nacional de Defesa Civil, Brasília, 2004.

CASTRO, A. L. C. *Manual de planejamento em defesa civil*. v. I.: Ministério da Integração, Secretaria Nacional de Defesa Civil, Brasília, 1999.

CEDEC – COORDENADORIA ESTADUAL DE DEFESA CIVIL DO PARANÁ. *Termo de referência para a elaboração do plano diretor de defesa civil*. Paraná: Cedec, 2004.

EIRD/ONU. *Vivir con el riesgo* – informe mundial sobre iniciativas para la reducción de desastres. Secretaria Interinstitucional de la Estrategia Internacional para la Reducción de Desastres, Naciones Unidas, 2004. Disponível em: http://www.eird.org/vivir-con-el-riesgo/index2.htm Acesso em 20.09.2011.

GUEVARA, E.; WEPPEN, R. Q.; VILLAGÓMEZ, G. F. *Lineamientos generales para la elaboración de atlas de riesgos*. México: Cenapred, 2006.

IBGE, Instituto Brasileiro de Geografia e Estatística. IBGE Sítio:Cidades®. Disponível em: <http://www.ibge.gov.br/cidadesat/topwindow.htm?1>. Acesso em: 22.09.2010.

IPHAN – INSTITUTO DO PATRIMÔNIO HISTÓRICO E ARTÍSTICO NACIONAL. *Carta de Atenas*, de novembro de 1933. Assembleia do CIAM – Congresso Internacional de Arquitetura Moderna. IPHAN, 1933.

MARTINS, J. A. Leal.; LOURENÇO, Luciano. Os riscos em protecção civil – importância da análise e gestão de riscos para a prevenção, o socorro e... a reabilitação. In: I CONGRESSO INTERNACIONAL DE RISCOS, 2009, Coimbra, Portugal. Disponível em: https://estudogeral.sib.uc.pt/handle/10316/13290. Acesso em: 20.09.2011.

MOLION, L. C. B. *Desmistificando o aquecimento global*. Instituto de Ciências Atmosféricas – Universidade Federal de Alagoas. Intergeo, v. 5, p. 13 -20, 2007.

MUMFORD, L. *A cidade na história*: suas origens, transformações e perspectivas. São Paulo: Martins Fontes, 1998.

NIGRO, C. D. *Análise de risco de favelização*: instrumento de gestão do desenvolvimento local sustentável. 2005. Dissertação (mestrado) – Pontifícia Universidade Católica do Paraná, Curitiba, 2005. Orientador: Carlos Mello Garcias.

NIGRO, C. D. *Planos diretores*. Série de Cadernos Técnicos. CREA-PR. 2009.

PEREIRA JR., G. *Elaboração de planos diretores no Estado do Paraná*: uma discussão sobre os resultados e as continuidades. 2007. Dissertação (Mestrado) – Pontifícia Universidade Católica do Paraná, 2007. Orientador: Clovis Ultramari.

PINHEIRO, E. G. *Defesa civil para prefeitos*. Paraná: Imprensa Oficial, 2008.

PINHEIRO, E. G. *Estruturação de fundamentos referenciais para a elaboração do plano diretor de defesa civil como instrumento de gestão urbana*. 2011. Dissertação (Mestrado) – Pontifícia Universidade Católica do Paraná, Curitiba, 2011. Orientador: Carlos Mello Garcias; co-orientadora: Patrícia Raquel da Silva Sottoriva.

QUARANTELLI, E.L. *What is a Disaster?* Perspectives on the Question. London: Routledge, 1998.

VALÊNCIO, N. *Desastres, ordem social e planejamento em defesa civil*: o contexto brasileiro. Saúde, Soc. São Paulo, v. 19, n. 4. p. 748-762, 2010.

WORLD BANK. Building safer cities: the future of disaster risk. *Disaster Risk Management Series*, Washington, DC, n. 3, 2003.

10
ENTRE VULNERABILIDADES E ADAPTAÇÕES: NOTAS METODOLÓGICAS SOBRE O ESTUDO DAS CIDADES E AS MUDANÇAS CLIMÁTICAS

Ricardo Ojima

Hoje, o mundo é urbano. Mais de 50% da população mundial vive atualmente em cidades, portanto, seria necessária uma análise do papel das cidades no contexto das mudanças climáticas para melhor entender o que se desenha para o futuro da sustentabilidade e das condições de vida. Tradicionalmente o movimento ambiental tem tratado as cidades como um elemento negativo em termos do potencial de sustentabilidade do planeta, pois são nos principais centros urbanos do mundo que visualizamos a pobreza, as desigualdades sociais, a poluição, pessoas vivendo em condições de extrema miséria em favelas, cortiços etc. (MARTINE, 2007; OJIMA; 2007; HOGAN, 2009; COSTA, 1999; 2009).

Mas é também nas cidades que vemos o desenvolvimento econômico, as mudanças sociais, a inovação tecnológica e, como a tendência de um mundo cada vez mais urbano é preciso extrair desse modo de vida todo o potencial produtivo e criativo para resolver os problemas que nelas emergem com mais força. Para tanto, é necessário reconhecer os limites com clareza e modular as políticas de ação sobre elas (MARTINE et al., 2008). A identificação e estudo detalhado das vulnerabilidades urbanas serão essenciais para adotar medidas de adaptação que não sejam apenas remediações de impactos já consumados, ou seja, proativas como propostas por Giddens (2010).

Neste sentido, este capítulo busca resgatar a produção recente no campo de estudos urbanos, ambientais e demográficos brasileiros para avaliar em que medida os avanços no entendimento das vulnerabilidades urbanas estão compreendidas dentro do contexto das mudanças climáticas. Assim, inicialmente discutiremos como a urbanização entra (ou não) nos cenários de mudança climática e em que medida as abordagens recentes permitem avançar nessa direção. Em um segundo momento, avaliaremos como os estudos urbanos e ambientais têm enfrentado as peculiaridades das mudanças climáticas nos estudos mais recentes, especialmente dentro do âmbito das pesquisas relacionadas à Rede Brasileira de Pesquisa em Mudanças Climáticas (no subprojeto Mudanças Climáticas e Cidades). Finalmente, para concluir, discutiremos o potencial analítico desses estudos em relação aos desafios colocados para a compreensão das vulnerabilidades brasileiras frente às mudanças climáticas, apontando rumos possíveis em curto prazo.

10.1 MUDANÇAS CLIMÁTICAS: A PEGADA ECOLÓGICA DAS CIDADES

A situação da população urbana mundial no momento em que foram concebidos os cenários de emissões para as projeções de mudança climática, em 2000, no Relatório Especial de Cenários de Emissões (IPCC, 2000), ainda era de predominância rural. Foi só no ano de 2008, segundo as estimativas das Nações Unidas, que a população mundial teria passado para uma situação em que a maioria das pessoas vive em áreas consideradas urbanas (UNFPA, 2007). Esse indicador, considerado importante para se pensar no futuro das emissões (HOGAN, 2009; MARTINE, 2009; OJIMA, 2009; 2011; O'NEILL; MACKELLAR; LUTZ, 2001; SATTERSWAITTE, 2009), não entrou diretamente na contabilidade dos modelos de projeção avaliados pelo IPCC, mas tem algumas consequências importantes, na medida em que apenas o volume da população foi utilizado como fator de pressão sobre as emissões.

Será que uma pessoa adicional na cidade tem o mesmo impacto para as emissões de gases de efeito estufa (GEE) do que uma pessoa adicional em uma área rural, agrícola? Do ponto de vista dos cenários do IPCC, não há essa diferenciação, portanto, o impacto da população não depende de onde esse adicional de pessoas se dará. O IPCC considera quatro cenários para suas projeções de mudanças climáticas e em todos eles a tendência de crescimento populacional não considera que praticamente todo o crescimento populacional dos próximos anos se dará em áreas urbanas, especialmente nos países em desenvolvimento, como África e Ásia (MARTINE, 2009; OJIMA, 2011).

Cerca de 2,8 bilhões de pessoas adicionais vivendo em cidades até o ano de 2050 (UNITED NATIONS, 2009) e, pensando nos cenários do IPCC, teriam impactos importantes sobre todas as variáveis, desde a própria taxa de crescimento demográfico e, principalmente, o padrão de uso de energia. A despeito de qualquer julgamento de valores estéticos, não há motivos para se pensar que a vida nas cidades traga necessariamente efeitos negativos para a sociedade. Problemas ambientais e sociais existentes nas cidades refletem mais o modelo de desenvolvimento excludente baseado em processos econômicos do que uma relação direta entre altas densidades populacionais e pobreza, degradação ambiental etc. (COSTA, 2008; COSTA, 2009; HARVEY, 1996; NEUMAN, 2005; UNFPA, 2007). Deste modo, como apontado por

Tabela 10.1 – Principais pressupostos dos cenários de mudança climática do IPCC				
	A1	A2	B1	B2
Crescimento populacional	Baixo	Alto	Baixo	Médio
Crescimento do PIB	Muito alto	Médio	Alto	Médio
Mudança tecnológica	Rápido	Lento	Médio	Médio
Uso de energia	Muito alto	Alto	Baixo	Médio
Mudança de uso do solo	Baixo/Médio	Médio/Alto	Alto	Médio

Fonte: Adaptado de Jiang e Hardee, 2009.

Neuman (2005), apesar de os problemas ambientais urbanos serem reais e terem alguma contribuição proveniente das cidades, impedir o crescimento urbano não só não é uma solução, como pode potencializar e agravar problemas.

Uma das abordagens para compreender o impacto das cidades, incluindo-o como um elemento importante nos cenários de mudança climática, seria o conceito de pegada ecológica. Por meio desse conceito, mais amplo do que o de crescimento demográfico, leva-se em consideração a forma com que, virtualmente, a população de uma região exerce pressão sobre o ambiente. Assim, a pegada ecológica de uma cidade pode ser mensurada a partir da forma como ela consome energia, água, alimentos, ocupa o espaço de uma determinada região, mas não apenas na sua região, pois pode ser considerada a extensão do uso de recursos de longo alcance, como o uso de energia elétrica que não é necessariamente produzida dentro do território dessa cidade.

O termo em inglês *Ecological Footprint* ganhou repercussão enquanto ideia-força a partir de 1992 e foi incorporado como conceito, quando desenvolvido mais amplamente no livro de William Rees e Mathis Wackernagel, *Our ecological foot print: reducing human impact on the Earth* (REES; WACKERNAGEL, 1996). Quantos planetas Terra seriam necessários para sustentar o padrão de consumo do mundo, caso todos os seus habitantes seguissem o mesmo padrão norte-americano? Esse é o tipo de pergunta proveniente do conceito de pegada ecológica. A redução para uma unidade de medida padronizada contribui para uma melhor compreensão da extensão do impacto que uma pessoa, um grupo populacional ou uma cidade inteira, pode ter sobre o ambiente e, por essa simplificação, consegue trazer elementos importantes para se pensar políticas públicas (NEUMAN, 2005).

Seguindo o mesmo princípio, Hoekstra e Hung (2002) desenvolvem a ideia de água virtual para pensar o impacto das transações comerciais, principalmente das *commodities*, no cenário internacional. Ojima et al. (2008) desenvolvem um estudo para o caso brasileiro, avaliando os principais *commodities* na pauta de exportações brasileira, e apontam para a nova correlação de forças que pode surgir com as projeções de mudanças climáticas, especificamente as previsões de mudanças nos regimes de precipitações atmosféricas. Assim, embora o principal consumidor direto de água seja o setor agropecuário, o consumo final ocorre nas cidades e, portanto, o consumo doméstico de água (que representa cerca de 15% do consumo total no Brasil) é apenas uma pequena parte do consumo de recursos hídricos das áreas urbanas brasileiras.

Mas, se a cidade é o local privilegiado do consumo, é também na cidade que se darão as principais mudanças sociais, políticas e tecnológicas (MARTINE, 2007; 2009), e ainda será sobre elas que as principais consequências de mudanças ambientais e climáticas serão mais drásticas. Assim, embora apresentem inúmeros problemas sociais ainda não enfrentados, as cidades são alvo dos principais avanços tecnológicos e sociais. Tiveram, assim, seus méritos no sentido de significativas melhoras em indicadores sociais, ao mesmo tempo em que aumentaram dia a dia o número de pessoas afetadas por mudanças no meio ambiente.

Em verdade, a urbanização condiciona um processo de difusão das melhorias sociais derivadas da maior proximidade e redes sociais (SILVA; MONTE-MOR, 2010) e, portanto, os efeitos positivos, são potencializados em contextos de concentração e densidade populacional. Assim, não podemos abrir mão dessa qualificação mais detalhada da estrutura e das tendências demográficas para além do volume absoluto, pois, enquanto estivermos pensando apenas no volume da população, não poderemos separar as vantagens das desvantagens relacionadas à vida nas cidades. É, portanto, uma questão que deveria ser mais bem detalhada nas próximas avaliações de cenários de mudanças climáticas (HOGAN, 2009; JIANG; HARDEE, 2009; MARTINE, 2009; O'NEILL; MACKELLAR; LUTZ, 2001; SATTERS-WAITTE, 2009; ZLOTNIK, 2009).

Mas essa abordagem, embora seja de grande relevância para os estudos de mudanças climáticas e ainda pouco explorado, não é o único. Com alguma tradição acumulada, os estudos sobre risco e vulnerabilidade, sob uma perspectiva demográfica, têm avançado em uma qualificação mais focalizada no que tange aos desafios para as políticas urbanas. Mas, como apontado por Queiroz e Barbieri (2009), estudos empíricos sobre vulnerabilidade em relação a mudanças climáticas de mais longo prazo ainda são escassos, provavelmente pela dificuldade de projetar as interações das variáveis sociais, econômicas e demográficas.

Para que as potencialidades positivas da urbanização sejam efetivas no futuro, um dos desafios é compreender as vulnerabilidades para que medidas de mitigação e, principalmente, de adaptação sejam colocadas em prática. Assim, apesar da lacuna existente em estudos de vulnerabilidade considerando os cenários do clima futuro, estudos importantes têm sido desenvolvidos no Brasil recentemente, já com a perspectiva de mudanças climáticas. Enfim, entender a dinâmica das cidades é entender a dinâmica das dimensões humanas mais impactantes para as mudanças ambientais que ocorrerão no futuro. E a tarefa de colocar as pessoas em seus devidos lugares e não reduzi-los apenas a números será peça fundamental nesse desafio.

10.2 MEDINDO AS VULNERABILIDADES

Conceitos como vulnerabilidade social, risco sociodemográfico e populações em situações de risco, acrescentam novas abordagens para o enfrentamento analítico das questões socioambientais. Ou seja, se é consenso na teoria social a necessidade de estudos inter/multi/transdisciplinares para a compreensão da sociedade contemporânea, a perspectiva demográfica e geográfica podem ter contribuições importantes, pois permitiria incluir a dimensão social por meio de uma abordagem quali-quantitativa, ou seja, uma abordagem multiescalar e interdisciplinar na qual sociedade e ambiente pudessem ser simultaneamente alvo de análise.

O conceito de vulnerabilidade tem sido frequentemente utilizado nos estudos populacionais, por meio de uma propriedade específica à localidade, ou seja, geograficamente localizada, mas com efeitos diferentes, de acordo com as características sociodemográficas e econômicas da população desta região e a sua capacidade de resposta. Dito de outra forma, a vulnerabilidade tende a ser entendida enquanto uma suscetibilidade a determinados riscos, portanto, "um processo que envolve tanto a dinâmica social quanto as condições ambientais" (HOGAN et al., 2001).

Para Marandola Jr. e Hogan (2009), a vulnerabilidade deveria ser entendida como um qualitativo em que o social e o geográfico contribuem para que pessoas e lugares, a partir dos seus contextos, constituam diferentes formas de se proteger ou interagir frente a determinados perigos. Sob esta perspectiva, emerge uma vulnerabilidade do lugar que é mais do que a localização dos riscos e perigos, mas uma leitura que circunscreve sociedade e natureza a partir de um recorte socioespacial.

Entender as vulnerabilidades e, claro, mensurá-las é o primeiro passo para partir para um segundo nível de análise (OJIMA; MARANDOLA JR., 2011), pois é preciso lembrar que dilemas e impactos do ambiente sobre a vida nas cidades já existem e são reconhecidos há muito tempo. Não haverá eventos ambientais novos que sejam exclusivamente originados por mudanças climáticas em escala global, mas sim uma extensão, uma amplificação e um deslocamento de tensões ambientais muito claros.

Nesse sentido, embora no campo de pesquisas urbanas, sociais e demográficas não residam ainda um leque amplo de estudos sobre a alcunha de "mudanças climáticas", podemos identificar esforços significativos de mensurar, explicar e dirimir as relações cidades-ambiente, população-ambiente, sociedade-ambiente etc. Os estudos localizados, estudos de caso empreendidos por diversos grupos de pesquisa no Brasil já têm contribuições que merecem ser revisitadas, mas agora em um contexto de mudanças ambientais globais. Não estamos falando aqui apenas dos estudos sobre clima urbano, largamente e tradicionalmente estudados dentro da geografia e as análises de ilhas de calor (ASSIS; ABREU, 2009; NUNES, 2009); mas também de estudos que avançam na direção dos modos de vida, padrões de consumo, forma urbana, atividades econômicas, políticas públicas e características socioeconômicas relacionadas aos fatores ambientais/climáticos (HOGAN; OJIMA, 2008; BATTY; CHIN; BESUSSI,

2002; KASPERSON; KASPERSON; TURNER II, 1995; CONFALONIERI, 2003; HOGAN; MARANDOLA JR., 2009).

O desafio das escalas é uma das lacunas que merecem ser mais bem desenvolvidas quando passamos aos espaços de interdisciplinaridade (OJIMA; MARANDOLA JR., 2011). A vulnerabilidade não pode ser entendida apenas como a exposição ao risco, pois assim a dimensão da capacidade de resposta/enfrentamento aos riscos (variável que é intrínseca aos indivíduos, grupos, bairros, cidades, regiões) não entra na discussão (WISNER, et al., 2004; OJIMA; MARANDOLA JR., 2011). Por outro lado, nos esforços prospectivos de mensuração da vulnerabilidade, torna-se complexo mensurar aspectos ainda pouco desenvolvidos no âmbito das suas formas de mensuração, como, por exemplo, as redes de proteção e cooperação social. Assim, não será apenas a escala do local ou global o desafio de interlocução entre os campos de conhecimento, mas também a capacidade de articular as escalas temporais de projeção das mudanças sociais.

10.3 ADAPTAÇÃO: O OUTRO LADO DA VULNERABILIDADE?

Se já temos um arcabouço teórico e metodológico relativamente diverso e extenso no sentido de compreender as vulnerabilidades das cidades brasileiras, por outro lado, poucas pesquisas têm avançado na análise das medidas de adaptação que vinculem possíveis enfrentamentos futuros das vulnerabilidades frente às mudanças climáticas. De certa forma, pensar nas medidas de adaptação implicaria entender as vulnerabilidades de forma prospectiva, buscando entender o agravamento delas a partir de cenários futuros (QUEIROZ; BARBIERI, 2009).

Em relação às questões mais gerais, apesar dos avanços mais recentes, grande parte das políticas públicas ambientais, sobretudo pós-Rio 92, tiveram caráter pouco efetivo, de modo a suprir as pressões internacionais em relação aos grandes temas ambientais (FERREIRA, 1998). Ações pontuais, sobretudo em grandes cidades, têm se orientado pelas medidas de mitigação das emissões de gases de efeito estufa, no sentido da construção de cidades sustentáveis (BARBI; FERREIRA, 2010).

Medidas de adaptação proativas, como apontado por Giddens (2010), não podem ser tomadas em termos de receitas prontas provenientes de experiências exitosas de outros países ou regiões. As especificidades locais da vulnerabilidade devem ser consideradas para que tais políticas possam se relacionar com as medidas de adaptação de maneira efetiva, pois, ao final, todas as comunidades se adaptarão (ADGER; LORENZONI; O'BRIEN, 2009). Algumas cidades serão capazes de se adaptar proativamente, outras apenas remediadamente. Em alguns casos, a adaptação será dada pela incapacidade de reagir, por exemplo, nos casos em que a elevação do nível do mar atingir uma cidade costeira e os moradores, para se adaptar, tiverem de mudar suas residências 10 km continente adentro.

A construção de cidades sustentáveis não pode apenas se concentrar na redução das emissões de GEE, de produção de lixo, reciclagem, consumo energético. Essas são, sim, questões importantes para a mitigação dos impactos potenciais das mudanças climáticas futuras, entretanto, tais medidas não tornarão as comunidades mais resilientes. O caminho das políticas urbanas para o enfrentamento das mudanças climáticas tem se concentrado, portanto, na agenda internacional que focaliza as emissões provenientes dos acordos internacionais e das políticas nacionais.

A agenda da sustentabilidade nas cidades é um desafio antigo, muito conhecido por diversos estudos já conduzidos em fóruns acadêmicos de ciências humanas, como Anppas, Abep, Anpur, ANPOCS etc[1]. Entretanto, a demanda criada pela urgência de medidas de enfrentamento das mudanças climáticas parece ter sufocado demandas ambientais seculares como, por exemplo, adequação da infraestrutura urbana de saneamento básico, drenagem pluvial urbana, destinação final dos resíduos sólidos, entre outros (OJIMA; MARANDOLA JR., 2012). Ou será que há alguma pretensão de que se atendermos as metas de redução de emissão de GEE poderemos adiar mais um pouco o enfrentamento de tais problemas? A sustentabilidade e a consequente construção de medidas de adaptação proativa nas cidades dependem, em grande parte, do entendimento e compreensão das vulnerabilidades para, finalmente, avançar na construção de sociedades mais resilientes.

Nesse aspecto, parece haver um consenso: a população é o tema central do debate. Não existem problemas ambientais se estes não fossem aspectos que interagem com a sociedade. Os estudos sobre mudanças climáticas nas cidades têm buscado essa abordagem integradora por meio de redes científicas e de articulação política[2], mas ainda é um espaço em construção. Do ponto de vista das ciências humanas e sociais, a cidade tradicionalmente é analisada a partir dos seus processos de produção e reprodução no âmbito dos conflitos políticos, econômicos e institucionais. O ambiente, a forma, o espaço só mais recentemente foram incorporados como variável analítica capaz de interagir com a própria organização social do espaço (SOJA, 1993; HOLANDA et al., 2000; OJIMA, 2007), mesmo no âmbito dos estudos urbanos e regionais brasileiros.

O principal desafio, portanto, é colocar a cidade no centro da discussão sem que essa abordagem se transfigure em uma análise fria dos espaços locacionais e da determinação ou condicionamento geográfico dos riscos e perigos. Além disso, como mencionado por Giddens (2010), discutir a política da mudança climática não é discutir a natureza, áreas verdes, bucólicas e virtualmente existentes em nosso imaginário. A cidade é o ambiente em que vivemos interagindo com os demais ecos-

---

1 Anppas – Associação Nacional de Pós-graduação e Pesquisa em Ambiente e Sociedade; Abep – Associação Brasileira de Estudos Populacionais; Anpur – Associação Nacional de Pós-graduação e Pesquisa em Planejamento Urbano e Regional; Anpocs – Associação Nacional de Pós-graduação e Pesquisa em Ciências Sociais.

2 Parte importante desse esforço foi impulsionado pela Sub-Rede Cidades, da Rede Brasileira de Pesquisas sobre Mudanças Climáticas Globais (RedeClima).

sistemas e sendo conduzido por estilos de vida muito particulares. Enquanto tratarmos a questão ambiental como antagônica aos estilos de vida urbanos, não teremos sucesso de interpretar e compreender os processos dinâmicos e multiescalares que condicionam as nossas medidas de vulnerabilidade e, portanto, dificilmente conseguiremos proporcionar medidas que nos tornem mais resilientes, nos tornaremos apenas sociedades mais desiguais.

A aproximação das áreas de conhecimento pode permitir uma compreensão mais holística da relação ambiente e sociedade por meio das cidades, entretanto, o principal desafio é simplificar a linguagem dos diversos setores sem perder a integridade analítica que cada abordagem pode contribuir. O desafio da interdisciplinaridade é ainda uma das questões que, apesar de todo o avanço das ciências ambientais, ainda merecem investimentos e esforços. Desde o conceito de pegada ecológica até o de vulnerabilidade, risco e resiliência, parece haver um esforço para atingir uma linguagem comum, mas será que estamos entendendo a mesma coisa?

10.4 REFERÊNCIAS

ADGER, N.; LORENZONI, I.; O'BRIEN, K. Adaptation now. In: ADGER, N.; LORENZONI, I.; O'BRIEN, K. (Eds.) *Adapting to climate change*: thresholds, values, governance. New York: Cambridge, p. 1-22, 2009.

ASSIS, W. L.; ABREU, M. L. Mudanças climáticas locais no município de Belo Horizonte ao longo do século XX. In: HOGAN, D. J.; MARANDOLA JR., E. (Orgs.). *População e mudança climática*: dimensões humanas das mudanças ambientais globais. Campinas: Nepo/Unicamp; Brasília: UNFPA, p. 250-275, 2009.

BARBI, F.; FERREIRA, L. C. Governos locais e mudanças climáticas: ações da Campanha "Cidades pela Proteção do Clima" em Belo Horizonte-MG, Betim/MG e Porto Alegre/RS. *Anais do V Encontro Nacional da Anppas*. Florianópolis: Anppas, 2010.

BATTY, M.; CHIN, N.; BESUSSI, E. *State of the art of urban sprawl impacts and measurement techniques*. Work Package 1 – Deliverable. Bristol: Scatter, 2002.

CONFALONIERI, U. E. C. Variabilidade climática, vulnerabilidade social e saúde no Brasil. *Terra Livre*, São Paulo, v. 19-l, n. 20, p. 193-204, 2003.

COSTA, H. S. M. A trajetória da temática ambiental no planejamento urbano no Brasil: o encontro de racionalidades distintas. In: COSTA, G. M.; MENDONÇA, J. G. *Planejamento urbano no Brasil*: trajetória, avanços e perspectivas. Belo Horizonte: C/Arte, 2008.

COSTA, H. S. M. Desenvolvimento urbano sustentável: uma contradição de termos? *Revista Brasileira de Estudos Urbanos e Regionais*. Recife: Anpur, n. 2, p. 55-71, 1999.

COSTA, H. S. M. Mudanças climáticas e cidades: contribuições para uma agenda de pesquisa a partir da periferia. In: HOGAND. J.; MARANDOLA, E. (Orgs.). *População e mudança climática*: dimensões humanas das mudanças ambientais globais. Campinas: Nepo/Unicamp; Brasília: UNFPA, p. 279-283, 2009.

FARIA, V. Cinquenta anos de urbanização no Brasil: tendências e perspectivas. *Novos Estudos Cebrap*, n. 29, p. 98-119, 1991.

FERREIRA, L. C. *A questão ambiental*: a questão ambiental e políticas públicas no Brasil. Boitempo: São Paulo, 1998.

GIDDENS, A. *A política da mudança climática*. Rio de Janeiro: Zahar, 2010.

HARVEY, D. Justice, nature and the geography of difference. London: Routledge, 1996.

HOLANDA, F. et al. Forma urbana: que maneiras de compreensão e representação? *Revista Brasileira de Estudos Urbanos e Regionais*, Recife: Anpur, ano 2, n. 3, p. 9-18, 2000.

HOGAN, D. J. Indicadores Sociodemográficos de Sustentabilidade. In: Migração e Ambiente nas aglomerações urbanas. HOGAN, D.J. et al. (Orgs.) Núcleo de Estudos de População / Unicamp, Campinas, 2001.

HOGAN, D. J. População e mudanças ambientais globais. In: HOGAND. J.; MARANDOLA, E. (Orgs.). *População e mudança climática*: dimensões humanas das mudanças ambientais globais. Campinas: Nepo/Unicamp; Brasília: UNFPA, p. 11-24, 2009.

HOGAN, D. J. et al. Urbanização e vulnerabilidade sócio-ambiental: o caso de Campinas". In: HOGAN, D.J. et al. (Orgs.). *Migração e ambiente nas aglomerações urbanas*. Campinas: Núcleo de Estudos de População/Unicamp, 2001.

HOGAN, D. J.; OJIMA, R. Urban sprawl: a challenge for sustainability. In: MARTINE, G. et al. (Eds.). *The new global frontier*: urbanization, poverty and environment in the 21st century. London: Earthscan, p. 203-216, 2008.

IPCC – INTERGOVERNMENTAL PANEL ON CLIMATE CHANGE. IPCC Special Report on Emission Scenarios. NAKICENOVIC, N.; SWART, R. (Eds.). Cambridge, United Kingdom: Cambridge University Press, 2000.

JIANG, L.; K. HARDEE. *How Do Recent Population Trends Matter to Climate Change*? Working Paper, No. l. Washington, D.C.: Population Action International, 2009.

KASPERSON, J. X.; KASPERSON, R. E.; TURNER II, B. L. (Eds.). *Regions at risk*: comparisons of threatened environments. Tokio: United Nations University, 1995.

MARANDOLA JR., E.; HOGAN, D. J. Vulnerabilidade do lugar *vs.* vulnerabilidade sociodemográfica: implicações metodológicas de uma velha questão. *Revista Brasileira de Estudos da População*, São Paulo, v. 26, n. 2, dez. 2009.

MARTINE, G. Brazil's Fertility Decline, 1965-95: A Fresh Look at Key Factors. *Population and Development Review*, v. 22, n. 1, p. 47-76, 1996.

MARTINE, G. O lugar do espaço na equação população/meio ambiente. *Revista Brasileira de Estudos da População*, v. 24, p. 181-190, 2007.

MARTINE, G. Population dynamics and policies in the context of global climate change In: Guzman, J. M. et al. (Eds.). *Population dynamics and climate change*. New York/London: UNFPA/IIED, p. 9-30, 2009.

NEUMAN, M. The Compact City Fallacy, *Journal of Planning Education and Research*, vol. 25, n. 1, p.11-26, 2005.

NUNES, L. H. Mudanças climáticas, extremos atmosféricos e padrões de risco a desastres hidrometeorológicos. In: HOGAN, D. J.; MARANDOLA JR., E. (Orgs.). *População e mudança climática*: dimensões humanas das mudanças ambientais Globais. Campinas: Nepo/Unicamp; Brasília: UNFPA, p. 53-73, 2009.

OJIMA, A. L. R. O. et al. A (nova) riqueza das nações: exportação e importação da água virtual brasileira e os desafios frente as mudanças climáticas. *Tecnologia e Inovação Agropecuária*, v. 1, p. 64-73, 2008.

OJIMA, R. As cidades invisíveis: a favela como desafio para urbanização mundial. *Revista Brasileira de Estudos da População*, v. 24, p. 345-347, 2007.

OJIMA, R. Perspectivas para adaptação frente às mudanças ambientais globais no contexto da urbanização brasileira: cenários para os estudos de população. In: HOGAN, D. J.; MARANDOLA JR., E. (Orgs.). *População e mudança climática*: dimensões humanas das mudanças ambientais globais. Campinas: Nepo/Unicamp; Brasília: UNFPA, p. 11-24, 2009.

OJIMA, R. As dimensões demográficas das mudanças climáticas: cenários de mudança do clima e as tendências do crescimento populacional. *Revista Brasileira de Estudos de População*, v. 28, p. 389-403, 2011.

OJIMA, R.; MARANDOLA JR., E. Indicadores e políticas públicas de adaptação às mudanças climáticas: vulnerabilidade, população e urbanização. *Revista Brasileira de Ciências Ambientais*, v. 18, p. 16-24, 2011.

OJIMA, R.; MARANDOLA JR., E. O desenvolvimento sustentável como desafio para as cidades brasileiras. Cadernos Adenauer. Rio de Janeiro: Fundação Konrad Adenauer, 2012. [No prelo].

O'NEILL, B. C.; MACKELLAR, F. L.; LUTZ, W. *Population and climate change*. Cambridge: Cambridge University Press, 2001.

QUEIROZ, B. L.; BARBIERI, A. F. Os potenciais efeitos das mudanças climáticas sobre as condições de vida e a dinâmica populacional no Nordeste Brasileiro. In: HOGAN, D. J.; MARANDOLA JR., E. (Orgs.). *População e mudança climática*: dimensões humanas das mudanças ambientais globais. Campinas: Nepo/Unicamp; Brasília: UNFPA, p. 159-186, 2009.

REES, W. E.; WACKERNAGEL, M. *Our ecological footprint: reducing human impact on the earth*. Gabriola Island: New Society Press, 1996.

SATTERSWAITTE, D. The implications of population growth and urbanization for climate change. In: GUZMAN, J. M. et al. (Eds.). *Population dynamics and climate change*. New York/London: UNFPA/IIED, p. 45-63., 2009.

SILVA, H.; MONTE-MOR, R. L. Transições demográficas, transição urbana, urbanização extensiva: um ensaio sobre diálogos possíveis. *Anais do XVII Encontro Nacional de Estudos Populacionais*. Caxambu, MG. Campinas: Abep, 2010.

SOJA, E. *Geografias pós-modernas*: a reafirmação do espaço na teoria social crítica. Rio de Janeiro: Zahar editores, 1993.

UNFPA – UNITED NATIONS POPULATION FUND. *State of world population 2007*: unleashing the potential of urban growth. New York: UNFPA, 2007.

UNITED NATIONS – Population Division of the Department of Economic and Social Affairs of the United Nations Secretariat. *World urbanization prospects*: the 2009 revision, 2009.

WISNER, B. et al. *At risk*: natural hazards, people's vulnerability and disasters. 2. ed. London: Routledge, 2004.

ZLOTNIK, H. Does population matter for climate change? In: Guzman, J.M.; Martine, G.; McGranahan, G.; Schensul, D.; Tacoli, C. (Ed.). *Population dynamics and climate change*. UNFPA/IIED: New York/London. 2009, p. 31-44.

SOBRE OS AUTORES

Alisson Flavio Barbieri é PhD em Planejamento Regional e Urbano pela University of North Carolina – Chapel Hill, e Professor do Departamento de Demografia da UFMG.

Antonio Miguel Vieira Monteiro é pesquisador no Instituto Nacional de Pesquisas Espaciais (Inpe) onde coordena o PESS – Programa Espaço e Sociedade. Sua produção se concentra na construção de representações computacionais e métodos da análise espacial aplicados em Estudos Urbanos, Epidemiologia Espacial e Estudos de População, Espaço e Ambiente.

Carlos Mello Garcias é engenheiro civil, doutor em Engenharia Civil (Planejamento em Engenharia Urbana) pela Universidade de São Paulo (1992) e professor do Curso de Engenharia Ambiental da Pontifícia Universidade Católica do Paraná. Suas áreas preferenciais de atuação são: indicadores de sustentabilidade ambiental urbana; gestão da qualidade das águas urbanas; assentamentos urbanos em áreas degradadas.

Cláudia Silvana da Costa é graduada em Ciências Sociais e Direito, mestre em Ciências Sociais e doutora em Sociologia. É, ainda, pesquisadora do Núcleo de Estudos e Pesquisas Sociais em Desastres da Universidade Federal de São Carlos (UFSCar), advogada e professora do Centro Universitário Unifafibe e Coordenadora do Núcleo de Práticas Jurídicas do Centro Universitário Unifafibe.

Christophe Guilmoto é demógrafo (com formação em Matemática e Sociologia), pesquisador do Centre Population & Développement (Ceped), da Université Paris Descartes, do Institut National d'Etudes Démographiques (Ined) e do Institut de Recherche pour le Développment (IRD), França. Dedica-se aos estudos populacionais e demográficos, aos estudos de geografia urbana e migração, especialmente voltados para a análise espacial, geoestatística e mudanças ambientais na Ásia.

Eduardo Gomes Pinheiro é bacharel em Segurança Pública e especialista em emergências ambientais, com mestrado em gestão urbana, avançando seus estudos, como doutorando, na mesma área. Atua como professor em cursos de especialização na Pontifícia Universidade Católica do Paraná – PUC-PR e em cursos ministrados pela Academia Policial Militar do Guatupê – APMG. É também oficial do Corpo de Bombeiros, no Estado do Paraná, e desenvolve atividades profissionais na Coordenadoria Estadual de Defesa Civil, na área de planejamento. Sua produção recente tem se concentrado nas áreas de planejamento em defesa/proteção civil e gestão de riscos e desastres nas suas intersecções com o ambiente urbano.

Eduardo Marandola Jr. é geógrafo, professor da Faculdade de Ciências Aplicadas da Universidade Estadual de Campinas (FCA/Unicamp), em Limeira, onde coordena o Mestrado interdisciplinar em Ciências Humanas e Sociais e o Laboratório de Geografia dos Riscos e Resiliência (LAGERR), do Centro de Ciências Humanas e Sociais Aplicadas (CHS). Investiga as interfaces e interações entre população e ambiente, especialmente sobre urbanização, riscos e vulnerabilidade, mobilidade espacial e mudanças ambientais.

Flávia da Fonseca Feitosa é arquiteta urbanista, mestre em Sensoriamento Remoto e doutora em Geografia. É, ainda, pesquisadora colaboradora do Instituto Nacional de Pesquisas Espaciais (Inpe). Sua produção recente tem se concentrado nas áreas de planejamento urbano e regional, com ênfase em modelagem e simulação computacional de dinâmicas urbanas, indicadores espaciais de segregação e vulnerabilidade em áreas urbanas.

Francisco Mendonça é geógrafo; cursou mestrado e doutorado pela USP e pós-doutorado pela Université de Sorbonne/Paris I e pela London School of Hygine and Tropical Medecine. É professor titular da Universidade Federal do Paraná (UFPR) e bolsista de Produtividade do CNPq (1B). Suas principais áreas de atuação são: Ambiente Urbano, Climatologia Urbana, Geografia da Saúde e Epistemologia da Geografia.

Sobre os autores 267

Laura Machado de Mello Bueno é arquiteta urbanista, mestre e doutora pela FAU-USP. Tem experiência profissional em planejamento metropolitano, política habitacional e ambiental e projetos de urbanização de favelas. É professora e pesquisadora da Faculdade de Arquitetura e Urbanismo e do Programa de pós-graduação em Urbanismo da PUC Campinas. Líder do Grupo de Pesquisa Água no Meio Urbano. Atualmente, desenvolve pesquisas sobre mudanças climáticas e morfologia urbana, com o apoio do CNPq e da Fapesp.

Lucí Hidalgo Nunes é geógrafa e docente da Universidade Estadual de Campinas, bolsista de produtividade (CNPq) e membro da Academie Royale des Sciences D'Autre-Mer, Bélgica. Suas pesquisas se concentram na análise de eventos extremos da atmosfera e seus impactos no meio urbano, percepção climática e ambiental, e disseminação de temas atmosféricos pela mídia.

Marcelo Coutinho Vargas é sociólogo, doutor em Urbanismo pela Universidade de Paris Val de Marne e professor associado da Universidade Federal de São Carlos, em que leciona no curso de Ciências Sociais e no Programa de pós-graduação em Ciência Política. Desenvolve e orienta pesquisas nas áreas de política ambiental e política urbana, com ênfase em temas relacionados a recursos hídricos e saneamento urbano.

Marley Deschamps é graduada em Economia pela Universidade Federal do Paraná, com intensivo em Demografia, pelo Celade, e doutorado em Meio Ambiente e Desenvolvimento pela Universidade Federal do Paraná. Atua como professora do Programa de Mestrado em Desenvolvimento Regional da UnC e é pesquisadora aposentada do Instituto Paranaense de Desenvolvimento Econômico e Social (Ipardes) e pesquisadora do Observatório das Metrópoles.

Myriam Del Vecchio de Lima é jornalista, com doutorado em Meio Ambiente e Desenvolvimento e mestrado em Comunicação Social. É professora adjunta da Universidade Federal do Paraná (UFPR). Sua produção recente tem se concentrado nas áreas de problemas socioambientais urbanos, meio ambiente e comunicação.

Norma Felicidade Lopes da Silva Valêncio é economista, mestre em Educação e doutora em Ciências Humanas. É, ainda, coordenadora do Núcleo de Estudos e Pesquisas Sociais em Desastres (Neped), vinculado ao Departamento de Sociologia da Universidade Federal de São Carlos (UFSCar). Atua como pesquisadora colaboradora do Instituto de Geociências da Unicamp e professora colaboradora do Programa de pós-graduação em Ciências, da Engenharia Ambiental da USP-São Carlos, sendo bolsista do CNPq.

Raquel de Mattos Viana é economista, mestre em Planejamento Urbano e Regional e doutoranda em Demografia pelo Cedeplar.

Ricardo Ojima é demógrafo, professor do Departamento de Demografia e Ciências Atuariais da Universidade Federal do Rio Grande do Norte (DDCA/UFRN). Coordenou a sub-rede Cidades da Rede Clima entre agosto de 2010 e setembro de 2011. Sua produção recente tem se concentrado nas áreas de mobilidade espacial da população, planejamento urbano e regional, e mudanças ambientais.

Sébastien Oliveau é geógrafo, mestre de conferências e pesquisador na Aix Marseille Université, França. Entre seus temas de investigação estão análise espacial (geoestatística local), estudos de população e demografia, além de aplicação de novas tecnologias à pesquisa. Concentra suas pesquisas na Índia, no Senegal e no Mediterrâneo.

Tathiane Mayumi Anazawa é bióloga, mestre em Sensoriamento Remoto pelo Instituto Nacional de Pesquisas Espaciais (Inpe). Sua produção recente tem se concentrado na área de indicadores de vulnerabilidade socioecológica.

COLEÇÃO
POPULAÇÃO E SUSTENTABILIDADE

Os estudos de população e ambiente no Brasil possuem pelo menos 30 anos de pesquisas, tendo se desenvolvido em um primeiro momento (anos 1970 e 1980) na superação da simplificação do peso do número populacional sobre os recursos. A população era vista, sobretudo, como a causa do desequilíbrio ambiental, sendo a superação dessa simplificação (tanto nos estudos ambientais como nos demográficos) a primeira vitória desse campo de investigação.

Entre as primeiras preocupações estavam o uso e a cobertura da terra (principalmente na Amazônia) e os conflitos em áreas de preservação-conservação, seja com populações tradicionais ou novos usos. Essas pesquisas congregaram um número grande de pesquisadores tais como sociólogos, demógrafos, geógrafos e antropólogos, os quais estavam interessados em entender as condicionantes e as consequências de determinados padrões de produção e uso da terra para o ambiente e para as populações.

Nessa esteira, estudos sobre qualidade ambiental, poluição e saúde foram incorporados ao campo de interesses, trazendo as ideias de risco e vulnerabilidade como centrais para pensar a mudança ambiental e a forma como as populações afetam ou são afetadas por seu ambiente.

Em princípio, pelo conceito de "populações em situações de risco" e posteriormente com os próprios conceitos de risco, perigo e vulnerabilidade, os estudos centraram-se em compreender a dinâmica demográfica em situações de risco, de um lado, e o seu papel na configuração de diferentes vulnerabilidades, de outro. Nesse sentido, um conjunto de outras disciplinas juntou-se aos estudos, tais como as ciências da saúde, ampliando o escopo de possibilidades e os interesses de estudo.

A dimensão territorial é inerente a esses fenômenos, sendo estudada e enfatizada desde os primeiros estudos. No entanto, é com a crescente importância dos estudos urbanos, principalmente a partir dos anos 1990, que a incorporação da dimensão propriamente territorial e espacial passa a se tornar mais consistente. O estreitamento dos laços com urbanistas e geógrafos contribuiu para que essa discussão se tornasse mais consistente e superasse certo senso comum simplificador que relacionava território e espaço a qualquer forma de mapeamento ou à superfície em que as populações estão.

Além disso, o desenvolvimento da pós-graduação nos últimos anos e a importância desses temas para o planejamento e a gestão das cidades e de outras esferas têm contribuído para sua ampliação e crescente interesse em vários campos, tanto nas ciências sociais como nas geociências e na geografia. Perceber que as questões ambientais ocorrem em determinado território e de determinada forma, envolvendo uma determinada população, que possui suas especificidades, tem sido reconhecido como fundamental em um amplo conjunto de preocupações.

Atualmente, vivemos um momento importante dessa trajetória, vislumbrando a acomodação das várias tendências, temáticas e disciplinas, em direção à consolidação de um corpo de pesquisas e abordagens que constituam um estatuto propriamente epistemológico da questão. Essa construção envolve a tradição dos estudos populacionais, dos estudos geográficos e da sociologia ambiental. Nos três casos, com pouca presença editorial no mercado brasileiro.

O Grupo de Trabalho População, Espaço e Ambiente, da Associação Brasileira de Estudos Populacionais (ABEP), tem se destacado nesse cenário interdisciplinar como um dos fóruns mais importantes de discussão do tema no país. A partir dos trabalhos pioneiros do Prof. Daniel Hogan e toda uma linha de discussão e pesquisa interdisciplinar, um conjunto de trabalhos tem se desenvolvido, teórica e metodologicamente, contribuindo para as áreas de planejamento urbano e regional, sustentabilidade de ecossistemas, mobilidade urbana, populações em situação de risco, uso e cobertura da terra, desflorestamento e arranjos domiciliares e assim por diante.

O resultado de tal trabalho está associado não somente à produção do GT, mas também às pesquisas lideradas pelo Prof. Hogan na Unicamp, como a sua coordenação da sub-rede Cidades, da Rede Brasileira de Pesquisa em Mudanças Climáticas (Rede Clima), origem de um dos livros da coleção, o que justifica esta coleção, que é uma homenagem a todo seu trabalho pioneiro, entusiasmo e incentivo ao contínuo trabalho acadêmico de relevância social e ambiental.

Os livros desta coleção expressam e repercutem a figura de Hogan no cenário ambiental brasileiro, e sua contribuição no estudo das dimensões humanas das mudanças climáticas, bem como nos estudos de sustentabilidade, demografia e sociologia ambiental. De atuação notadamente interdisciplinar, tais livros também refletem o diálogo de saberes do qual Hogan foi um grande atuante, promotor e incentivador.

Após sua morte em 2010, um grande vazio ficou em todos os estudiosos do tema, e esta coleção celebra e multiplica a senda que tanto se esforçou para manter aberta.

Coordenação
    Eduardo Marandola Jr. (Unicamp)

Colaboração
    Ricardo Ojima (UFRN)
    Álvaro de Oliveira D'Antona (Unicamp)

LIVROS

1. *Mudanças climáticas e as cidades: novos e antigos debates na busca da sustentabilidade urbana e social*

   Ricardo Ojima e Eduardo Marandola Jr. (Orgs.)

   > Reúne textos de pesquisadores ligados à Rede Brasileira de Pesquisas sobre Mudanças Climáticas Globais (Rede Clima), Sub-rede Cidades, reunindo contribuições sobre a política urbana e as mudanças climáticas, a adaptação, a mitigação, os riscos e as vulnerabilidades frente às mudanças climáticas.

2. *Habitar em risco: mobilidade e vulnerabilidade na experiência metropolitana*

   Eduardo Marandola Jr.

   > Propõe uma fenomenologia geográfica dos riscos e perigos contemporâneos, a partir de uma ontologia do habitar heideggeriano. Partindo da experiência cotidiana, investiga a relação entre vulnerabilidade e mobilidade em contextos metropolitanos em um cenário interdisciplinar entre Geografia, Ciências Sociais e Filosofia.

3. *População, espaço e ambiente: mudanças ambientais e caminhos para a sustentabilidade no século XXI*

   Ricardo Ojima, Eduardo Marandola Jr. e Antonio Miguel Monteiro (Orgs.)

   > Reúne contribuições dos últimos dez anos de atividades do Grupo de Trabalho População, Espaço e Ambiente, da Associação Brasileira de Estudos Populacionais.

4. *Pós-neomalthusianismo e sustentabilidade: a construção de uma demografia ambiental*

   Eduardo Marandola Jr., Álvaro de Oliveira D'Antona (Orgs.) e Daniel Joseph Hogan

   > Coletânea de textos de Daniel Hogan, mostrando sua trajetória, que é a própria trajetória dos estudos ambientais e populacionais no Brasil. A reunião dos artigos permite ver a construção de uma demografia ambiental, servindo tanto para estudiosos da área como para os pesquisadores em meio ambiente em geral e para cursos de graduação e pós-graduação.

5. *Vulnerabilidades: a multidimensionalidade dos riscos e perigos contemporâneos*

Eduardo Marandola Jr. e Daniel Joseph Hogan

> O livro discute o devir histórico da evolução dos estudos sobre riscos, perigos e vulnerabilidade, mais ou menos acompanhando o desenvolvimento das abordagens que, a princípio, estão embebidas do contexto objetivista e comportamentalista em que frutificaram (início do século XX), passando gradativamente a incorporar outras questões e variáveis, como os fenômenos sociais e os tecnológicos. Não apenas para caminhar em direção à Ciência da Vulnerabilidade, mas principalmente para compreender a natureza dos riscos, perigos e vulnerabilidades no Brasil e suas espacialidades, bem como as incertezas e inseguranças contemporâneas, é fundamental traçar e fortalecer os diálogos e interfaces de conhecimento. O livro apresenta, portanto, uma perspectiva integradora que permite aos estudos de diferentes disciplinas convergirem e se beneficiarem dos diferentes avanços disciplinares que têm ocorrido historicamente.